工程师自学笔记系列丛书　　　Intel FPGA 大学计划经理推荐

SoC FPGA 嵌入式设计和开发教程

梅雪松　　宋士权　　陈云龙　　编著

北京航空航天大学出版社

内 容 简 介

本书以 Intel Cyclone V SoC FPGA 系列器件为例,介绍 SoC FPGA 器件的架构特点、常用电路设计以及软硬件开发流程和开发技巧。内容按照开发一个基于 SoC FPGA 的应用系统所需掌握的最基本的知识路线展开,首先从基本的 Linux 系统操作到一个最基础的应用系统框架分析,详细讲解应用系统的构建、BSP 文件的生成、启动引导文件的更新、Ubuntu 虚拟机安装配置、Linux 内核配置与编译。然后介绍如何在嵌入式 Linux 系统环境下,使用虚拟地址映射的方式编写相应的应用程序来实现该应用系统中各个功能 IP 的编程控制和调试。最后以两个实际的例子展示如何通过 HPS 和 FPGA 的片上通信桥实现软硬件联合开发的过程,包括 FPGA 侧逻辑开发、IP 总线封装、Linux 驱动程序的编写编译、Linux 应用程序的编写与运行等。

本书既可作为工程类应用、电子信息类专业本科生以及相关专业专科生的嵌入式系统基础类课程的教材,也可作为 SoC FPGA 自学人员以及从事 SoC FPGA 开发的工程技术人员的培训教材和参考用书。

图书在版编目(CIP)数据

SoC FPGA 嵌入式设计和开发教程 / 梅雪松,宋士权,陈云龙编著. -- 北京 : 北京航空航天大学出版社,2018.12

ISBN 978-7-5124-2239-1

Ⅰ. ①S… Ⅱ. ①梅… ②宋… ③陈… Ⅲ. ①集成电路-芯片-设计 高等学校-教材 Ⅳ. ①TN402

中国版本图书馆 CIP 数据核字(2018)第 265090 号

SoC FPGA 嵌入式设计和开发教程
梅雪松 宋士权 陈云龙 编著
责任编辑 杨 昕
*
北京航空航天大学出版社出版发行

北京市海淀区学院路 37 号(邮编 100191) http://www.buaapress.com.cn
发行部电话:(010)82317024 传真:(010)82328026
读者信箱:copyrights@buaacm.com.cn 邮购电话:(010)82316936
涿州市新华印刷有限公司印装 各地书店经销
*
开本:710×1 000 1/16 印张:20.75 字数:442 千字
2019 年 3 月第 1 版 2019 年 3 月第 1 次印刷 印数:3 000 册
ISBN 978-7-5124-2239-1 定价:69.00 元

他 序

　　随着半导体工艺的提升,芯片厂商将更多的功能集成到单一的半导体芯片上,芯片集成度的提高,随之带来的是应用设计复杂度的提高。Intel 公司在其 FPGA 芯片上集成了 ARM Cortex 处理器,从而形成一颗基于 FPGA 的 SoC 芯片,这是一个典型的可配置的单芯片系统。

　　目前,一颗主流的 FPGA 芯片除了逻辑单元外,还集成了嵌入式存储器块、锁相环、DSP 块,甚至高速收发器电路,并将 ARM Core 集成到 FPGA 芯片上,在带来功能高度集成的同时,再一次增加了应用设计的复杂度。

　　目前,基于 SoC FPGA 嵌入式系统设计的参考书和教材还很少,而小梅哥的这本书从最基本的概念讲起,由浅入深,再配合大量的截图,一步一步地介绍了整个设计的流程。该书内容涵盖了基于 SoC FPGA 的硬件系统搭建、Linux 操作系统的配置,以及软件的设计与调试方法等,手把手地将一个初学者带进 SoC FPGA 嵌入式系统的设计大门,非常值得推荐。

　　希望作者在本书的基础上,再接再厉,不断地写出更好的参考书,也希望广大读者对本书给予大力支持!

Intel FPGA 大学计划经理

袁亚东

2018 年 9 月于上海

自 序

  Intel 公司的 SoC 器件是集成了 ARM 公司双核/四核 Cortex-A9/A53 的 FPGA，包括集成了双核 Cortex-A9、速度从 925 MHz(Cyclone V SoC)到 1.5 GHz (Arria 10 SoC)的低端和中端 SoC，以及高端的集成四核 Cortex-A53、速度是 1.5 GHz 的 Stratix 10 SoC，性能远超任何软核 CPU。例如运行在 Intel 自己 FPGA 上的 NIOS Ⅱ 软 CPU，速度仅为 100 MHz(Cyclone 各系列)和 200 MHz(Stratix 各系列)。另外，硬核与软核(包括软 CPU)相比还有一个优势，就是硬核不需要 FPGA 开发软件进行编译和布局布线，因此不可能出现任何有关时序的问题，而时序问题又是 FPGA 设计中比较容易出问题的地方。

  Intel SoC 器件的 ARM 部分开发软件采用了 ARM 公司著名的 DS-5 软件，直接与 Intel 的 FPGA 部分开发软件 Quartus 无缝连接，无论是 Quartus 还是 DS-5 都可以使用 USB 下载电缆仿真和下载调试。用户可以完全免费地使用 DS-5 软件开发 Android 和 Linux 等操作系统下的应用层软件，大大降低了用户的开发成本。作为 ARM CPU 的开发者，应该相信 ARM 公司是最了解 ARM CPU 的，DS-5 作为 ARM 公司自己开发的用来开发所有 ARM CPU 器件的开发软件，不仅集成了业内编译效果最好、产生二进制代码最紧凑、执行效率最高、优化效果最好的 AMCC 编译器，而且集成开发环境(IDE)的功能也最为强大、最为全面。可以说，DS-5 软件是开发 ARM CPU 的最佳选择。

  Cortex-A 系列集成了硬件浮点处理单元 NEON 和 FPU，性能可以媲美各个 DSP 厂家的中高端浮点和定点 DSP，例如著名的 TMS320C6455、67XX 以及虎鲨系列，其仅比 TMS320C68XX 系列稍差一些。而集成了 Cortex-A 系列 ARM 核的 SoC FPGA 与单片的 Cortex-A 产品相比，还有集成了 FPGA 部分的优势，也就是说，除了可以使用 FPGA 部分的 I/O 来扩充 ARM 系统的 I/O 数量外，还可以把一些在 CPU 上顺序执行的、无法实现更高性能的算法放在 FPGA 部分来并行执行，这极大地提高了产品的性能和灵活性。

  与市场上类似的集成了 Cortex-A 的 SoC 相比，Intel 公司的 SoC 使用了一个非常有实用价值的电源技术——FPGA 部分和 ARM 部分的供电电源是互相独立的。其中任何一方即使不启动甚至断电,另一方依旧可以正常工作。即使 ARM 部分不启动,FPGA 部分依旧可以作为一个完全独立的系统,通过 JTAG 或者 AS、PS 方式加载配置文件并运行,即如果用户用不到 HPS 部分,那么在使用 Intel SoC FPGA 时,可以完全将其当成一个独立的 FPGA 来使用。另外,两者可以通过互相给对方停电来降低功耗,也就是说,给对方的电源输出控制引脚发出一个控制电平,甚至可在对方电源回路中增加一个功率 MOS 管,通过控制 MOS 管的通断来实现完全的电源关断。这个技术在低功耗产品上非常有价值。ARM 部分还可以在低频下运行,例如 Cyclone V SoC 就可以稳定可靠地运行在 400 MHz,进一步降低功耗。这在一些对性能要求不高,而功耗要求苛刻的场合拥有很大的实用价值。

Intel SoC 器件支持 ARM 公司 Cortex-A 系列的 AMP 功能,即双核可以同时运行 2 个相同或者不同的操作系统,也可以一个核运行操作系统,另外一个核运行裸跑模式。

在提高 SoC 整体性能方面,Intel 公司的 SoC 在 FPGA 和 SoC 部分的互联桥上,使用了高达 128 位宽度的数据总线,而且这个桥的宽度是可以配置的,根据实际应用需求可以配置为 32 位、64 位、128 位位宽。相较于一些固定 64 位总线宽度的产品,其在 FPGA 和 ARM 的片上通信带宽方面,性能更加优异,使用也更加灵活。

在提高用户的整机产品可靠性方面,Intel 公司的 SoC 主要有两方面优势:

第一,电源方面没有上电和关电顺序要求,可以大大降低对外围电源设计的复杂度,降低成本,提高产品的可靠性。

第二,通过增加 ECC(Error Correcting Code 错误检查和纠正)功能,大幅提高用户整机产品的可靠性。在 L2 高速缓存、片内 RAM、Quad SPI 控制器、NAND 控制器、SD/MMC/SDIO 控制器、DMA 控制器、10M/100M/1G 以太网控制器、USB 2.0 OTG 控制器上全面使用 ECC,对于工业控制类产品和一些民用产品,特别是那些运行在复杂电磁环境、恶劣气候环境、有高可靠性要求的产品上,例如发电厂、变电站、武器装备、航空航天、安防、高铁、精密数控机床、医疗器械等要求高可靠性的产品上有非常大的实用价值。

在小体积或者便携式产品中,SoC 与 FPGA＋ARM 或者 FPGA＋DSP 相比具有 PCB 面积更小、功耗和价格更低的优势。

总之,Intel 公司的 SoC 产品是一类集成度高、性能优异、稳定可靠、成本低、功耗低的非常优秀的产品。因为各种原因,国内目前详细介绍 Intel SoC 的书籍还比较少,由网友小梅哥等编写,骏龙公司支持的本书通过大量详细的资料和例子带领读者熟悉 SoC 架构和开发流程,助力用户实现从 0 到 1 的跨越。

骏龙科技

宋士权

2018 年 9 月于西安

前 言

随着集成电路生产工艺的不断进步,芯片中晶体管的数量也在不断增加。GAL、PLD、CPLD、FPGA 等一系列可编程逻辑数字集成电路相继诞生。新型架构芯片的出现,不仅得益于集成电路设计和制造工艺的进步,而且更离不开实际的应用需求。现代数字系统大多朝小型化、集成化方向发展,而作为一种通用的可编程逻辑器件,FPGA 以其灵活的现场可编程特性、强大的并行处理能力,在众多高性能数字系统中都有应用。

鉴于很多高性能的数字系统都离不开 FPGA 器件,为了进一步降低硬件系统的复杂度,各大 FPGA 厂家都推出了基于各自 FPGA 的软核 CPU 方案。通过该方案,设计者能够将原本需要通过外置 CPU 实现的功能转移到 FPGA 芯片上,使用通用逻辑搭建的软核 CPU 来实现,在保证系统功能和性能的前提下,简化硬件系统设计,提高系统集成度,降低维护难度。但是受限于 FPGA 中通用逻辑的可运行最大频率,各种软核 CPU 的运行频率都较低,一般不超过 200 MHz,再加上架构的原因,各种软核 CPU 的软件生态都远远赶不上各种常用的单片机。因此,基于软核处理器的应用开发受到了较大的限制。

在此情形下,众多的 FPGA 厂商又相继推出了集成高性能 ARM 硬核处理器和通用可编程逻辑的新型架构芯片。这其中就包括以 Xilinx 公司的 Zynq 系列为代表的全可编程芯片以及 Intel 公司的可编程片上系统芯片(SoC FPGA)。

无论是 Xilinx 公司的 Zynq 系列芯片,还是 Intel 公司的 SoC FPGA 芯片,两者的架构都是相似的,都是在同一个晶片上将高性能的 ARM Cortex-A 系列处理器与 FPGA 有机结合,并辅以各种常见的外设,实现完整的系统。依赖于 ARM 处理器强大的开发工具链和软件生态环境,使用这一类器件进行系统设计、开发和调试的时间将被大大缩短。

得益于 Intel 大学计划提供的众多学习机会和学习资料,笔者从 2014 年年底开始接触 Intel 公司的 SoC FPGA,并开始了断断续续的学习。但是由于在这之前,作者并没有任何基于 Linux 系统开发的基础,因此学习的过程非常艰辛,学习的资料主要来自网络博文和一些讲解 Linux 开发的书籍。幸好在这个学习的过程中得到了很多朋友的无私帮助,尤其是骏龙科技的工程师,也是本书的第二作者宋士权,他多次为我提供最新的一手学习资料,让我最终坚持了下来。

在决定编写本书之前,市面上还很难找到系统讲解 Intel SoC FPGA 开发的书籍,作者作为一个草根创业者,既对该器件的开发抱有极大的兴趣,同时又受限于个人的知识积累,因为学习过程本身就是一个不断试错的过程,所以本书从某种意义上来说,可以算做作者学习 SoC FPGA 开发的学习笔记。

由于作者能力有限,虽然在写作过程中投入了大量的精力和时间,但错误与不妥之处在所难免,读者在阅读本书时如果发现任何疏漏,都可及时反馈给我们,以便我们及时更正。读者可以通过本书配套的网站 www. corecourse. cn 留言,反馈在阅读本书过程中所发现的问题,或者在学习过程中遇到的疑惑;同时,也可以在该网站上以本书名作为关键词,搜索与本书相关的软硬件配套资源。

作 者

2018 年 12 月

目 录

第1章　SoC FPGA 软硬件系统开发概述 ……………………………………… 1

1.1　Intel SoC FPGA 系列 ………………………………………………… 1

　　1.1.1　Cyclone V SoC FPGA ………………………………………… 2

　　1.1.2　Arria V SoC FPGA …………………………………………… 2

　　1.1.3　Arria 10 SoC FPGA …………………………………………… 2

　　1.1.4　Stratix 10 SoC FPGA ………………………………………… 3

　　1.1.5　SoC FPGA 应用领域与前景 ………………………………… 3

1.2　Intel Cyclone V SoC FPGA 介绍 …………………………………… 4

　　1.2.1　什么是 SoC FPGA ……………………………………………… 4

　　1.2.2　SOPC ……………………………………………………………… 4

　　1.2.3　SoC FPGA 与 SOPC 之间的差异 …………………………… 5

　　1.2.4　SoC FPGA 架构的优势 ………………………………………… 6

1.3　Cyclone V SoC FPGA 器件硬件设计概述 ………………………… 9

　　1.3.1　FPGA I/O 和时钟 ……………………………………………… 10

　　1.3.2　SoC FPGA JTAG 电路设计 ………………………………… 12

1.4　AC501-SoC 开发板介绍 ……………………………………………… 13

　　1.4.1　布局及组件 ……………………………………………………… 13

　　1.4.2　轻触按键 ………………………………………………………… 14

　　1.4.3　用户 LED ………………………………………………………… 15

　　1.4.4　时钟输入 ………………………………………………………… 16

　　1.4.5　GPIO 接口 ……………………………………………………… 17

　　1.4.6　DDR3 SDRAM ………………………………………………… 18

　　1.4.7　通用显示扩展接口 ……………………………………………… 19

　　1.4.8　USB 转 UART …………………………………………………… 21

1.4.9 以太网收发器 ·· 21

1.5 本章小结 ··· 23

第 2 章　SoC FPGA 开发板的使用 ··· 24

2.1 安装 SoC FPGA 开发工具 ··· 24

2.2 SoC FPGA 的配置数据烧写与固化 ······································ 24

2.2.1 SoC FPGA 启动配置方式介绍 ································ 24

2.2.2 sof 文件的烧写方式 ··· 26

2.2.3 jic 文件的生成和烧写 ·· 28

2.3 在 SoC FPGA 上运行 Linux 操作系统 ··································· 32

2.3.1 SoC FPGA 中的 HPS 启动流程介绍 ························ 32

2.3.2 HPS 启动方式介绍 ·· 33

2.3.3 制作启动镜像 SD 卡 ·· 34

2.3.4 准备硬件板卡 ·· 35

2.3.5 开机测试 ·· 39

2.4 开发板 Linux 系统常用操作 ·· 40

2.4.1 查看目录 ·· 40

2.4.2 设置和修改用户密码 ·· 40

2.4.3 查看和编辑文件 ··· 41

2.4.4 设置 IP 地址 ··· 43

2.4.5 挂载 SD 卡的 FAT32 分区 ····································· 45

2.4.6 挂载 U 盘 ··· 46

2.4.7 文件操作 ·· 47

2.4.8 目录操作 ·· 48

2.4.9 停止某个进程 ·· 49

2.4.10 重启和关机 ··· 50

2.5 本章小结 ··· 50

第 3 章　SoC FPGA 开发概述 ·· 51

3.1 SoC FPGA 开发流程 ·· 51

3.1.1 硬件开发 ·· 51

3.1.2 软件开发 ·· 53

3.2 AC501-SoC FPGA 开发板的黄金参考设计说明 ····················· 53

3.2.1 GHRD ··· 53

3.2.2 打开和查看 GHRD ·· 54

3.2.3 组件参数配置详解 ··· 57

3.3　本章小结 ……………………………………………………………… 62

第 4 章　手把手修改 GHRD 系统 ………………………………………… 63

4.1　修改 GHRD 工程 ……………………………………………………… 63

4.1.1　打开 GHRD 工程 ………………………………………………… 63

4.1.2　添加 UART IP ……………………………………………………… 64

4.1.3　关于 HPS 与 FPGA 数据交互 …………………………………… 64

4.1.4　连接 UART IP 信号端口 ………………………………………… 65

4.1.5　分配组件基地址 …………………………………………………… 67

4.1.6　生成 Qsys 系统的 HDL 文件 …………………………………… 68

4.1.7　添加 uart_1 的端口到 Quartus 工程中 ………………………… 69

4.1.8　分配 FPGA 引脚 ………………………………………………… 71

4.1.9　生成配置数据二进制文件 ……………………………………… 72

4.2　制作 Preloader Image ………………………………………………… 72

4.2.1　打开 SoC EDS 工具 ……………………………………………… 73

4.2.2　生成 bsp 文件 ……………………………………………………… 74

4.2.3　编译 Preloader 和 U-Boot ……………………………………… 77

4.2.4　更新 Preloader 和 U-Boot ……………………………………… 79

4.2.5　Win 10 系统下更新失败问题 …………………………………… 80

4.2.6　使用新的 U-Boot 启动 SoC ……………………………………… 81

4.3　制作设备树 ……………………………………………………………… 82

4.3.1　设备树制作流程 …………………………………………………… 82

4.3.2　准备所需文件 ……………………………………………………… 82

4.3.3　生成 .dts 文件 ……………………………………………………… 83

4.3.4　生成 .dtb 文件 ……………………………………………………… 84

4.4　运行修改后的工程 ……………………………………………………… 85

4.5　本章小结 ………………………………………………………………… 87

第 5 章　使用 DS-5 编写和调试 SoC 的 Linux 应用程序 ……………… 88

5.1　启动 DS-5 ……………………………………………………………… 88

5.2　创建 C 工程 …………………………………………………………… 91

5.3　编译工程 ………………………………………………………………… 94

5.4　建立 SSH 远程连接 …………………………………………………… 95

5.4.1　创建远程连接 ……………………………………………………… 95

5.4.2　复制文件到目标板 ………………………………………………… 101

5.4.3　运行应用程序 ……………………………………………………… 102

5.5　远程调试 ·· 103
　　5.5.1　GDB 设置 ·· 103
　　5.5.2　GDB 连接和调试 ··· 106
5.6　使用 WinSCP 实现多系统传输文件 ··· 108
　　5.6.1　为什么要使用 WinSCP ·· 108
　　5.6.2　安装 WinSCP ··· 109
　　5.6.3　建立远程主机连接 ·· 109
　　5.6.4　新建远程连接 ·· 112
　　5.6.5　调用 PuTTY 终端 ··· 112
5.7　本章小结 ·· 113

第 6 章　基于虚拟地址映射的 Linux 硬件编程 ······························· 114
6.1　什么是虚拟地址映射 ·· 114
6.2　虚拟地址映射的实现 ·· 115
6.3　基于虚拟地址映射的 PIO 编程应用 ··· 117
　　6.3.1　PIO 外设的虚拟地址映射 ·· 117
　　6.3.2　在 DS-5 中建立 PIO 应用工程 ·· 118
　　6.3.3　添加和包含 HPS 库文件 ··· 119
　　6.3.4　添加 FPGA 侧外设硬件信息 ·· 121
　　6.3.5　PIO IP 核介绍 ··· 124
　　6.3.6　PIO 核寄存器映射 ·· 125
　　6.3.7　PIO IP 核应用实例 ··· 128
　　6.3.8　合理的程序退出机制 ··· 131
　　6.3.9　关于按键消抖 ··· 133
6.4　基于虚拟地址映射的 UART 编程应用 ··· 134
　　6.4.1　UART 核介绍 ··· 134
　　6.4.2　UART 寄存器映射 ··· 134
　　6.4.3　UART IP 核应用实例 ··· 136
　　6.4.4　UART IP 核板级调试 ··· 144
　　6.4.5　小　结 ··· 145
6.5　基于虚拟地址映射的 I^2C 编程应用 ·· 145
　　6.5.1　OpenCores I^2C IP 简介 ·· 146
　　6.5.2　OpenCores I^2C IP 寄存器映射 ······································· 146
　　6.5.3　I^2C IP 核应用实例 ··· 149
　　6.5.4　小　结 ··· 161
6.6　本章小结 ·· 161

第 7 章　基于 Linux 应用程序的 HPS 配置 FPGA ·········· 162

　7.1　制作 Quartus 工程 ·········· 163

　7.2　生成 rbf 格式配置数据 ·········· 163

　7.3　编译 Linux 配置 FPGA 应用程序 ·········· 165

　7.4　在系统重配置 FPGA 实验 ·········· 166

　7.5　本章小结 ·········· 168

第 8 章　编译嵌入式 Linux 系统内核 ·········· 169

　8.1　安装 VMware ·········· 170

　8.2　安装 Ubuntu 系统 ·········· 171

　　8.2.1　使用现成的 Ubuntu 系统镜像 ·········· 171

　　8.2.2　安装全新的 Ubuntu 系统 ·········· 175

　8.3　下载 Linux 系统源码 ·········· 182

　8.4　设置交叉编译环境 ·········· 185

　8.5　配置和编译内核 ·········· 189

　　8.5.1　快速配置内核 ·········· 189

　　8.5.2　保存内核配置文件 ·········· 195

　　8.5.3　编译内核 ·········· 195

　　8.5.4　使用内核启动开发板 ·········· 197

　8.6　本章小结 ·········· 199

第 9 章　Linux 设备树的原理与应用实例 ·········· 200

　9.1　什么是设备树 ·········· 200

　9.2　设备树的基本格式 ·········· 201

　9.3　设备树加载设备驱动原理 ·········· 206

　9.4　编写 I^2C 控制器设备节点 ·········· 208

　9.5　加载 OC_I2C 驱动 ·········· 211

　9.6　使用 RTC ·········· 212

　9.7　使用 EEPROM ·········· 216

　9.8　编写 SPI 控制器设备节点 ·········· 217

　9.9　本章小结 ·········· 219

第 10 章　基于 Linux 标准文件 I/O 的设备读/写 ·········· 220

　10.1　什么是文件 I/O ·········· 220

　10.2　基于文件 I/O 操作的一般方法 ·········· 220

10.2.1　文件描述符 ·· 220

10.2.2　打开设备（open） ·· 221

10.2.3　向设备写入数据（write） ······························· 221

10.2.4　读取设备数据（read） ···································· 222

10.2.5　杂项操作（ioctl） ·· 222

10.2.6　关闭设备（close） ·· 223

10.2.7　其他操作 ·· 223

10.3　使用文件 I/O 实现 I²C 编程 ································· 223

10.4　本章小结 ·· 226

第 11 章　FPGA 与 HPS 高速数据交互应用 ···················· 227

11.1　FPGA 与 HPS 通信介绍 ··································· 227

11.1.1　H2F_LW_AXI_Master 桥 ································ 229

11.1.2　H2F_AXI_Master 桥 ····································· 229

11.1.3　F2H_AXI_Slave 桥 ······································· 230

11.2　AXI 与 Avalon-MM 总线的互联 ·························· 230

11.3　Avalon-MM 总线 ·· 230

11.4　Avalon-MM Slave 接口 ····································· 232

11.5　基本 Avalon-MM Slave IP 设计框架 ···················· 234

11.5.1　端口定义 ·· 234

11.5.2　寄存器和线网定义 ·· 235

11.5.3　Avalon 总线对寄存器的读/写 ···························· 235

11.5.4　用户逻辑使用寄存器 ······································ 236

11.6　PWM 控制器设计 ·· 237

11.6.1　PWM IP 核端口设计 ······································ 238

11.6.2　PWM IP 核寄存器定义 ···································· 239

11.6.3　读/写 PWM 寄存器 ······································· 239

11.6.4　Platform Designer 中封装 PWM IP ···················· 241

11.7　Avalon-MM Master 接口 ···································· 255

11.7.1　常见的通用 Avalon-MM Master 主机 ··················· 256

11.7.2　DMA Controller ··· 256

11.7.3　Scatter-Gather DMA Controller ························· 256

11.7.4　Modular Scatter-Gather DMA ·························· 258

11.7.5　Avalon-MM Master 模板 ································· 260

11.8　高速数据采集系统 ·· 263

11.8.1　安装 Avalon-MM Master 模板 ·························· 263

11.8.2 完善 Qsys 系统 ································· 265

11.8.3 修改 Quartus 中的 Qsys 例化 ············· 269

11.8.4 测试逻辑设计 ······························· 271

11.9 本章小结 ······································· 275

第 12 章 Linux 驱动编写与编译 ······················· 276

12.1 基本字符型设备驱动 ···························· 276

12.1.1 字符型设备驱动框架 ····················· 277

12.1.2 PWM 控制器驱动的完整源码 ·············· 286

12.1.3 驱动编译 Makefile ························ 291

12.1.4 Ubuntu 下编译设备驱动 ··················· 292

12.1.5 字符型设备驱动验证 ····················· 293

12.2 基于 DMA 的字符型设备驱动 ···················· 297

12.2.1 Avalon-MM Master Write 驱动 ············· 298

12.2.2 Avalon-MM Master Write 测试 ············· 304

12.3 本章小结 ······································· 311

附录 A 外设地址映射 ····························· 312

附录 B HPS GPIO 映射 ·························· 314

参考文献 ··· 315

第 1 章

SoC FPGA 软硬件系统开发概述

随着信息技术的高速发展,各行各业正趋向于通过资源整合和并购的方式来获得更强、更稳固的竞争力,芯片架构亦是如此。单"芯"SoC 方案(System on Chip)拥有的低功耗、低成本、低布线面积以及高整合、高性能、高带宽(内部互联)的优势正推动其引领电子系统设计的潮流。

在传统的芯片架构中,处理器、DSP、FPGA 往往都各自独立、互不相干。当一个系统需要用到处理器、DSP、FPGA 中的多个元件时,采用板级集成的方式,在一块电路板上设计复杂的电路,将它们通过 PCB 板走线连接在一起。以此种方式设计的系统不仅设计生产成本高,而且受限于 PCB 走线和 I/O 引脚性能的影响,无法实现高带宽的数据通信。设计师们都期待着有这样一种芯片,能够同时拥有处理器、FPGA、DSP 的特点,各个架构的优势强强联合,以提升电子系统设计的便利性。

为顺应时代的需求,亦如当年麻雀虽小、功能俱全的"单"片机出世,各大传统 FPGA 厂家都顺势推出了带有嵌入式硬核处理器的 SoC FPGA。如 Intel FPGA 部门基于不同应用推出的带有 Cortex-A9、Cortex-A53、至强 CPU 等一系列涵盖低、中、高端的 SoC FPGA 器件,以及 Xilinx 推出的带有 Cortex-A9、Cortex-A53 处理器的 Zynq 系列 FPGA。

集成处理器和 FPGA 器件具有划时代意义。这样 ARM 和 FPGA 的优势共存一体,即 ARM 的顺序控制、丰富外设、开源驱动,与 FPGA 的并行运算、高速接口、灵活定制相得益彰。再加上其内部多条高速桥接总线,使其数据交互链路畅通无阻。

无论是 Xilinx 公司的 Zynq 全可编程系列 FPGA,还是 Intel 公司的 SoC FPGA,其基本架构都是在同一个硅片上集成 FPGA 和 CPU,并通过高速、高带宽的互联架构连接起来。它们本质相同,架构和性能也都非常相似。熟悉一种器件的使用和开发思路,掌握其开发流程,就可以快速地过渡到另一种器件上。因此,本书以 Intel 公司的 Cyclone V SoC FPGA 器件为例,讲解这类新型异构芯片的开发方法。

1.1 Intel SoC FPGA 系列

针对不同的应用领域,Intel 公司的 PSG 部门设计开发了各种逻辑资源以及性能优异的 SoC FPGA 器件,如图 1.1.1 所示。

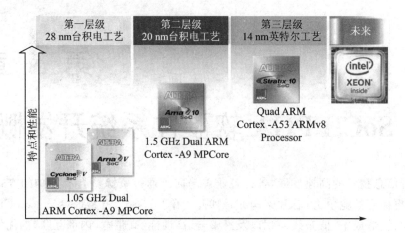

图 1.1.1　Intel SoC FPGA 器件图谱

1.1.1　Cyclone Ⅴ SoC FPGA

Cyclone Ⅴ SoC FPGA 基于台积电 28 nm 工艺,系统成本和功耗都非常低,其性能和成本优势适合大批量应用。FPGA 与前几代相比,其总功耗降低了 40%,具有高效的逻辑集成功能,提供可选的集成收发器,并且支持精度可调的 DSP 模块,数字信号处理性能高达 150 GMACS 和 100 GFLOPS。Cyclone Ⅴ SoC FPGA 提供了 3 大类可选类型,如下:

① 具有基于 ARM 的 HPS 的 Cyclone Ⅴ SE SoC FPGA。

② 具有基于 ARM 的 HPS 和 3.125 Gbps 收发器的 Cyclone Ⅴ SX SoC FPGA。

③ 具有基于 ARM 的 HPS 和 5 Gbps 收发器的 Cyclone Ⅴ ST SoC FPGA。

1.1.2　Arria Ⅴ SoC FPGA

Arria Ⅴ SoC FPGA 同样基于台积电 28 nm 芯片生产工艺,对于远程射频前端、LTE 基站以及多功能打印机等中端应用,在成本、功耗和性能上达到了均衡。高速的 FPGA 架构、快速 I/O 以及高速收发器数据速率等特性进一步提高了系统性能,具有丰富 DSP 块的 Arria Ⅴ FPGA 架构性能达到 1 600 GMACS 和 300 GFLOPS。Arria Ⅴ SoC FPGA 提供 2 大类可选类型,如下:

① 具有基于 ARM 的 HPS 和 6.553 6 Gbps 收发器的 Arria Ⅴ SX SoC FPGA。

② 具有基于 ARM 的 HPS 和 10.312 5 Gbps 收发器的 Arria Ⅴ ST SoC FPGA。

1.1.3　Arria 10 SoC FPGA

Arria 10 SoC FPGA 采用了台积电 20 nm 的芯片生产工艺。作为高端 SoC FPGA 器件,其性能本身比 Stratix Ⅴ 高出 15%,而功耗却比 Arria 系列的前代产品 Arria Ⅴ 节省了 40%。同时,Arria 10 SoC FPGA 提供了更加丰富的高性能 IP 支持,包括 100G 以太网、150G/300G Interlaken 协议和 PCI Express Gen3。同时,作为一款集成了基于 ARM 的 HPS 的 SoC FPGA 器件,其双核的 ARM Cortex-A9 处理器运行主频可达 1.5 GHz,性能也是非常的优异。

1.1.4　Stratix 10 SoC FPGA

作为顶级 SoC FPGA 器件,Stratix 10 SoC FPGA 使用了英特尔新的 14 nm 三栅极芯片制造工艺,并通过开创性的 HyperFlex 体系结构实现了 2 倍内核性能。在 Stratix 10 SoC FPGA 器件中,逻辑容量最大的可达 5.5 MB,每秒可执行高达 10 tera 的浮点操作。同时,作为一款集成了基于 ARM 的 HPS 的 SoC FPGA 器件,Stratix 10 SoC FPGA 将 ARM 处理器从双核 Cortex-A9 升级到了 64 位 4 核的 Cortex-A53 高性能处理器,性能提升非常明显。

1.1.5　SoC FPGA 应用领域与前景

Intel SoC FPGA 器件集成了 FPGA 和 ARM 的特性,因此特别适用于工业自动化、运动控制、视频检测、图像处理等场合。基于 FPGA 的灵活扩展性,我们可根据市场需要完成定制化的开发需求,如多路串口和网口连接到 ARM 总线上,由 Linux 系统统一调度管理。可以说,在 FPGA 资源充足的情况下,设计者可任意多地扩展系统的外设。表 1.1.1 列出了 SoC FPGA 器件常见的应用场景。

表 1.1.1　SoC FPGA 器件常见的应用场景

行　业	目标应用	关键功能
工厂自动化	工业 I/O	传感器接口、安全
	工业网络	工业通信/网络协议桥接、安全
	可编程逻辑控制器(PLC)/人机接口(HMI)、驱动、伺服	控制环、高能效逆变器、通信协议、I/O、安全
智能能源	再生能源、传输和分配、保密通信	逆变器、功耗管理、保护中继、通信标准、保密、安全
视频监控	IP 摄像机	宽动态范围(WDR)相机、高清(HD)视频、高级视频分析
汽车	高级辅助驾驶、信息娱乐	视频处理、视频分析、通信
无线基础设施	远程射频单元、LTE 移动骨干网	信号处理、基带处理
固网通信	路由器、接入、边缘设备	路由协议、链路管理、OAM
广播	演播、视频会议、专业音频/视觉(A/V)	音频和视频 CODEC、IP 承载视频、PCIe 采集、视频和图像处理

行　业	目标应用	关键功能
国防和航空航天	夜视、保密通信	视频和图像处理
	智能、仪表	数据处理、控制和深度数据包探测
医疗	诊断成像、仪表	超声成像、信号处理
计算机和存储	多功能打印机、机架管理	扫描和打印算法、温度电压监视/远程访问

1.2　Intel Cyclone Ⅴ SoC FPGA 介绍

　　得益于 Intel SoC FPGA 差异化的器件结构设计,当设计者掌握了其中一种器件的开发方法后,即可类比应用到其他系列的器件上。在满足设计需求的同时,合理选择功耗、成本和性能平衡的器件应用到实际系统中。作为 SoC FPGA 家族中功耗和成本最具优势的系列,掌握 Cyclone Ⅴ SoC FPGA 的开发方法,不仅可以熟悉整个 SoC FPGA 系列器件的开发流程,还可以学有所用。很多没有实际高端应用需求的读者,也能够将 Cyclone Ⅴ SoC FPGA 作为一个简单的 ARM＋FPGA 二合一的产品进行使用,因此本书以 Cyclone Ⅴ SoC FPGA 器件为基础进行讲解。

1.2.1　什么是 SoC FPGA

　　Intel Cyclone Ⅴ SoC FPGA 是英特尔 FPGA 部门(原 Altera)于 2013 年发布的一款在单一芯片上集成了双核 ARM Cortex-A9 处理器和现场可编程逻辑门阵列(FPGA)的新型 SoC 芯片。相较于传统的仅有 ARM 处理器或 FPGA 的嵌入式芯片,Intel Cyclone Ⅴ SoC FPGA 既拥有 ARM 处理器灵活高效的数据运算和事务处理能力,又拥有 FPGA 的高速并行数据处理优势。同时,基于两者独特的片上互联结构,设计者在使用时可以将 FPGA 上的通用逻辑资源经过配置,映射为 ARM 处理器的一个或多个具有特定功能的外设,并通过高达 128 位位宽的 AXI 高速总线进行通信以完成控制命令和高速数据的交互。

1.2.2　SOPC

　　在 SoC FPGA 技术推出之前,各大 FPGA 厂家已经推广了十多年的 SOPC 技术。从架构角度来说,SOPC 和 SoC FPGA 是统一的,都是使用 FPGA 和 CPU 共同完成系统的设计。但是与 SoC FPGA 不相同的是,SOPC 是在单纯的 FPGA 芯片上使用 FPGA 的可编程逻辑资源和嵌入式存储器资源搭建一个软核 CPU 系统,由该软核 CPU 实现所需处理器的完整功能,该 CPU 是由 FPGA 通用逻辑资源和存储器通过配置实现的,其本质依旧只是一个复杂的 FPGA 设计模块。

得益于 FPGA 的现场可配置特性,使用 FPGA 的通用逻辑资源搭建的 CPU,在结构资源上具有一定的灵活性。用户可以根据自己的需求对 CPU 进行定制裁剪,增加一些专用功能,例如除法或浮点运算单元,用于提升 CPU 在某些专用运算方面的性能;或者删除一些在系统中使用不到的功能,以节约逻辑资源。另外用户也可以根据自己的实际需求,为 CPU 添加各种标准或定制的外设,例如,UART、SPI、I^2C 等标准接口外设,或者编写各种专用的外设,然后连接到 CPU 总线上,由 CPU 进行控制,以实现软硬件的协同工作。基于该结构的设计在保证系统性能的同时,增加了系统的灵活性。另外,如果单个软核 CPU 无法满足用户需求,则可以添加多个 CPU 软核,搭建多核系统,通过多核 CPU 协同工作,让系统拥有更加灵活便捷的控制和运算能力。

但是,由于 CPU 是使用 FPGA 的通用逻辑资源搭建的,所以相较使用经过布局布线优化的硬核处理器来说,软核处理器运行的最高时钟主频要低一些,而且搭建软核 CPU 也会消耗较多的 FPGA 逻辑资源以及片上存储器资源。因此 SOPC 方案仅适用于对处理器整体性能要求不高的应用,例如整个系统的初始化配置、人机交互、多个功能模块间的协调控制等方面。

1.2.3　SoC FPGA 与 SOPC 之间的差异

从架构的角度来说,SOPC 和 SoC FPGA 是统一的,都是由 FPGA 和处理器组成的。在 SoC FPGA 中,嵌入的是 ARM 公司 32 位的 Cortex-A9 硬核处理器,简称 HPS(Hardware Processor System)。而 SOPC 技术中,嵌入的是由 Intel 自己开发的 32 位 NIOS Ⅱ 软核处理器,两者指令集与处理器性能均有差异。Cortex-A9 硬核处理器性能远远高于 NIOS Ⅱ 软核处理器。

Cyclone Ⅴ SoC FPGA 片上的 HPS 部分,不仅集成了双核的 Cortex-A9 硬核处理器,还集成了各种高性能外设,如 MMU、DDR3 控制器、NAND Flash 控制器等,有了这些外设,HPS 部分就可以运行成熟的 Linux 操作系统,提供统一的系统 API,降低开发者的软件开发难度。而 NIOS Ⅱ 软核 CPU 虽然可以通过配置,用逻辑资源来搭建相应的控制器以支持相应功能,但是从性能和开发难度上来说,无法与之媲美。因此,采用基于 SoC FPGA 架构进行设计开发是比较好的选择。

此外,虽然 SoC FPGA 芯片上既包含有 ARM,又包含有 FPGA,但是两者在一定程度上是相互独立的,SoC 芯片上的 ARM 处理器核并非是包含于 FPGA 逻辑单元内部的,而是与 FPGA 一同封装到同一个芯片中,JTAG 接口、电源引脚和外设的接口引脚都是独立的。因此,如果使用 SoC FPGA 芯片进行设计,即使不用片上的 ARM 处理器,ARM 处理器部分占用的芯片资源也无法释放出来,不能用作通用的 FPGA 资源。而 SOPC 则是使用 FPGA 通用逻辑和存储器资源搭建的 CPU,当不使用 CPU 时,CPU 占用的资源可以被释放,重新用作通用 FPGA 资源。

1.2.4 SoC FPGA 架构的优势

嵌入式处理器开发人员面对的最大的挑战就是如何选择一个满足应用要求的处理器。现在已有数百种嵌入式处理器,每种处理器都具备一组不同的外设、存储器、接口和性能特性,用户很难做出一个合理的选择:要么为了匹配实际应用所需的外设和接口而不得不选择在某些性能上多余的处理器;要么为了保持成本的需求而达不到原先设计的理想方案。

在 SoC FPGA 架构出现之前,一般的嵌入式系统通常使用各种处理器或单片机作为系统核心,如基于 ARM 架构的 CPU,基于英特尔 X86 架构的 CPU,基于 IBM PowerPC 架构的 CPU 等。这些处理器的最大局限在于其芯片上的外设数量是确定的,一旦选定一款特定的处理器,其本身能够提供的各种功能也就确定了。例如选择 S3C2410 这款处理器,该芯片本身有且仅有 3 个 UART 串口,当系统所需的串口数量大于 3 个时,则不得不采用另外的方法来扩展实现,例如使用各种串口扩展芯片。另外,由于这些处理器芯片片上外设功能都是固定的,仅支持在一定程度上设置其工作模式,所以无法实现非常灵活的个性化定制,例如 S3C2410 处理器的片上 UART 控制器带有 16 字节的 FIFO 缓冲,但是在某些大数据量的应用中,希望有更大容量的 FIFO 来满足功能开发需求,但片上的 UART 控制器不能完全满足要求,则只能通过软件的方式进行处理。

由于 SoC FPGA 芯片包含现场可编程逻辑门阵列,可以根据实际应用需求设计相应的逻辑电路,如带有 256 字节的 FIFO 的 UART 控制器。得益于 SoC FPGA 芯片上 FPGA 和 HPS 部分独特的高速互联架构,FPGA 侧设计的功能电路可以直接连接到 HPS 的总线上,从而映射为 HPS 的一个外设,由 HPS 对其进行读/写操作,该操作就像处理器操作本身片上含有的外设一样简单方便。

相较于传统的硬件功能固定的处理器,SoC FPGA 能够突破硬件功能的限制,实现定制化的片上系统。

1. SoC FPGA 架构相较于独立的 FPGA 系统的优势

FPGA 作为一种可以随时更改其实现的逻辑电路功能的器件,在高速并行数据处理方面有天然的优势。由于 FPGA 实现的是硬件逻辑功能,其执行效率相较于使用程序指令实现功能的处理器来说要高很多,例如执行 3 个数据的乘加运算,FPGA 可以使用两个乘法器和一个加法器,在一个时钟周期内完成运算并输出结果,而 CPU 则可能需要将该操作拆分成 1 条乘加指令和 1 条乘法指令,即使是高性能的 CPU,也需要 2 个指令周期才能完成该操作。同时,FPGA 也可以利用功能复制的方式,在一个芯片上实现大量相同的功能,例如设计好一个高速数据采集 + FIR 数字滤波功能模块,然后可以直接将其例化多次,实现一个高速多路数据采集处理系统。

然而,单独的 FPGA 设计的系统也有其不足之处,由于 FPGA 实现的功能都是通过功能固定的逻辑电路实现的,所以当应用中需要灵活的控制和人机交互或者复杂的以太网协议通信时,使用 FPGA 实现就会有较大的难度,即使使用复杂的状态机能够勉强实现功能,也会面临功能固定、修改难度大的问题。例如在上述多路采集系统中,当需要将多路采集到的数据在液晶显示屏上绘制为波形时,或者使用 TCP/IP 协议传输到远端服务器时,单纯的 FPGA 就难以胜任了,而 ARM 处理器,尤其是运行了嵌入式操作系统的 ARM 处理器,在图形界面显示和网络传输方面则有较大的优势。如果将 FPGA 实现的多路高速数据采集系统的采集结果交给 ARM 处理器来实现波形显示或者网络传输,那么只需要简单的软件编程即可实现。

SoC FPGA 作为一种在单一芯片上集成了 FPGA 和高性能处理器的新型芯片架构,既拥有 FPGA 高速并行处理和定制灵活的优势,又拥有 ARM 处理器实现灵活控制、图形界面显示和网络传输方面的优势。而且,这两者在芯片上并不是相互独立地存在,而是通过片上的高速互联架构有机地连接到了一起。FPGA 采集的数据可以通过 F2H Bridge 直接写入 HPS 侧的存储器中,然后由 HPS 读取数据,用户可以使用高级的图形界面编程工具,例如可以使用 Mini GUI 或者 Qt 来设计图形界面并显示波形,也可以使用 Web Server 网络服务器将数据组织起来并传递给远端计算机接收。

2. SoC FPGA 架构相较于处理器＋FPGA 架构的优势

前文介绍了处理器在灵活控制和用户界面、网络传输方面的优势,也介绍了 FPGA 在高速并行处理方面的优势,同时还介绍了基于 FPGA 和软核处理器协同工作的 SOPC 技术。综上可知,处理器和 FPGA 协同工作是比较理想的方案,但是由于软核在性能上还是有所欠缺的,且实现一些特定的功能不如 MCU 或处理器具有性价比,因此,相较于软核实现方案,有相当一部分的技术人员更倾向于选择使用独立的处理器＋FPGA 的方案。例如,低端领域使用 Cortex-M 系列单片机＋FPGA,中端应用使用 Cortex-A 系列处理器＋FPGA,高端领域使用 X86 CPU 甚至 Xeon 系列处理器＋FPGA。这些架构,从一定程度上来讲确实具有很大的优势,例如性价比、开发的便捷性等。但是,因为使用了独立器件,所以电路板设计相对复杂一些。另外,除了高端 CPU 能够使用 PCIe 这种高速通信接口以外,常见的 Cortex-M 系列单片机与 FPGA 连接时,相互间的通信速率会有较大的限制。首先,是两者间的通信数据线受硬件电路板限制,一般不超过 32 位宽度;其次,就是器件间使用高位宽的并行总线,存在竞争冒险的情况,因此数据线翻转速率有较大的限制,通信频率无法做到很高。这两方面的因素共同限制了 FPGA 和处理器之间的通信带宽。而 SoC FPGA 使用的是片上集成的方式,在同一个芯片上集成了 FPGA 和 HPS 系统,两者之间设计了高达 128 位的数据位宽,以及运行频率高达 200 MHz 的高速片上总线,为两者通信提供了较高的数据带宽,大大提高了两者的通信带宽和通信效率。

3. SoC FPGA 集成型架构优势

采用 ARM＋FPGA 集成架构的 SoC FPGA 芯片,用户将不会局限于预先制造的处理器技术,而是根据自己的要求定制处理器,按照需要选择合适的外设、存储器和接口。此外,用户还可以轻松地集成自己专有的功能(如 DSP、用户逻辑),创建一款"完美"的处理器,如图 1.2.1 所示,使用户的设计具有独特的竞争优势。

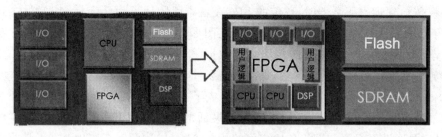

图 1.2.1　SoC 简化系统硬件设计

用户所需要的嵌入式设备主控制器应该能够满足当前和今后的设计功能及性能需求。由于发展具有不确定性,因此,设计人员必须能够更改其设计,例如为处理器加入新的功能电路,定制硬件加速器,或者加入协处理器,以达到新的性能目标,而基于 SoC FPGA 的系统能够满足以上要求。

采用 SoC FPGA 芯片,用户不仅可以使用 ARM Cortex-A9 处理器的高性能运算处理能力和事务处理能力,还可以根据需要定制功能。在单个 SoC FPGA 芯片中实现高性能处理器、外设、存储器和 I/O 接口功能,降低用户的系统总体成本。

开发人员希望能快速将产品推向市场并保持一个较长的产品生命周期,避免更新换代,基于 SoC FPGA 的系统可以在以下几方面帮助用户实现此目标,如下:

① 缩短产品的上市时间,FPGA 可编程的特性使其具有最快的产品上市速度。许多设计通过简单的修改就可以在 FPGA 上快速实现。ARM Cortex-A9 处理器能够运行成熟的 Linux 操作系统,基于 Linux 操作系统,用户能够非常简单高效地编写 Linux 应用程序,加快软件开发速度,缩短软件开发周期。而系统的灵活性和快速上市的特性源于 Intel 提供的完整的开发套件、众多的参考设计、强大的硬件开发工具 (Platform Designer)和软件开发工具(SoC EDS 套件)。用户可以借助厂商提供的参考设计和易用的开发工具,在几个小时内就完成自己的设计原型。

② 建立有竞争性的优势,维持一个基于通用硬件平台的产品的竞争优势是非常困难的。而 SoC FPGA 器件能够充分发挥 FPGA 的可编程特性,设计独有的硬件加速和协处理逻辑,与 ARM 处理器协同工作。具备硬件加速,定制的、可裁剪的外设 SoC 系统,将更具竞争优势。

③ 延长了产品的生存时间,使用 SoC FPGA 器件产品的独特优势能够对硬件进行升级,即使产品已经交付给客户,仍可以定期升级。这些特性可以解决很多问题:

➢ 延长产品的生存时间,随着时间的增加,可以不断将新的特性添加到硬件中;

➢ 减小由于标准的制定和改变而带来的硬件上的风险;

➢ 简化了硬件缺陷的修复和排除。

1.3 Cyclone Ⅴ SoC FPGA 器件硬件设计概述

SoC FPGA 作为一款同时包含 FPGA 和 HPS 的高集成度芯片,在设计应用电路时,既需要考虑 FPGA 部分,又需要考虑 HPS 部分,因此,这是一项较为复杂的工作。本节将以一个具体的板卡设计为例,介绍该器件的基本电路设计。

作为本书的硬件配套平台,AC501-SoC 开发板上使用了一颗 Cyclone Ⅴ SoC FPGA 系列入门级的器件 5CSEBA2U19I7,该器件拥有如下资源:

① 25 000 个 FPGA 逻辑单元(LE)。

② 1 433 600 bit 嵌入式 RAM 存储器(175 KB)。

③ 36 个数字信号处理器(DSP)。

④ 5 个模拟锁相环 PLL。

⑤ 4 个数字锁相环 DLL。

⑥ 双核 Cortex-A9 硬处理器系统(HPS),根据器件数据手册描述,速度等级为 6 的器件,最高运行主频为 925 MHz;速度等级为 7 的器件,最高运行主频为 800 MHz。

⑦ DDR3 控制器×1。

⑧ 千兆以太网 MAC 控制器×2。

⑨ NAND Flash 控制器×1。

⑩ QSPI Flash 控制器×1。

⑪ SD/MMC 控制器×1。

⑫ SPI 主机控制器×2。

⑬ SPI 从机控制器×2。

⑭ USB 控制器×1。

⑮ UART 控制器×2。

⑯ I^2C 控制器×4。

⑰ CAN 控制器×2。

需要注意的是,①~④为 FPGA 部分的资源,而⑤~⑰为 HPS 系统资源,在 HPS 系统资源中,由于引脚复用关系,并不是所有的外设资源都能够同时使用,需要根据使用到的具体功能合理设置引脚复用。

DDR3 存储器:MT41K128M16JT-125:K,两片 256×16 Mbit DDR3 芯片,组成 128×32,共 512 MB 内存模组。DDR3 存储器由 HPS 部分的 DDR3 存储器控制器控制,无需 FPGA 部分做任何操作。

Flash 存储器:25Q128BVFG,128 Mbit SPI Flash 存储器。该存储器作为 FPGA 的上电配置器件使用,也可存储用户数据。

千兆以太网收发器:RTL8211FDI,工业级千兆以太网芯片,由 HPS 部分的

MAC 控制器控制,无需 FPGA 侧编写控制逻辑。

USB 控制器:USB3300,支持 USB OTG 功能,可工作在 USB 主机或者设备模式下。当工作在主机模式时,可使能对 USB 接口供电的支持以连接各种常见或专用 USB 外设,如 USB 键盘、鼠标、U 盘等。

SD 卡接口:SDIO 接口,能够读/写 SD 卡,HPS 支持从 SD 卡中加载程序镜像文件。

以上为 AC501-SoC 开发板上的主要硬件资源,这些电路一般都可以通过参考厂家提供的 Demo 板的设计来完成。本节主要针对两个比较重要的部分进行讲解,分别为 FPGA 部分 I/O 的使用和 SoC FPGA JTAG 链路结构。

1.3.1 FPGA I/O 和时钟

5CSEBA2U19 芯片共有 4 个 I/O Bank,设计为 FPGA 的通用 I/O Bank,分别为 Bank3A、Bank4A、Bank5A、Bank8A,总共 66 个可用 I/O,在这些引脚中大部分既可以作为单端输入/输出,也可以作为差分输入/输出。该芯片支持的 I/O 电平标准也非常多,从 1.2 V LVCMOS 到 3.3 V LVTTL,多达 40 多种。其中,有 12 个引脚可以用作全局时钟输入引脚,在 Quartus Prime 软件的 Pin Planner 中,这些引脚以时钟引脚标志符号标记,如图 1.3.1 所示。

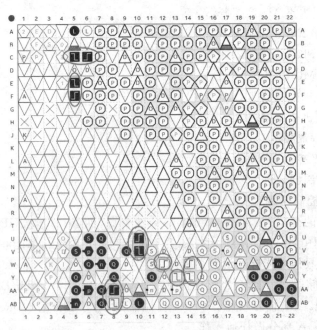

图 1.3.1　FPGA 时钟引脚

在实际使用时,如果是单端时钟信号输入,则建议接在以"⌐"标志标记的引脚上。另外,这些引脚如果不接时钟输入,则可以作为通用的 I/O 使用,这一点与

Cyclone Ⅳ E 系列的 FPGA 器件有所差别。当 Cyclone Ⅳ E 系列的 FPGA 器件的时钟输入引脚不作为时钟输入功能使用时,仅能作为输入引脚,不能作为输出引脚。

在 AC501-SoC 开发板上,使用了 2 个 50 MHz 的有源晶振为 FPGA 部分提供时钟信号,如图 1.3.2 所示。这两个晶振的时钟信号分别连接到了 U10(CLK0P)和 W14(CLK2P)时钟输入引脚上,这两个时钟信号通过这两个引脚输入,既能进入全局时钟树资源,又能连接到片上 PLL 的参考时钟输入端,通过 PLL 得到更多的时钟信号。

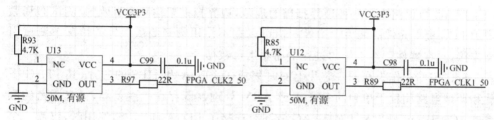

图 1.3.2　FPGA 外部时钟晶振电路

对于通用的 FPGA 引脚,我们可以根据其实际连接的外部器件的要求,设置其电平标准。需要注意的是,同一个 I/O Bank 中的 I/O,只能使用同一种电压标准的 I/O 电平。例如,同一个 Bank 中的 I/O 不能一部分设置为 2.5 V LVTTL,而另一部分设置为 3.3 V LVTTL,因为这样 Quartus Prime 软件在编译时是会报错的。

至于每一个 I/O Bank 的 I/O 电压是多少,是通过专用的 I/O 电压设置引脚来设置的。这些引脚的名称为 VCCIOxA 或 VCCIOxB,其中 x 为对应的 Bank 编号,如图 1.3.3 所示。

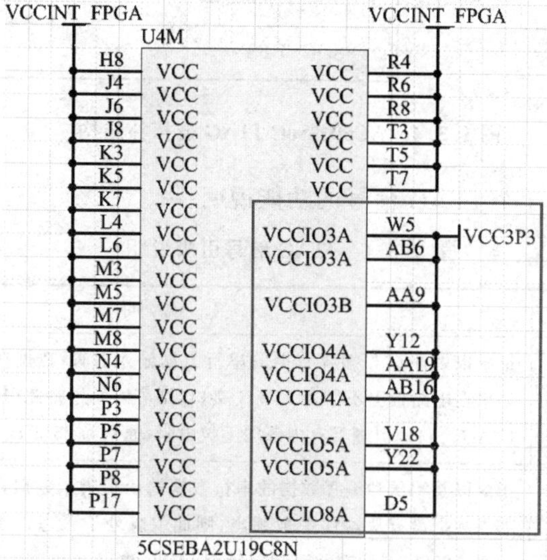

图 1.3.3　FPGA I/O Bank 供电引脚

在 AC501-SoC 开发板上,所有 FPGA 部分的 I/O Bank 都使用 3.3 V 供电,但是用户在设计自己的硬件板卡时,如果希望某一 I/O Bank 上的 I/O 工作在其他电平标准下,则需要连接该 Bank 对应的 VCCIO 供电引脚到相应电压。例如,若用户希望使用 Bank5A 作为 2.5 V LVDS 功能使用,则需要连接两个 VCCIO5A 引脚到 2.5 V 电压上。

1.3.2　SoC FPGA JTAG 电路设计

JTAG 协议制定了一种边界扫描的规范,边界扫描架构具有有效的、测试布局紧凑的 PCB 板上元件的能力。边界扫描可以在不使用物理测试探针的情况下测试引脚连接,并在器件正常工作的过程中捕获运行数据。

SoC FPGA 作为在同一芯片上同时集成了 FPGA 和 HPS 的芯片,其 JTAG 下载和调试电路相较于单独的 FPGA 或 ARM 处理器既存在一些差异,又有紧密的联系。AC501-SoC 开发板上的 JTAG 链同时连接了 FPGA 和 HPS,使用时,仅需一个 JTAG 链路就能同时调试 FPGA 和 HPS。FPGA 和 HPS 各自有其独立的 JTAG 信号引脚,电路设计时使用了一种串行链的方式来将两者连接到一起,如图 1.3.4 所示。

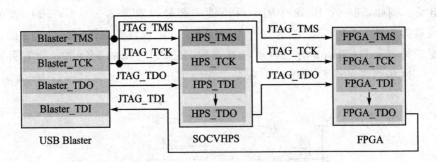

图 1.3.4　AC501-SoC JTAG 链拓扑结构

表 1.3.1 所列为 4 个 JTAG 信号的功能说明。

表 1.3.1　JTAG 信号引脚说明

引脚名称	引脚类型	说　明
TDI	测试数据输入	指令以及测试和编程数据的串行数据输入引脚,数据在 TCK 的上升沿移入。如果在电路板上不需要 JTAG 接口,则可以通过将此引脚连接至 VCC 来禁用 JTAG。TDI 引脚具有内部弱上拉电阻(通常为 25 kΩ)
TDO	测试数据输出	指令以及测试和编程数据的串行数据输出引脚。数据在 TCK 的下降沿移出。如果数据没有从器件中被移出,则此引脚处于三态。如果在电路板上不需要 JTAG 接口,则悬空此引脚以禁用 JTAG 电路

引脚名称	引脚类型	说 明
TMS	测试模式选择	提供的控制信号输入引脚,控制信号用来控制 TAP 状态机的跳变。状态机跳变发生在 TCK 的上升沿。因此,TMS 必须在 TCK 的上升沿之前被设置。TMS 在 TCK 的上升沿中被评估。如果在电路板上不需要 JTAG 接口,则连接此引脚至 VCC 以禁用 JTAG 电路。TMS 引脚具有内部弱上拉电阻(通常为 25 kΩ)
TCK	测试时钟输入	边界扫描电路的时钟输入引脚。一些操作发生在上升沿,而其他的则发生在下降沿。如果在电路板上不需要 JTAG 接口,则连接此引脚至 GND 以禁用 JTAG 电路。TCK 引脚具有内部弱下拉电阻

使用 JTAG 配置或调试一个器件时,根据用户选定的器件,编程软件(Quartus Programmer 或 DS-5 中提供的调试器)会旁路其他所有器件。在旁路模式下,器件通过一个旁路寄存器将编程数据从 TDI 引脚传至 TDO 引脚,即通过 TDI 送入器件的配置数据会在一个时钟周期之后呈现在 TDO 上。而如果将 TDO 端口输出的数据再次接入另一个器件的 TDI 端口,则能够直接对下一个器件进行调试。而每一个器件都有其 JTAG ID,通过 JTAG ID 能够辨识具体调试哪个器件。

从图 1.3.4 中可以看到,由 USB Blaster 的 TDO 输出的数据首先是接到 HPS 的 TDI 端口,然后由 HPS 的 TDO 端口流出的数据又接到 FPGA 的 TDI 端口上,最后数据再由 FPGA 的 TDO 端口流出,回到 USB Blaster 的 TDI 端口,形成完整的数据回路。

当需要通过 Quartus Programer 来配置或调试 FPGA 部分时,会设置直接旁路 HPS 部分,由 HPS 的 TDI 端口流入的数据会在一个时钟周期后出现在 HPS 的 TDO 端口上,再进入 HPS 的 TDO 端口所连接的 FPGA 的 TDI 端口,从而向 FPGA 的各个寄存器中写入或读取数据,通过 FPGA 的 TDO 端口输出,流入到 USB Blaster 的 TDI 端口,完成对 FPGA 的调试。

当需要通过 DS-5 中的仿真器来调试 HPS 部分时,会设置直接旁路 FPGA 部分,由 HPS 的 TDI 端口流入的数据直接作用在 HPS 上,对 HPS 的相应寄存器进行读/写,结果数据从 HPS 的 TDO 端口流出,再流入 FPGA 的 TDI 端口。由于此时 FPGA 的 JTAG 功能处于旁路状态,因此 TDI 端口流入的数据会直接由 FPGA 的 TDO 端口流出,进入 USB Blaster 的 TDI 端口,完成对 HPS 的调试。

1.4　AC501-SoC 开发板介绍

1.4.1　布局及组件

图 1.4.1 展示了芯路恒 AC501-SoC 核心开发板的结构图,它描绘了开发板布局以及一些接插件和关键元件的位置信息。

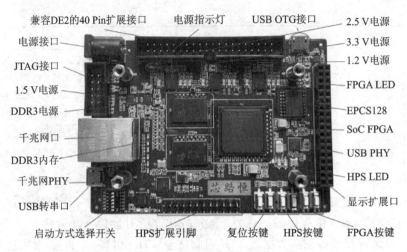

兼容DE2的40 Pin扩展接口　　电源指示灯　　USB OTG接口　　2.5 V电源

电源接口　　　　　　　　　　　　　　　　　　　　　　　　3.3 V电源

JTAG接口　　　　　　　　　　　　　　　　　　　　　　　1.2 V电源

1.5 V电源　　　　　　　　　　　　　　　　　　　　　　　FPGA LED

DDR3电源　　　　　　　　　　　　　　　　　　　　　　　EPCS128

千兆网口　　　　　　　　　　　　　　　　　　　　　　　　SoC FPGA

DDR3内存　　　　　　　　　　　　　　　　　　　　　　　USB PHY

千兆网PHY　　　　　　　　　　　　　　　　　　　　　　　HPS LED

USB转串口　　　　　　　　　　　　　　　　　　　　　　　显示扩展口

启动方式选择开关　　HPS扩展引脚　　　复位按键　HPS按键　FPGA按键

图 1.4.1　AC501-SoC 开发板

　　AC501-SoC 开发板定位于多功能开发板和核心板之间。众多功能如 USB、以太网、电源都是经过精心设计的,上电就能正常使用,同时又减少了众多冗余功能,将全部 I/O 通过 3 个接口尽可能地开放出来,方便用户根据自己的需求灵活设计。AC501-SoC 开发板既有开发板的功能完整性、上电即可运行的特点,又有核心板电路简洁、开放性高的特点。

1.4.2　轻触按键

　　如图 1.4.2 所示,AC501-SoC 开发板上总共有 6 个轻触按键,分成 3 组功能,分别为复位按键(S3、S5)、HPS 用户按键(S2、S4)、FPGA 用户按键(S7、S8)。每个按键都接了上拉电阻。在没有按键按下的时候,每个按键端输出的都是高电平,当按键按下的时候,被按下的按键端会输出低电平。表 1.4.1 所列为 3 种按键的功能说明。

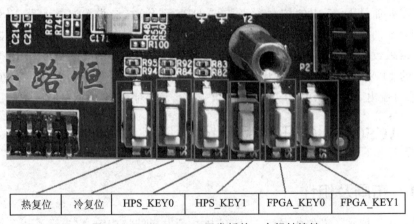

| 热复位 | 冷复位 | HPS_KEY0 | HPS_KEY1 | FPGA_KEY0 | FPGA_KEY1 |

图 1.4.2　AC501-SoC 开发板的 6 个轻触按键

表 1.4.1 按键功能说明

按键功能	按键编号	功能说明	引 脚
复位按键	S3	HPS 硬件复位按键,按下会直接对 HPS 执行彻底复位;另外,该按键同时连接到 USB、以太网、电路的复位输入端,即按下该按键会同时复位 USB 和以太网芯片	
	S5	HPS 热复位按键,按下该按键仅对 HPS 执行复位	
HPS 用户按键	S2	HPS 用户按键 0(HPS_KEY0),连接到 HPS 的 GPIO29 引脚上	GPIO29
	S4	HPS 用户按键 1(HPS_KEY1),连接到 HPS 的 GPIO30 引脚上	GPIO30
FPGA 用户按键	S7	FPGA 用户按键 FPGA_KEY0,连接到 FPGA 引脚 AB10 上。同时需要注意的是,该引脚也是 GPIO0 扩展接口上的 GPIO0_D30 引脚,GPIO0_D30 和 FPGA_KEY0 两者无法同时使用	AB10
	S8	FPGA 用户按键 FPGA_KEY1,连接到 FPGA 引脚 Y11 上。同时需要注意的是,该引脚也是 GPIO0 扩展接口上的 GPIO0_D31 引脚,GPIO0_D31 和 FPGA_KEY1 两者无法同时使用	Y11

1.4.3 用户 LED

AC501-SoC 开发板提供了 4 个红色的 LED 调试灯,4 个 LED 调试灯分为两组,分别为 FPGA 用户 LED(D8、D9)和 HPS 用户 LED(D4、D5)。

对于 HPS 用户 LED,所有 LED 的阴极都直接连接到 GND 引脚上,阳极通过限流电阻分别连接到 HPS 对应的引脚,即当 HPS 引脚为高电平时 LED 点亮,为低电平时 LED 熄灭。

对于 FPGA 用户 LED,所有 LED 的阳极都通过限流电阻连接到 3.3 V 引脚上,阴极直接连接到 FPGA 对应的引脚,即当 FPGA 引脚为低电平时 LED 点亮,为高电平时 LED 熄灭。图 1.4.3 展示了 LED 和 FPGA、HPS 的连接关系。表 1.4.2 所列为各个 LED 的功能描述。

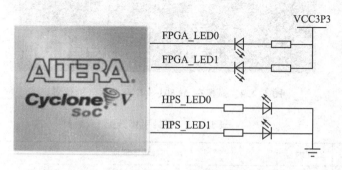

图 1.4.3 LED 和 Cyclone Ⅴ SoC FPGA 连接示例

表 1.4.2　LED 引脚分配

LED 功能	LED 编号	功能说明	引　脚
HPS 用户 LED	D4	HPS 用户 LED0(HPS_LED0),连接到 HPS 的 GPIO31 引脚上	GPIO31
	D5	HPS 用户 LED1(HPS_LED1),连接到 HPS 的 GPIO32 引脚上	GPIO32
FPGA 用户 LED	D8	FPGA 用户 LED0,连接到 FPGA 引脚 V10 上。同时需要注意的是,该引脚也是 GPIO1 扩展接口上的 GPIO1_D3 引脚,GPIO1_D3 和 FPGA_LED0 两者无法同时使用	V10
	D9	FPGA 用户按键 1,连接到 FPGA 引脚 V9 上,同时需要注意的是,该引脚也是 GPIO1 扩展接口上的 GPIO1_D5 引脚,GPIO1_D5 和 FPGA_LED1 两者无法同时使用	V9

1.4.4　时钟输入

　　AC501-SoC 开发板为 SoC 芯片设计了四路时钟源,分别提供给 FPGA 部分 (U12、U13)和 HPS 部分(U5、U6),均位于开发板背面,如图 1.4.4 所示。提供给 FPGA 部分的两路时钟均为 50 MHz,提供给 HPS 部分的两路时钟均为 25 MHz 时钟,表 1.4.3 列出了 AC501-SoC 开发板上的时钟引脚分布。

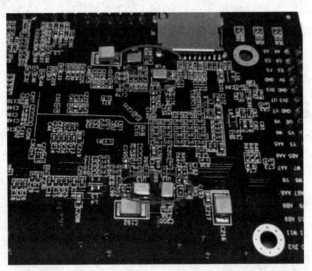

图 1.4.4　晶振在 AC501-SoC 开发板上的位置

表 1.4.3　时钟引脚分配

晶振功能	器件编号	功能说明	引　脚
HPS 时钟晶振	U5	HPS 专用时钟晶振 1,25 MHz	
	U6	HPS 专用时钟晶振 2,25 MHz	

晶振功能	器件编号	功能说明	引　脚
FPGA 时钟晶振	U12	FPGA 时钟晶振 1,50 MHz,连接到 FPGA 部分专用时钟输入引脚 U10 上	U10
	U13	FPGA 时钟晶振 2,50 MHz,连接到 FPGA 部分专用时钟输入引脚 W14 上	W14

1.4.5　GPIO 接口

AC501-SoC 开发板提供了 1 个 40 Pin 的与友晶科技 DE2 开发板兼容的 GPIO 接口,端口使用标准的 IDC3-40 接口。该端口除了有 32 个引脚直接连到了 Cyclone V SoF FPGA 芯片的 FPGA 部分以外,还输出到 DC +5 V(VCC5)、DC +3.3 V (VCC3P3)和两个接地的引脚上。该端口名为 GPIO0。图 1.4.5 展示了 GPIO0 的端子与 FPGA 引脚的连接关系。

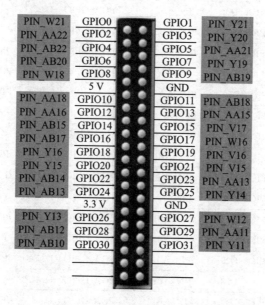

图 1.4.5　GPIO0 的端子与 FPGA 引脚的连接关系

需要特别说明的是,由于 5CSEBA2U19 型 SoC FPGA 芯片的引脚数量有限,因此,实际该 40 Pin 接口的最后 4 个连接针并未连接到任何芯片引脚上,也没有连接到电源和地上,即完全处于悬空状态,无任何用途。图 1.4.6 所示为 GPIO0 在 AC501-SoC 开发板上的位置。

表 1.4.4 列出了该接口上每一位数据线对应的 FPGA 引脚标号。

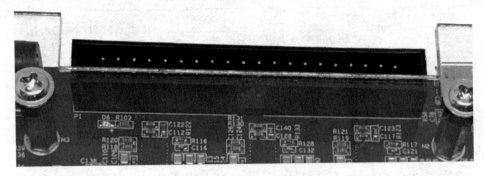

图 1.4.6　GPIO0 在 AC501-SoC 开发板上的位置

表 1.4.4　GPIO0 引脚分配表

信号名称	引　脚	信号名称	引　脚
FPGA_GPIO0_D0	PIN_W21	FPGA_GPIO0_D1	PIN_Y21
FPGA_GPIO0_D2	PIN_AA22	FPGA_GPIO0_D3	PIN_Y20
FPGA_GPIO0_D4	PIN_AB22	FPGA_GPIO0_D5	PIN_AA21
FPGA_GPIO0_D6	PIN_AB20	FPGA_GPIO0_D7	PIN_Y19
FPGA_GPIO0_D8	PIN_W18	FPGA_GPIO0_D9	PIN_AB19
FPGA_GPIO0_D10	PIN_AA18	FPGA_GPIO0_D11	PIN_AB18
FPGA_GPIO0_D12	PIN_AA16	FPGA_GPIO0_D13	PIN_AA15
FPGA_GPIO0_D14	PIN_AB15	FPGA_GPIO0_D15	PIN_V17
FPGA_GPIO0_D16	PIN_AB17	FPGA_GPIO0_D17	PIN_W16
FPGA_GPIO0_D18	PIN_Y16	FPGA_GPIO0_D19	PIN_V16
FPGA_GPIO0_D20	PIN_Y15	FPGA_GPIO0_D21	PIN_V15
FPGA_GPIO0_D22	PIN_AB14	FPGA_GPIO0_D23	PIN_AA13
FPGA_GPIO0_D24	PIN_AB13	FPGA_GPIO0_D25	PIN_Y14
FPGA_GPIO0_D26	PIN_Y13	FPGA_GPIO0_D27	PIN_W12
FPGA_GPIO0_D28	PIN_AB12	FPGA_GPIO0_D29	PIN_AA11
FPGA_GPIO0_D30	PIN_AB10	FPGA_GPIO0_D31	PIN_Y11

1.4.6　DDR3 SDRAM

　　AC501-SoC 开发板设计了一个由两片 256 MB DDR3 芯片组成的 512 MB 的 DDR3 SDRAM 模组,两片芯片共用地址线和控制线,数据线独立,形成了硬件 32 位数据线接口,该 DDR3 SDRAM 模组稳定地运行在 400 MHz 的频率上。DDR3 SDRAM 由 HPS 侧的 DDR3 硬核控制器控制,无需 FPGA 部分添加任何控制逻辑,在使用时,也无需进行引脚分配。图 1.4.7 展示了 DDR3 和 FPGA 之间的连接关系,图1.4.8所示为DDR3内存在开发板上的物理位置。

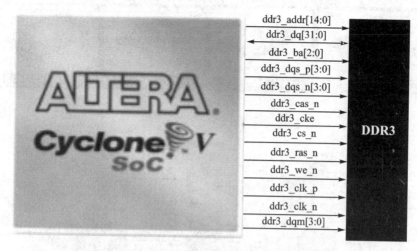

ddr3_addr[14:0]
ddr3_dq[31:0]
ddr3_ba[2:0]
ddr3_dqs_p[3:0]
ddr3_dqs_n[3:0]
ddr3_cas_n
ddr3_cke
ddr3_cs_n
ddr3_ras_n
ddr3_we_n
ddr3_clk_p
ddr3_clk_n
ddr3_dqm[3:0]

DDR3

图 1.4.7 DDR3 和 Cyclone V SoC FPGA 的连接示例

图 1.4.8 DDR3 内存在开发板上的位置

1.4.7 通用显示扩展接口

AC501-SoC 开发板提供了一个兼容性强大的 2×18 通用显示扩展接口,该接口的引脚配置完全兼容正点原子团队推出的 STM32F103 系列开发板的液晶屏接口。用户通过该接口可以连接非常多的显示设备,如正点原子推出的各尺寸 MCU 液晶屏接口(见图 1.4.9),也可连接配套的 5 in(1 in=2.54 cm)800×480 RGB 接口的显示屏(代替 VGA 显示器),或者连接套件提供的数码管+8 位 VGA+PS2 三合一模块,还可连接套件兼容的 24 位高性能 VGA 输出模块。当然,用户也可以使用该接口作为通用扩展接口连接用户自己的设备。图 1.4.9~图 1.4.11 给出了通用显示扩展接口与 FPGA 的连接关系,通用显示扩展接口引脚分配表如表 1.4.5 所列。

兼容ALIENTEK 所有MCU接口液晶屏

| 4.3 in MCU电容触摸屏 | 3.5 in电阻触摸屏模块 | 2.8 in电阻触摸屏 | 7 in MCU电容屏800×480 |

图 1.4.9　兼容第三方显示屏列表

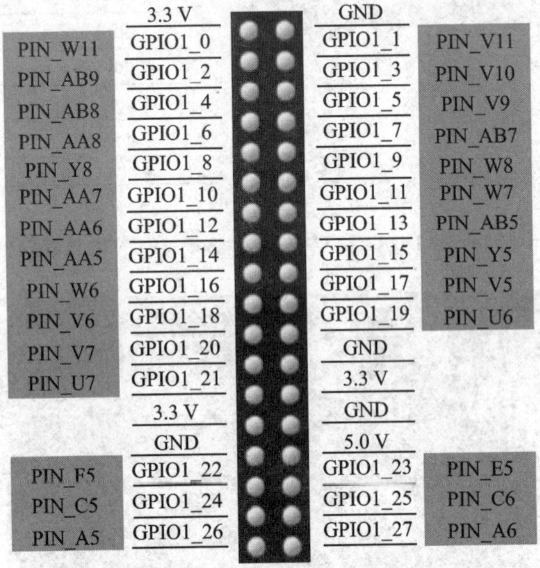

	3.3 V		GND	
PIN_W11	GPIO1_0		GPIO1_1	PIN_V11
PIN_AB9	GPIO1_2		GPIO1_3	PIN_V10
PIN_AB8	GPIO1_4		GPIO1_5	PIN_V9
PIN_AA8	GPIO1_6		GPIO1_7	PIN_AB7
PIN_Y8	GPIO1_8		GPIO1_9	PIN_W8
PIN_AA7	GPIO1_10		GPIO1_11	PIN_W7
PIN_AA6	GPIO1_12		GPIO1_13	PIN_AB5
PIN_AA5	GPIO1_14		GPIO1_15	PIN_Y5
PIN_W6	GPIO1_16		GPIO1_17	PIN_V5
PIN_V6	GPIO1_18		GPIO1_19	PIN_U6
PIN_V7	GPIO1_20		GND	
PIN_U7	GPIO1_21		3.3 V	
	3.3 V		GND	
	GND		5.0 V	
PIN_F5	GPIO1_22		GPIO1_23	PIN_E5
PIN_C5	GPIO1_24		GPIO1_25	PIN_C6
PIN_A5	GPIO1_26		GPIO1_27	PIN_A6

图 1.4.10　通用显示接口信号定义

图 1.4.11　AC501-SoC 通用显示接口位置

表 1.4.5 通用显示扩展接口引脚分配表

信号名称	PFGA 引脚	信号名称	PFGA 引脚
FPGA_GPIO1_D0	PIN_W11	FPGA_GPIO1_D1	PIN_V11
FPGA_GPIO1_D2	PIN_AB9	FPGA_GPIO1_D3	PIN_V10
FPGA_GPIO1_D4	PIN_AB8	FPGA_GPIO1_D5	PIN_V9
FPGA_GPIO1_D6	PIN_AA8	FPGA_GPIO1_D7	PIN_AB7
FPGA_GPIO1_D8	PIN_Y8	FPGA_GPIO1_D9	PIN_W8
FPGA_GPIO1_D10	PIN_AA7	FPGA_GPIO1_D11	PIN_W7
FPGA_GPIO1_D12	PIN_AA6	FPGA_GPIO1_D13	PIN_AB5
FPGA_GPIO1_D14	PIN_AA5	FPGA_GPIO1_D15	PIN_Y5
FPGA_GPIO1_D16	PIN_W6	FPGA_GPIO1_D17	PIN_V5
FPGA_GPIO1_D18	PIN_V6	FPGA_GPIO1_D19	PIN_U6
FPGA_GPIO1_D20	PIN_V7		GND
FPGA_GPIO1_D21	PIN_U7		3.3 V 电源
	3.3 V 电源		GND
	GND		5.0 V 电源
FPGA_GPIO1_D22	PIN_F5	FPGA_GPIO1_D23	PIN_E5
FPGA_GPIO1_D24	PIN_C5	FPGA_GPIO1_D25	PIN_C6
FPGA_GPIO1_D26	PIN_A5	FPGA_GPIO1_D27	PIN_A6

1.4.8　USB 转 UART

在 HPS 的工作过程中,调试串口是最重要的人机交互通道,无论是裸机启动还是 Linux 系统启动运行,都离不开调试串口。HPS 通过调试串口打印系统启动和工作信息,并接收 PC 发送的各种命令。AC501-SoC 开发板使用了优秀的 CH340 系列 USB 转串口芯片,使调试串口电路稳定可靠。该电路直接由 USB 供电,与开发板工作状态完全独立,无需给开发板上电即可工作。图 1.4.12 给出了该转换电路和 FPGA 的连接关系。图 1.4.13 所示为基于 CH340E 的 USB 转串口电路在 AC501-SoC 开发板上的位置。

1.4.9　以太网收发器

AC501-SoC 开发板通过一片 Realtek 的 RTL8211FDI 以太网 PHY 提供对以太网连接的支持,RTL8211FDI 是一片工业级千兆以太网 PHY,提供 RGMⅡ 接口的 MAC 连接。该芯片直接连接到了 HPS 侧的 MAC 上,由 Linux 系统提供驱动支持,

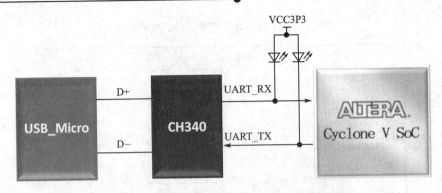

图 1.4.12 CH340 和 Cyclone Ⅴ SoC FPGA 的连接示例

图 1.4.13 CH340 电路在 AC501-SoC 开发板上的位置

FPGA 侧无需做任何操作,只要 Linux 系统正常运行,该网卡就能被初始化并正常工作。图 1.4.14 所示为 RTL8211 与 Cyclone Ⅴ SoC FPGA 的连接关系,图 1.4.15 所示为 RTL8211 千兆以太网电路在 AC501-SoC 开发板上的位置。

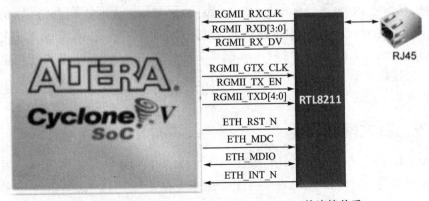

图 1.4.14 RTL8221 与 Cyclone Ⅴ SoC FPGA 的连接关系

图 1.4.15　AC501-SoC 开发板上的 RTL8211 千兆以太网电路

1.5　本章小结

　　本章以 Intel Cyclone Ⅴ SoC FPGA 为基础,首先介绍了 ARM 与 FPGA 通过高度的片上整合得到的 SoC FPGA 芯片的结构特点,并比较了 SoC FPGA 与传统 SOPC 技术实现的片上系统各自的优缺点。然后介绍了 SoC FPGA 中几个重要的电路设计,并以一个具体的 SoC FPGA 硬件板卡——AC501-SoC 开发板为例,讲解了其典型的功能电路,展示了 SoC FPGA 芯片典型的应用系统硬件框架。通过本章内容,读者应当对 SoC FPGA 的基本特性有一个整体的认识,并熟悉本书的实验平台——AC501-SoC 开发板的功能、电路结构,为后续内容的阅读做好铺垫。

第 2 章

SoC FPGA 开发板的使用

2.1 安装 SoC FPGA 开发工具

开发 SoC FPGA 需要安装相应的开发工具,这里主要使用 Quartus Prime 软件和 SoC EDS 软件。关于这两个软件的详细安装过程,本书不做介绍,读者可以前往 www.corecourse.cn 网站搜索相关的内容。本书仅介绍软件安装过程中需要注意的几个事项。

① 软件安装时,务必以管理员身份进行,否则后期因为权限问题会出现诸多功能异常。

② Windows 系统的用户名必须为英文,不能为中文。如果为中文,虽然能正常安装,但是在后期使用时会编译报错。如果当前系统用户名已经为中文,则建议参考网络讲解的方法修改为英文用户名之后再安装。如果已经安装了软件,则建议先卸载软件,修改用户名,然后再执行一次安装。

③ 软件安装目录建议除了盘符可以修改为非系统盘"C"之外,其他都不要改。

④ SoC EDS 软件安装目录请保持与 Quartus 软件一致,这一点非常重要,尤其是计算机上有多个版本软件共存时,如果软件安装路径不一致,就会导致各种命令都无法正常执行。

2.2 SoC FPGA 的配置数据烧写与固化

作为一个同时集成了 ARM 和 FPGA 的混合型器件,Intel SoC FPGA 芯片上的 FPGA 和 ARM 都能完全独立工作,即如果仅使用 FPGA 部分,则可以像开发传统的 FPGA 一样使用,完全不用去配置 ARM 部分。在传统的 FPGA 开发中一个最常见的操作就是 FPGA 器件的配置。本节将介绍 SoC FPGA 中 FPGA 部分的文件配置和固化方式。

2.2.1 SoC FPGA 启动配置方式介绍

Intel Cyclone Ⅴ SoC FPGA 支持在上电时根据启动设置引脚的电平状态选择

从 EPCS 或者 HPS 启动。一般的硬件板卡在设计时,都使用拨码开关来设置启动引脚的电平。具体是通过 EPCS 启动还是 HPS 启动,则由一个 6 位拨码开关通过设置不同的值来决定。图 2.2.1 所示为 AC501-SoC 开发板上的启动设置拨码开关,图 2.2.2 所示为启动设置拨码开关电路图。

图 2.2.1 AC501-SoC 开发板上的启动设置拨码开关

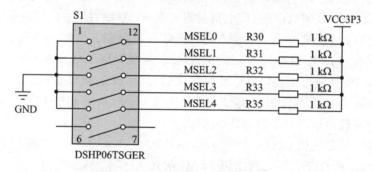

图 2.2.2 启动设置拨码开关电路图

Cyclone Ⅴ SoC FPGA 有 5 位的启动设置引脚用于启动方式的设置,为 MSEL0~MSEL4。这 5 个引脚的不同状态会设定不同的启动方式,详细的启动方式与 MSEL 引脚状态如表 2.2.1 所列。

表 2.2.1 MSEL 引脚状态与 FPGA 配置方式对应表

配置方式	MSEL[4:0]	描 述
AS	10010	FPGA 从 EPCS 快速配置
	10011	FPGA 从 EPCS 标准速度配置
FPPx32/Compression Enabled/Fast POR	01010	FPGA 从 HPS 软件配置,在 U-Boot 阶段读取存储在 SD 卡上的 rbf 文件,然后配置 FPGA
FPPx16/Compression Disable/Fast POR	00000	FPGA 从 HPS 软件配置,在 U-Boot 阶段读取存储在 SD 卡上的 rbf 文件,然后配置 FPGA

常见的基于 Intel Cyclone Ⅴ SoC FPGA 器件的开发板都支持以下三种方式配置 FPGA。

① 使用 JTAG 方式：在这种方式下，FPGA 的配置位流文件直接被下载到 Cyclone Ⅴ SoC FPGA 中，下载之后 FPGA 就会按照该配置文件的信息运行。但是一旦 FPGA 的供电被关闭，则该配置信息也就丢失了。

② 使用 AS 方式：AS 方式全称为主动串行配置（Active Serial Configuration），在这种方式下 FPGA 的配置位流文件会被下载到串行配置器件（EPCS）中，EPCS 是一种 SPI 接口的 Nor Flash 存储器，即使掉电之后，数据依然存在不会丢失。当开发板下次上电时，如果 MSEL 设置了从 EPCS 中启动，则 Cyclone Ⅴ SoC FPGA 会自动从 EPCS 中加载配置数据。

③ 使用 HPS 配置 FPGA：如果系统中用到了 HPS，则可以在 HPS 的 U-Boot 启动阶段和 Linux 程序的运行阶段直接使用 HPS，通过 PS 的方式配置 FPGA。配置数据由 HPS 从存储器中读取，然后通过片上的 PS 接口配置到 FPGA 中。在这种情况下，无需 USB Blaster 下载器即可实现 FPGA 固件的配置，非常方便。

一般原厂或第三方合作厂商在设计硬件板卡时，都直接在板卡上集成了对应的 USB Blaster Ⅱ 下载调试电路，该电路实现了 USB 转 JTGA 协议的功能，还可以实现 PC 通过 JTAG 协议和 SoC FPGA 芯片通信的功能。而在 AC501-SoC 开发板上，并未设计板载的 USB Blaster Ⅱ 下载调试电路，但是提供了标准的 IDC3-10 的 USB Blaster 接口，使其通过该接口可以使用独立的 USB Blaster 设备，与 AC501-SoC 开发板上的 SoC FPGA 器件相连，以支持 PC 使用 JTAG 协议连接 FPGA 和 HPS，并完成配置位流的传输以及运行调试的功能。

与传统的单芯片纯 FPGA 方式不同，Cyclone Ⅴ SoC FPGA 上的 JTAG 链同时连接了 FPGA 和 HPS。因此在使用 JTAG 配置 FPGA 时，过程有一定的差别。接下来以一个具体的例子讲解配置 sof 文件到 FPGA 中和烧写 jic 格式的配置文件到 EPCS 中的方法。

2.2.2 sof 文件的烧写方式

在下载 sof 文件时，对 FPGA 启动方式的设置无任何要求，任意一种状态都可以，因为 JTAG 模式配置 FPGA 的优先等级最高，不受启动方式设置的影响。

打开一个 FPGA 工程，如本例以 FPGA 的 LED 测试工程"led"为例，在菜单栏中选择 Tools→Programmer 菜单项或直接单击 Programmer 图标 ▶ ⼚ ⼚ ☒ ↻ ⏺ ◭ ⑧ ▣ 打开下载界面。打开之后，软件可能会默认搜索工程下的 led. sof 文件并添加，如图 2.2.3 所示。

如果在 Hardware Setup 列表框中没有自动找到 USB Blaster，则可能需要检查 USB Blaster 是否正常连接且已经安装好驱动。如果 USB Blaster 准备就绪，此刻就直接单击 Start 按钮下载添加的 sof 文件是会失败的，这是因为 JTAG 链上连接了

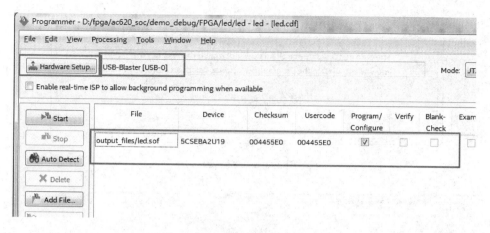

图 2.2.3 **Programmer** 下载界面

FPGA 和 HPS 两个设备，下载器不知道要将文件下载到哪个设备中。正确的步骤如下：

首先，单击左侧的 Auto Detect 按钮，使用 JTAG 链检测其连接的设备型号。这时会提示同一个 JTAG ID 对应多个设备，根据使用的器件型号选择，本书为 5CSEBA2，因此选中后单击 OK 按钮，如图 2.2.4 所示。

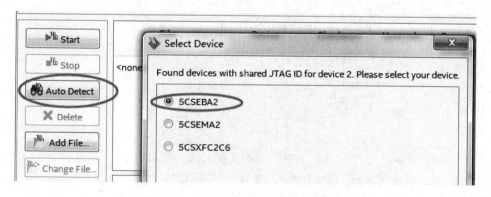

图 2.2.4 **使用 JTAG 链检测器件**

此时软件会提示自动检测到的设备与 Programmer 中已经添加的设备不匹配，询问是否更新，单击 Yes 按钮更新即可，如图 2.2.5 所示。

更新完成后，Programmer 窗口的下方会展示 JTAG 链上的设备关系，如图 2.2.6 所示，主要是 TDI 这个信号线，它首先进入 SOCVHPS 中，然后从 SOCVHPS 的 TDO 端口流出，进入 FPGA(5CSEBA2) 的 TDI 端口，再从 FPGA 的 TDO 端口流出，回到 JTAG 接口的 TDO 信号上。选中 Device 一栏中的 5CSEBA2，右击，在弹出的快捷菜单中选择 Change File，然后找到 sof 文件并添加。

选中 sof 文件对应的 Program/Configure 复选框，然后单击 Start 按钮，这时就

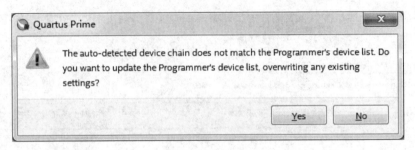

图 2.2.5　更新器件

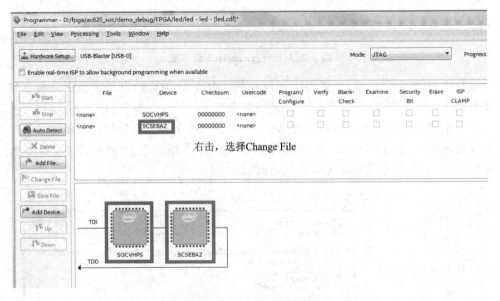

图 2.2.6　添加 sof

可以开始配置 sof 文件到 FPGA 中了。配置完成后,就可以看到开发板上的两个 FPGA_LED 灯分别闪烁,其中 FPGA_LED0 的闪烁频率是 FPGA_LED1 的 2 倍。

2.2.3　jic 文件的生成和烧写

通过 2.2.2 小节所介绍的方式就完成了 sof 文件下载到 FPGA 中的功能。但是,此时下载的数据是保存在 FPGA 的 SRAM 中的,掉电之后数据就会丢失,为了能够实现 FPGA 上电自动配置的功能,可以将配置数据二进制文件转化为 jic 文件,烧写到 EPCS 存储器中,并设置 FPGA 从 EPCS 中启动,这样 FPGA 下次上电时就能够自动从 EPCS 中加载配置数据了,无需再用 JTAG 下载。下面讲解 AC501-SoC 开发板上所用 Cyclone V SoC FPGA 器件的 jic 文件生成以及烧写方式。

当烧写 jic 文件到 EPCS 中时,首先需要设置 FPGA 从 EPCS 中启动,即设置 MSEL[4:0]为 10010。

同样,还是打开一个设计好的 FPGA 工程,如"led",然后在菜单栏中选择 File→
Convert Programming Files 菜单项,如图 2.2.7 所示。

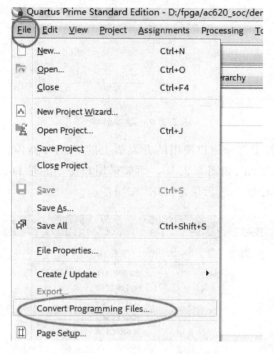

图 2.2.7　选择转换文件选项

在打开的窗口中,在 Programming file type 列表框中选择 JTAG Indirect Con-
figuration File(.jic),在 Configuration device 列表框中选择 EPCS128(**注意**: 是
EPCS128,不是 EPCQ128。)File name 需要设置一个有辨识度的名字,例如 led.jic,
如图 2.2.8 所示。

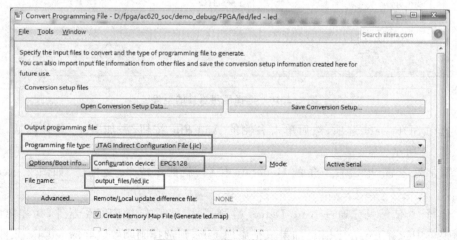

图 2.2.8　配置文件转换选项

选中 Flash Loader,然后单击右侧的 Add Device 按钮,如图 2.2.9 所示。

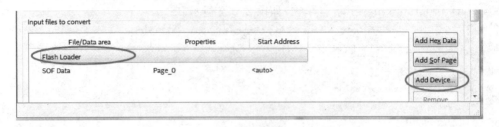

图 2.2.9 添加器件

在弹出的对话框中选择用户使用的开发板上的 FPGA 器件。例如对于 AC501-SoC,应该选择 5CSEBA2,如图 2.2.10。而如果用户使用的是 DE10-Nano-SoC 开发板,则应该选择 5CSEBA6,然后单击"OK"按钮。

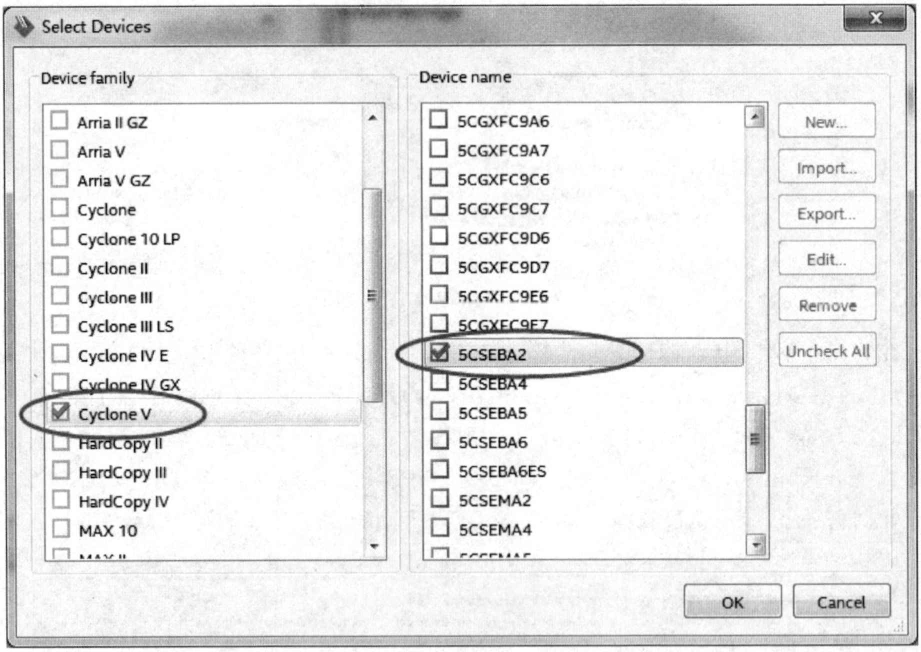

图 2.2.10 选择所用器件的型号

选中 SOF Data 选项,然后单击右侧的 Add File 按钮,添加 led.sof 并确认,如图 2.2.11 所示。

添加好之后,单击右下角的 Generate 按钮,就能生成 jic 文件了,如图 2.2.12 所示。

烧写时,依然是先通过 Auto Detect 检测器件,然后右击 FPGA 器件,在弹出的快捷菜单中选择 Change File,如果只是添加 File,则选择刚刚生成好的 led.jic 文件。

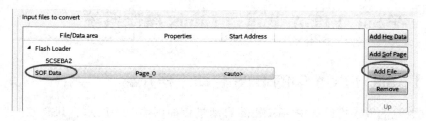

图 2.2.11　添加 sof 文件

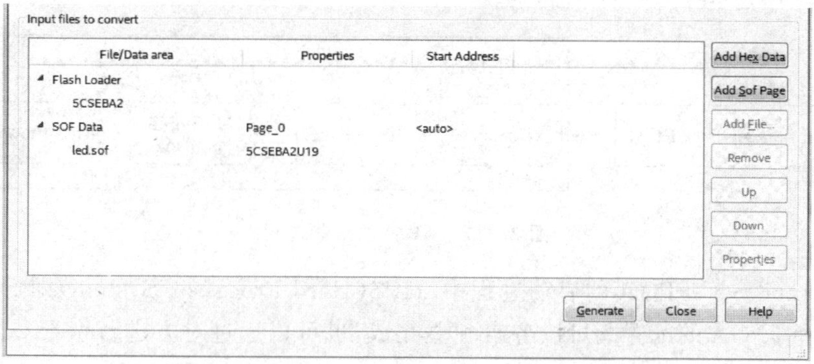

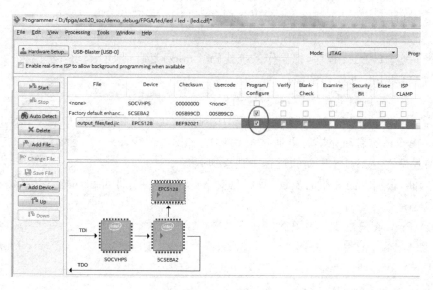

图 2.2.12　启动生成 jic

选中 Program/Configure 复选框,然后单击 Start 按钮,就能够完成烧写到 EPCS 的功能,如图 2.2.13 所示。

图 2.2.13　烧写 jic

烧写完成后,重新给开发板上电,此时就能看到开发板上的 LED 灯闪烁了。

2.3　在 SoC FPGA 上运行 Linux 操作系统

2.3.1　SoC FPGA 中的 HPS 启动流程介绍

在常见的嵌入式设计中,ARM 的启动过程如图 2.3.1 所示。其典型的启动流程为 Reset→ Boot ROM(片内)→Preloader→Boot Loader(U-Boot)→OS(Operating System)→Application。

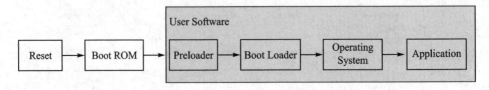

图 2.3.1　ARM 的启动过程

在 Intel SoC FPGA 的启动过程中,HPS(Hard Processor System)即 SoC 系统的引导和 FPGA 的配置既可以各自独立完成,也可以通过对方进行引导和配置,非常灵活。从系统上电开始,整个系统的启动可以按照以下步骤进行:

① 系统复位(Reset);

② 执行片上 Boot ROM 中的代码,获得存储 next boot 代码的 Flash 信息;

③ 把 Flash 存储器中的 Preloader 代码复制到片上的 RAM 中;

④ 执行 Preloader 程序,对 HPS 的 I/O 和 DDR3 等设备做初始化;

⑤ 把 Flash 存储器中的 Boot Loader(U-Boot)代码复制到 DDR3 中;

⑥ 执行 U-Boot 程序,把操作系统代码(Linux)复制到 DDR3 中;

⑦ 启动 Linux 操作系统;

⑧ 操作系统启动完毕后,执行应用程序。

至于 FPGA 的配置,既可以在步骤④中执行,也可以在步骤⑥中烧录,还可以等 Linux 操作系统启动完毕后再通过应用程序加载。当然,FPGA 还可以采用传统的 AS 加载模式,在 HPS 启动的过程中独立加载。

因此,根据上面介绍的流程,我们只要掌握以下几项,即可顺畅地使用 Intel SoC FPGA。

① Preloader 的编译和开发;

② U-Boot 的编译和开发;

③ DTB 文件以及 FPGA 配置文件的生成;

④ Linux 系统的编译;

⑤ 应用程序的编译和开发。

如图 2.3.2 所示为 Intel SoC FPGA 整个 BSP 及应用层的软硬件开发的细分工

具和流程。该流程包括底层、系统层、应用层，在调试时，Intel SoC 器件仅需一根普通的 JTAG 电缆即可实现对 FPGA 和 ARM 同时调试，且能相互触发断点。

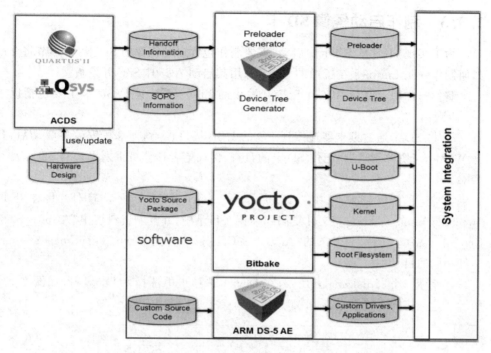

图 2.3.2　SoC FPGA 的 BSP 开发流程

2.3.2　HPS 启动方式介绍

Cyclone V SoC FPGA 芯片中的 HPS 支持从 SD/MMC、NAND Flash、QSPI Flash 和 FPGA 中启动。具体选择从什么位置启动，由 3 个启动位置选择引脚 HPS_BOOTSEL0～HPS_BOOTSEL2 来设置。表 2.3.1 所列为各种启动方式对应的 BSEL 值。

表 2.3.1　BSEL 值与 ARM 启动方式对应表

BSEL 值	Flash 设备
0x0	保留
0x1	FPGA(通过 HPS to FPGA 桥)
0x2	1.8 V 电压标准的 NAND Flash 存储器
0x3	3.0 V 电压标准的 NAND Flash 存储器
0x4	带外部收发器的 1.8 V SD/MMC Flash 存储器
0x5	带外部收发器的 3.0 V SD/MMC Flash 存储器
0x6	1.8 V 的 SPI 或 QSPI Flash 存储器
0x7	3.0 V 的 SPI 或 QSPI Flash 存储器

由于在 AC501-SoC 开发板上并未设计 QSPI 和 NAND Flash 电路,因此选择了从 3.0 V 电压标准的 SD/MMC Flash 存储器中启动。

2.3.3 制作启动镜像 SD 卡

为了实现 HPS 从 SD 卡中启动,需要制作包含启动镜像的 SD 卡,本小节将介绍如何制作一张 Linux 系统镜像的 SD 卡并用其启动 AC501-SoC 开发板。

制作一张用于启动 AC501-SoC 开发板的 Linux 系统镜像 SD 卡主要包括以下 5 个步骤:

① 将 SD 卡通过读卡器连接到 PC 的 USB 接口,等到计算机安装好驱动后,打开 Windows 资源管理器,记住 SD 卡的盘符,例如笔者计算机识别出来的 SD 卡盘符为 G。

② 将开发板资料包中"AC501_SoC_CD_Files\配套软件"目录下的"win32diskimager-binary"文件复制到纯英文目录中,并复制资料包中"AC501_SoC_CD_Files\SD 卡镜像"目录下的"AC501-SoC. img"文件到与 win32diskimager-binary 文件相同的目录中。

③ 运行 win32diskimager. exe,在 Device 选项组中选择 SD 卡盘符,如图 2.3.3 所示。这一步需要特别小心,不能选错盘符。

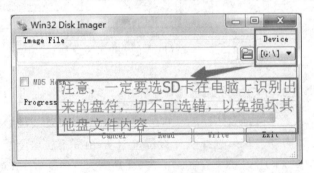

图 2.3.3 选择待烧写 SD 卡

④ 单击文件浏览图标,选择 AC501-SoC. img 文件。然后单击 Write 按钮,这时就可以开始烧写 SD 卡了,如图 2.3.4 所示。烧写过程大概需要 3 min。

⑤ 烧写完成后,重新拔插 SD 卡读卡器,可在计算机上重新识别到盘符,容量为 817 MB,打开能够看到如图 2.3.5 所示的 4 个文件。

这 4 个文件的作用如下:

➤ zImage,Linux 内核文件;

➤ socfpga. dtb,SoC 开发板 Linux 设备树文件;

➤ u-boot. scr,该文件可以包含用于载入 script. bin、kernel、initrd(可选)以及设置内核启动参数的 U-Boot 命令;

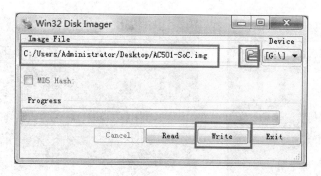

图 2.3.4 选择待烧写的镜像文件

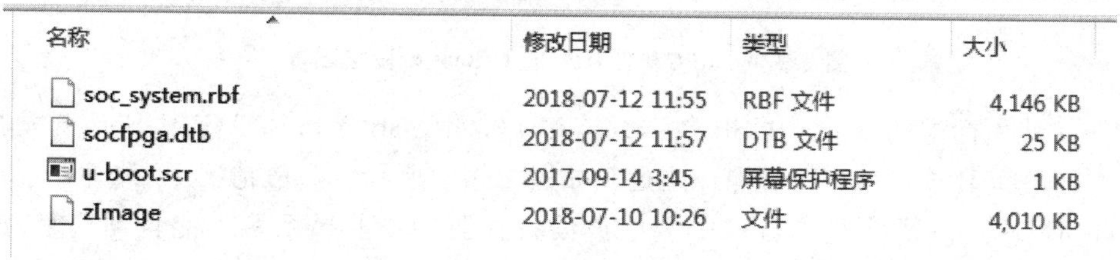

名称	修改日期	类型	大小
soc_system.rbf	2018-07-12 11:55	RBF 文件	4,146 KB
socfpga.dtb	2018-07-12 11:57	DTB 文件	25 KB
u-boot.scr	2017-09-14 3:45	屏幕保护程序	1 KB
zImage	2018-07-10 10:26	文件	4,010 KB

图 2.3.5 烧写成功后 SD 卡中的文件内容

> soc_system.rbf,FPGA 配置数据二进制文件,由 AC501_SoC_GHRD 工程编译得到的 sof 文件转换得到。

那么为什么一张 8 GB 内存卡经过烧写后只剩下 817 MB 存储空间了呢?其他的存储空间去哪里了呢?实际上,该烧写软件在烧写 SD 卡之前会先对 SD 卡进行分区,一张 8 GB 的内存卡被划分了 3 个区,其中能在 Windows 系统中看到的 817 MB 为用户区,是 FAT32 格式;有一个最大的分区用作 Linux 系统的文件系统盘,在 Windows 系统下无法查看到;另外还有一个小分区用作 Preloader 和 U-Boot 镜像文件的存放分区,在 Windows 系统下也无法查看到。如果用户的操作系统是 Win 10,则能够在资源管理器中查看到 3 个盘符,但能够正常打开的,也只有这个 817 MB 空间的用户分区。

如果用户不再希望将该 SD 卡用作 Linux 系统启动镜像盘,则需要将其恢复为 Windows 能够识别的 8 GB 存储空间,使用 DiskGenius 软件重新分区即可。关于使用 DiskGenius 软件重新对 SD 卡进行分区的具体操作方法,本书不做介绍,读者可以前往 www.corecourse.cn 网站搜索相关内容。

2.3.4 准备硬件板卡

① 将开发板设置为 FPGA 从 HPS 软件配置,即 HPS 在 U-Boot 阶段读取存储在 SD 卡上的 rbf 文件并配置 FPGA。根据"2.2.1 SoC FPGA 启动配置方式介绍"中的介绍,应该使 5 位 MSEL 的值全部为 0,如图 2.3.6 所示。

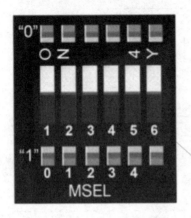

图 2.3.6 FPGA 在 HPS 的 U-Boot 阶段被配置

② 使用标配的 Micro USB 数据线连接 PC 的 USB 接口和 AC501-SoC 开发板的 Micro USB 接口(J4,位于网口附近),如图 2.3.7 所示。一般情况下,计算机应该能自动检测到该硬件并能自动安装好该设备的驱动。如果系统不能自动安装,如图 2.3.8 所示,就使用"AC501_SoC_CD_Files\配套软件"下的 CDM v2.12.28 WHQL Certified.zip 文件包中的驱动手动进行安装,如图 2.3.9 所示。驱动安装完成后,会在设备管理器的"端口(COM 和 LPT)"下显示该设备的名称以及端口号,如笔者计算机上该设备的端口号为 COM3,如图 2.3.10 所示,记住这个端口号,后面在使用终端软件连接开发板时会用到。

图 2.3.7 使用 Micro USB 数据线连接开发板串口到计算机

③ 将烧写好的 Linux 系统镜像 SD 卡插入开发板的 SD 卡槽中,SD 卡槽位于开发板的背面,如图 2.3.11 所示。

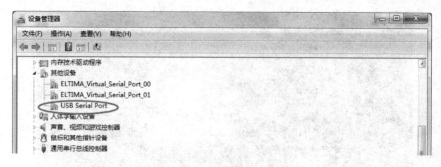

图 2.3.8　设备驱动未安装成功

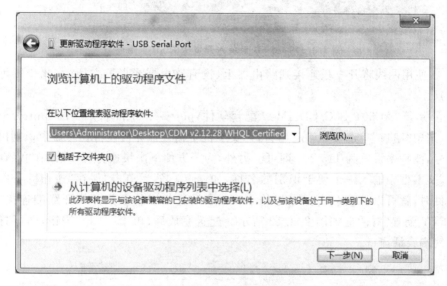

图 2.3.9　手动安装设备驱动

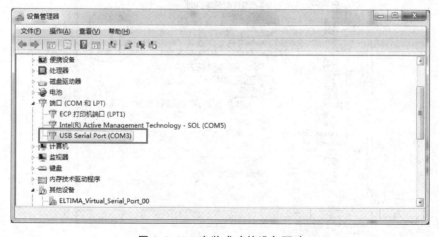

图 2.3.10　安装成功的设备驱动

图 2.3.11 将 SD 卡装入开发板的 SD 卡槽中

④ 使用网线将开发板连接到路由器上(没有路由器或者不方便的,此步骤可以跳过)。

⑤ 运行"AC501_SoC_CD_Files\配套软件\putty-0.65cn"目录下的"putty.exe"文件,选中"串口"单选按钮,在"串行口"文本框中输入计算机设备管理器中识别出的端口号,波特率设置为 115 200 即可。另外,为了方便下次快速打开,可以在"保存的会话"文本框中输入一个便于识别的名称,如 ac501,然后单击"保存"按钮。下次打开软件时,就可以直接双击保存好的 ac501 来设置相应的参数并打开终端连接了。"PuTTY 配置"对话框如图 2.3.12 所示。配置完成后,单击"打开"按钮,即可打开一个终端会话窗口。

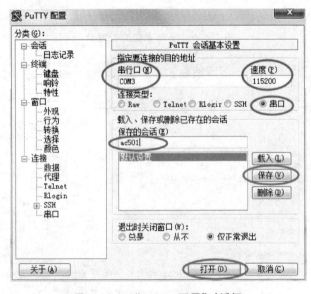

图 2.3.12 "PuTTY 配置"对话框

2.3.5　开机测试

使用 5 V 输出的电源适配器插入开发板的 DC 电源接口中，开发板启动。在计算机上的 PuTTY 终端窗口中会开始快速显示各种启动信息，待启动完成后，在终端窗口中输入"root"字符并按回车键即可登录系统，如图 2.3.13 所示。

```
COM3 - PuTTY
[    4.848208] IPv6: ADDRCONF(NETDEV_UP): eth0: link is not ready
udhcpc (v1.20.2) started
Sending discover...
Sending discover...
Sending discover...
No lease, failing
Starting portmap daemon...
Sat Sep 28 04:47:00 UTC 2013
INIT: Entering runlevel: 5
Starting OpenBSD Secure Shell server: sshd
[   14.405511] random: sshd urandom read with 110 bits of entropy available
done.
Starting syslogd/klogd: done
Starting Lighttpd Web Server: lighttpd.
cat: can't open '/sys/class/fpga/fpga0/status': No such file or directory
Starting blinking LED server
Stopping Bootlog daemon: bootlogd.

Poky 8.0 (Yocto Project 1.3 Reference Distro) 1.3
 ttyS0

socfpga login: [   21.718206] random: nonblocking pool is initialized
root
root@socfpga:~#
```

图 2.3.13　登录 Linux 系统

系统启动后，开发板 FPGA 侧的 2 个 LED 灯会交替闪烁。

如果开发板已经使用网线连接到了路由器，那么在终端中输入 ifconfig 命令并按回车键就能查看当前开发板的 IP 地址了。如果用户的 PC 也连接在同一路由器下，那么在计算机的 cmd 窗口中使用"ping"命令即可与开发板进行通信。

如果套件中包含有 5 in 触摸显示屏，则可在开发板上电之前连接好显示屏。系统正常启动之后，在触摸显示屏上会显示与串口终端相同的登录信息，如图 2.3.14 所示。

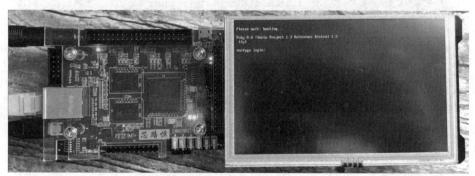

图 2.3.14　5 in 显示屏显示系统登录信息

2.4 开发板 Linux 系统常用操作

本节将针对 SoC FPGA 开发板上 Linux 系统的一些简单操作和设置进行介绍。

2.4.1 查看目录

当系统启动并登录之后，在 PuTTY 终端使用 ls 命令就可以查看目录中的文件内容。ls 命令格式如表 2.4.1 所列。

表 2.4.1 ls 命令

命 令	命令功能
ls	查看当前路径下的文件内容
ls -l	查看当前路径下的文件详细信息，包括用户权限、创建日期等
ls -a	查看当前路径包括隐藏文件在内的所有文件
ls -la	查看当前路径包括隐藏文件在内的所有文件的详细信息，包括用户权限、创建日期等
ls -la/dev	查看指定路径下包括隐藏文件在内的所有文件的详细信息，包括用户权限、创建日期等

2.4.2 设置和修改用户密码

通过串口直接使用"root"账户登录系统是不需要输入用户密码的，但是，在一些其他的应用场合，例如使用 ssh 远程终端登录系统时，就需要输入用户名和密码。AC501-SoC 开发板系统镜像中 root 用户默认是没有设置密码的，如果需要设置用户密码，则可以使用"passwd"命令来设置密码，如图 2.4.1 所示。

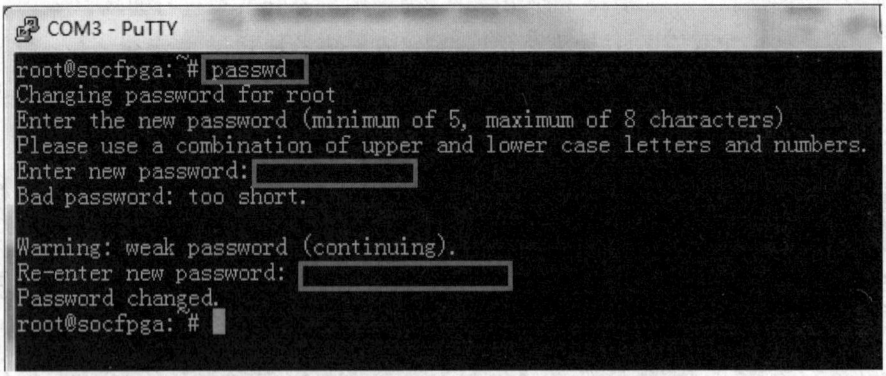

```
COM3 - PuTTY
root@socfpga:~# passwd
Changing password for root
Enter the new password (minimum of 5, maximum of 8 characters)
Please use a combination of upper and lower case letters and numbers.
Enter new password:
Bad password: too short.

Warning: weak password (continuing).
Re-enter new password:
Password changed.
root@socfpga:#
```

图 2.4.1 设置用户密码

输入"passwd"命令之后，会弹出"Enter new password"，用户此时需要输入希望设置的密码，如测试时为了方便记忆，也可将密码设置为"root"。需要注意的是，设置密码需要输入两次,两次的内容必须一致,而且在输入密码时,PuTTY 界面是不会出现任何信息的,这是为了保护用户密码的安全而设计的。

当用户需要修改密码时,操作方式和设置密码一样,直接输入"passwd"命令即可实现。

2.4.3　查看和编辑文件

在 Linux 下,使用 cat 命令可以查看文件内容,例如想查看"/etc/network/"目录下的"interfaces"文件,则可以直接输入"cat/etc/network/interfaces"命令。

如果需要对文件进行编辑,则需要使用 Vi 编辑器。Vi 编辑器是 Linux 和 Unix 最基本的文本编辑器,工作在字符模式下,支持众多的命令,是一款功能强大、效率很高的文本编辑器。Vi 编辑器可以对文本进行编辑、删除、查找和替换以及进行文本块操作等,全部操作都是在命令模式下进行的。Vi 有两种工作模式:命令模式和输入模式。

➤ 命令模式,从键盘上输入的任何字符都被作为编辑命令来解释,Vi 下的很多操作如配置编辑器、查找和替换文本、选择文本等都是在命令模式下进行的。

➤ 输入模式,从键盘上输入的所有字符都被插入到正在编辑的缓冲区中,被当作正文。启动 Vi 后处于命令模式,在命令模式下,输入编辑命令(插入(i 或者 I)、附加(a 或者 A)以及打开(o 或者 O)),将进入输入模式;在输入模式下,按 ESC 键将进入命令模式。

1. 进入 Vi

在命令窗口中输入 vi＋文件名即可启动对文件的编辑,例如要编辑"/etc/network/"目录下的"interfaces"文件,只需要输入"vi /etc/network/interfaces"命令即可打开该文件。

2. 退出 Vi

当输入完成,需要保存并退出,或者需要放弃当前输入的内容时,输入相应的退出命令即可实现,表 2.4.2 所列为各种退出命令。

表 2.4.2　退出命令

命　令	说　明
:q	退出未被编辑过的文件
:q!	强行退出 Vi,丢弃所做的改动
:x	存盘退出 Vi
:wq	存盘退出 Vi
ZZ	等同于":wq"命令

3. 光标移动

Vi 编辑器的整个文本编辑都是使用键盘而非鼠标完成的,传统的光标移动方式是在命令模式下输入 h、j、k、l 来完成光标的移动,后来也支持键盘的方向键以及 PageUp 和 PageDown 翻页键,并且这些键可在命令模式和输入模式下使用。在命令模式下光标移动的方法如下:

➢ 上:k、Ctrl+P、<up_arrow>;

➢ 下:j、Ctrl+N、<down_arrow>;

➢ 左:h、Backspace、<left_arrow>;

➢ 右:l、Space、<right_arrow>。

无论在输入模式下还是命令模式下,都支持 PageUp 和 PageDown 翻页。另外,Vi 支持命令快速光标定位,常用命令如表 2.4.3 所列。

表 2.4.3　光标定位命令

命　令	说　明
G	将光标定位到最后一行
nG	将光标定位到第 n 行
gg	将光标定位到第 1 行
ngg	将光标定位到第 n 行
:n	将光标定位到第 n 行

4. 文本输入

在命令模式下输入编辑命令(i/I、a/A、o/O),就可以进入输入模式,Vi 左下角会有"I"字样,如图 2.4.2 所示。在输入模式下,任何从键盘输入的字符都将被当作正文。

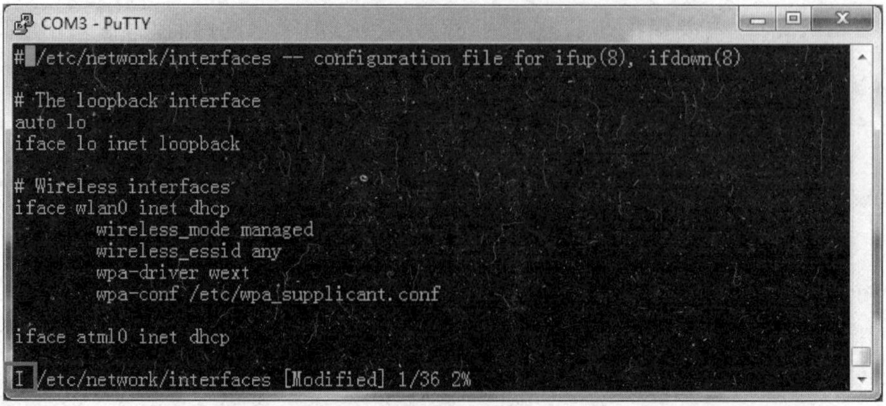

图 2.4.2　输入模式的 Vi 界面

进入输入模式的编辑命令有 a/A、i/I 和 o/O,它们之间的差异如表 2.4.4 所列。

表 2.4.4　输入模式下的编辑命令

命　令	说　明
a	在当前光标位置后面开始插入
A	在当前行行末开始插入
i	在当前光标前开始插入
I	在当前光标行行首开始插入
o	从当前光标开始下一行开始插入
O	从当前光标开始前一行开始插入

在输入模式下,可以使用键盘上的功能键对文本进行操作,如用退格键删除文本、用方向键移动光标、用翻页键翻页等。

本书仅介绍以上几个常用的 Vi 编辑器操作,关于 Vi 编辑器,还有非常多的高级功能,读者可以自行查阅相关的书籍进行学习。

2.4.4　设置 IP 地址

Linux 系统对于以太网传输有非常完善的支持,AC501-SoC 开发板设计了一路千兆以太网,使用时将该网络接口连接到路由器上,即可将开发板接入 Internet 网络。如果有确定的公网 IP 地址,还可以实现远程异地登录访问。当然,连接在同一个路由器下的各个设备也相当于组成了一个局域网,局域网内的各设备通过 IP 地址就能互相访问。

如果开发板和用户 PC 连接在同一个路由器下,则两者处于同一局域网内,能够通过 IP 地址进行互访。开发板默认使用的是动态获取 IP 地址的方式,因此每次启动,分配得到的 IP 地址都不同。在开发时,一般希望开发板的 IP 地址是固定的,因此可以通过以下方式设置开发板的 IP 地址。

1. 查看 IP

在 PuTTY 中输入命令"ifconfig"即可查看系统的网络设置,如图 2.4.3 所示。

图 2.4.3 中,eth0 即为开发板的网口,可以看到,当前的 IP 地址为 192.168.35.166。lo 属于网络自回环设备,一般用于网络软件栈的测试。

2. 设置 IP 地址

在图 2.4.3 查看到的 eth0 的 IP 地址中,"192.168.35"字段为网段,不同的值代表不同的网段,同一个网段内的设备能够相互通信。在开发中,PC 通常需要通过网络与开发板互联,因此需要设置开发板、PC 以及路由器(PC 也可以不经过路由器与开发板直连)处于同一网段。首先可以在 PC 上通过"ipconfig -all"命令查看 PC 的网

```
COM3 - PuTTY

root@socfpga: ~# ifconfig
eth0      Link encap:Ethernet   HWaddr 16:74:1e:bd:49:54
          inet addr:192.168.35.166   Bcast:192.168.35.255   Mask:255.255.255.0
          inet6 addr: fe80::1474:1eff:febd:4954/64 Scope:Link
          UP BROADCAST RUNNING MULTICAST  MTU:1500  Metric:1
          RX packets:1263 errors:0 dropped:0 overruns:0 frame:0
          TX packets:8 errors:0 dropped:0 overruns:0 carrier:0
          collisions:0 txqueuelen:1000
          RX bytes:91823 (89.6 KiB)  TX bytes:648 (648.0 B)
          Interrupt:39

lo        Link encap:Local Loopback
          inet addr:127.0.0.1  Mask:255.0.0.0
          inet6 addr: ::1/128 Scope:Host
          UP LOOPBACK RUNNING  MTU:65536  Metric:1
          RX packets:0 errors:0 dropped:0 overruns:0 frame:0
          TX packets:0 errors:0 dropped:0 overruns:0 carrier:0
          collisions:0 txqueuelen:1
          RX bytes:0 (0.0 B)  TX bytes:0 (0.0 B)

root@socfpga:~#
```

图 2.4.3　查看系统 IP 地址

络地址并确定网段,然后再设置开发板的网段与其相同。设置开发板网络地址的方式有两种:临时设置法和永久设置法。

临时设置法是指通过命令指定网卡的 IP 地址,该地址会在系统下一次启动或者修改 IP 地址前保持不变,临时指定 IP 地址的命令格式为"ifconfig+网卡名 IP+地址"。例如设置 eth0 的 IP 地址为 192.168.35.168,可以使用以下命令。

```
ifconfig eth0 192.168.35.168
```

命令执行后,IP 地址会被立即设置。

永久设置法,换种说法即通过修改网络配置文件,将网络地址设置为固定值,该网络配置文件会在系统启动时被调用,从而配置好网络参数。使用此种方式时,每次系统启动之后,IP 地址就是固定的,这样便于远程访问。永久设置法是通过编辑"/etc/network/"目录下的"interfaces"文件来实现的。首先使用"vi/etc/network/interfaces"命令打开网络配置文件,然后在文件的"iface eth0 inet dhcp"前加上一个"#"以屏蔽掉该行内容,然后在这一行下面添加以下内容:

```
iface eth0 inet static
    address 192.168.35.168
    netmask 255.255.255.0
    gateway 192.168.35.1
```

修改好的配置文件如图 2.4.4 所示。设置完成后,保存并退出。然后使用"reboot"命令重新启动系统,系统就会自动按照该配置文件的内容设置好网络地址。

```
COM3 - PuTTY
iface atml0 inet dhcp

# Wired or wireless interfaces
auto eth0
#iface eth0 inet dhcp
        iface eth0 inet static
        address 192.168.35.166
        netmask 255.255.255.0
        gateway 192.168.35.1

iface eth1 inet dhcp

# Ethernet/RNDIS gadget (g_ether)
# ... or on host side, usbnet and random hwaddr
iface usb0 inet static
        address 192.168.7.2
        netmask 255.255.255.0
        network 192.168.7.0
        gateway 192.168.7.1

# Bluetooth networking
```

图 2.4.4　修改网络地址配置文件

2.4.5　挂载 SD 卡的 FAT32 分区

在前面讲解制作启动镜像 SD 卡时,讲到了使用镜像烧写软件会将 SD 卡分为 3 个分区,其中有一个 FAT32 格式的分区,该分区在开发板的 Linux 系统中默认是没有挂载的,当需要读/写该分区时,需要先将其挂载到 Linux 文件系统中。

使用"fdisk -l"命令查看当前系统中的磁盘信息,如图 2.4.5 所示。

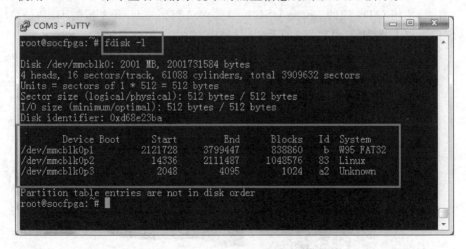

```
COM3 - PuTTY
root@socfpga:~# fdisk -l

Disk /dev/mmcblk0: 2001 MB, 2001731584 bytes
4 heads, 16 sectors/track, 61088 cylinders, total 3909632 sectors
Units = sectors of 1 * 512 = 512 bytes
Sector size (logical/physical): 512 bytes / 512 bytes
I/O size (minimum/optimal): 512 bytes / 512 bytes
Disk identifier: 0xd68e23ba

        Device Boot      Start         End      Blocks   Id  System
/dev/mmcblk0p1         2121728     3799447      838860    b  W95 FAT32
/dev/mmcblk0p2           14336     2111487     1048576   83  Linux
/dev/mmcblk0p3            2048        4095        1024   a2  Unknown

Partition table entries are not in disk order
root@socfpga:~#
```

图 2.4.5　查看系统磁盘

可以看到,在 dev 目录下有 3 个磁盘分区,分别为 mmcblk0p1、mmcblk0p2、mmcblk0p3,其中 mmcblk0p1 分区的系统格式为 W95 FAT32,该分区就是我们在计算机上能够看到的那个分区。内核镜像文件、设备树文件都存在该分区中。在 Linux 系统下,要想看到这两个文件,必须先将该分区挂载到 Linux 文件系统中。使用"mount -t vfat /dev/mmcblk0p1 /mnt"命令即可将该分区挂载到 mnt 目录下,然后就可以在 mnt 目录下查看并读/写该分区中的内容了。当读/写完成后不再需要使用 SD 卡时,可以使用"umount /dev/mmcblk0p1"来卸载该文件系统,如图 2.4.6 所示。

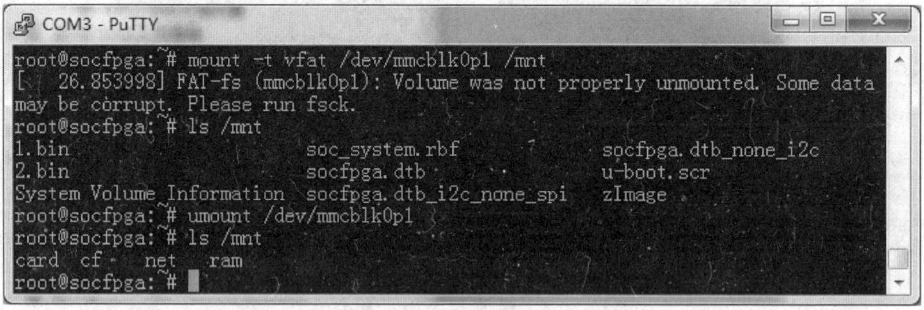

```
COM3 - PuTTY
root@socfpga:~# mount -t vfat /dev/mmcblk0p1 /mnt
[   26.853998] FAT-fs (mmcblk0p1): Volume was not properly unmounted. Some data
may be corrupt. Please run fsck.
root@socfpga:~# ls /mnt
1.bin                    soc_system.rbf            socfpga.dtb_none_i2c
2.bin                    socfpga.dtb               u-boot.scr
System Volume Information socfpga.dtb_i2c_none_spi  zImage
root@socfpga:~# umount /dev/mmcblk0p1
root@socfpga:~# ls /mnt
card  cf   net   ram
root@socfpga:~#
```

图 2.4.6　挂载并查看 SD 卡 FAT32 分区中的内容

2.4.6　挂载 U 盘

在 AC501-SoC 开发板上通过一个 USB3300 芯片实现对 USB Device 和 USB OTG 模式的支持。当使用 USB OTG 模式时,开发板作为一个主机,USB 从设备如鼠标、键盘、U 盘等可以通过 OTG 线连接到开发板上,并在开发板的 Linux 系统中使用。

首先,使用 OTG 线的 Micro USB 接口插入 AC501-SoC 开发板的 USB OTG 接口,然后再将 U 盘插入 OTG 线的 USB 母座中,如图 2.4.7 所示。

图 2.4.7　开发板使用 OTG 线接入 U 盘

当 U 盘插入后，PuTTY 窗口中会显示 U 盘接入信息，如果加载正常，则会显示如下内容：

```
sda：sda1
sd 1：0：0：0：［sda］Attached SCSI removable disk
```

如果提示"over-current change"，则在开发板断电的情况下接好 OTG 线和 U 盘，然后重新给开发板上电即可。

当 U 盘被识别成功之后，使用"fdisk -l"命令，就会看到在 dev 目录下多了一个名为 sda 的设备，该设备就是刚刚接入的 U 盘，使用和挂载 SD 卡一样的方式，将 U 盘挂载到 Linux 文件系统中，然后查看 mnt 目录下的文件，就可以看到 U 盘中的内容了，如图 2.4.8 所示。

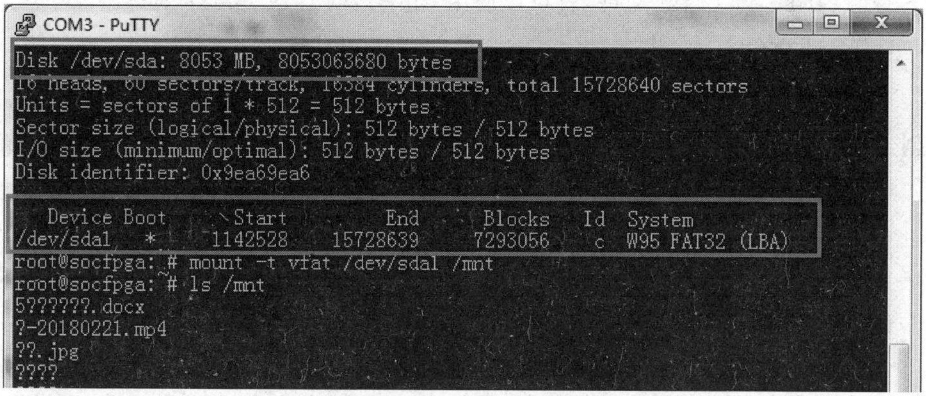

图 2.4.8　查看并挂载 U 盘到 Linux 系统

挂载 U 盘的具体命令如下：

```
mount － t vfat /dev/sda1 /mnt
```

2.4.7　文件操作

1. 创建文件

当需要在系统中创建一个文件时，可以直接用 Vi 编辑器进行创建并编辑。例如要在当前目录下创建一个名为"mnt_sd.sh"的脚本文件时，可以直接输入"vi mnt_sh.sh"命令创建并打开该文件，然后在文件中输入挂载 SD 卡时的脚本命令即可。输入完成后使用"：wq"命令保存并退出，然后再使用"ls -l"命令查看当前目录下的文件信息，就可以看到刚刚创建的文件了，如图 2.4.9 所示。

2. 删除文件

当需要删除 Linux 系统中的文件时，可以使用"rm＋文件名"的格式来删除，也可以一次性删除多个文件，如"rm＋文件名＋空格＋文件名"。例如，要删除当前目

```
COM3 - PuTTY                                                      ☐☐ X
root@socfpga:~ # ls -l
-rwxrwxrwx    1 root       root            55073 Jul 28 07:17 ADC_FFT
-rw-r--r--    1 root       root           124374 Sep 11 03:15 amm_wr_drv.ko
-rwxrwxrwx    1 root       root            89612 Sep  6 13:57 button_drive.ko
-rw-r--r--    1 root       root           124683 Sep 10 14:38 fpga_write_master_drv.k
o
-rwxrwxrwx    1 root       root             9695 Sep 11 04:29 fpga_write_master_test
-rw-r--r--    1 root       root               36 Sep 24 15:18 mnt_sd.sh
-rw-r--r--    1 root       root           121980 Sep 10 08:25 pwm_drv.ko
-rwxrwxrwx    1 root       root             8904 Sep 10 09:06 pwm_test
root@socfpga:~ #
```

图 2.4.9　创建的文件信息

录下的 1. txt、2. txt、3. txt 文件，就可以使用"rm 1. txt 2. txt 3. txt"命令。

3. 移动文件

当需要将一个文件移动到另一个位置时，可以使用 mv 命令实现，例如需要将刚刚创建好的 mnt_sd. sh 文件移动到"/opt"目录下，就可以使用"mv mnt_sd. sh /opt"命令来实现。当然，mv 命令也可以像 rm 命令一样同时操作多个文件。

另外，当需要对文件进行重命名时，也可以使用 mv 命令，例如，希望将 mnt_sd. sh 文件重命名为 mnt_sdcard. sh，则可以使用"mv mnt_sd. sh mnt_sdcard. sh"命令。

4. 复制和重命名文件

当需要对文件进行复制时，可以使用 cp 命令进行操作。例如，希望将之前移动到"/opt"路径下的 mnt_sd. sh 文件复制到 root 目录下，就可以使用"cp /opt/mnt_sd. sh /home/root"或者"cp /opt/mnt_sd. sh ～"命令来实现。

另外，当需要对一个文件复制的同时进行重命名时，也可以使用 cp 命令，例如，希望将 mnt_sd. sh 文件复制并重命名为 mnt_sdcard. sh，可以使用"cp mnt_sd. sh mnt_sdcard. sh"命令实现。

2.4.8　目录操作

1. 创建目录

在 Linux 系统中，目录也是被当作文件进行处理的。当需要创建一个新的目录时，可以使用 mkdir 命令实现。例如，希望在当前目录下创建一个名为 app 的目录，则可以使用"mkdir app"命令实现。

2. 删除目录

(1) 删除空目录

当需要删除某个空目录时，可以使用 rmdir 命令删除。例如，想删除上面刚刚创建的 app 目录，则可以直接输入"rmdir app"命令实现。

(2) 删除非空目录

rmdir 命令只能删除空目录,如果某个目录下已经有文件或子目录存在,那么执行 rmdir 命令时会提示目录非空的信息,删除失败。

用 rmdir 命令很安全,不会误删数据,但是实际上用的不是很多,更常用的命令是 rm 命令。rm 命令既可以删除文件,也可以删除目录而不管目录是否非空。

当希望删除一个非空目录时,可以使用"rm -rf +目录名"的方式进行删除。例如,在 app 目录下还有一个名为 hello 的目录。此时使用 rmdir 命令就无法删除,而使用"rm -rf app"命令则可以强制删除该目录,而不管该目录是否非空,如果非空,则目录以及目录下的所有文件都会被一并删除。

2.4.9 停止某个进程

当系统中某个程序因为异常而退出时,其进程还残留在系统中,其所占用的资源也没有释放,因此需要强制删除该进程。

1. 查看系统进程

使用 ps 命令可以查看当前系统所有正在运行的进程,如图 2.4.10 所示。

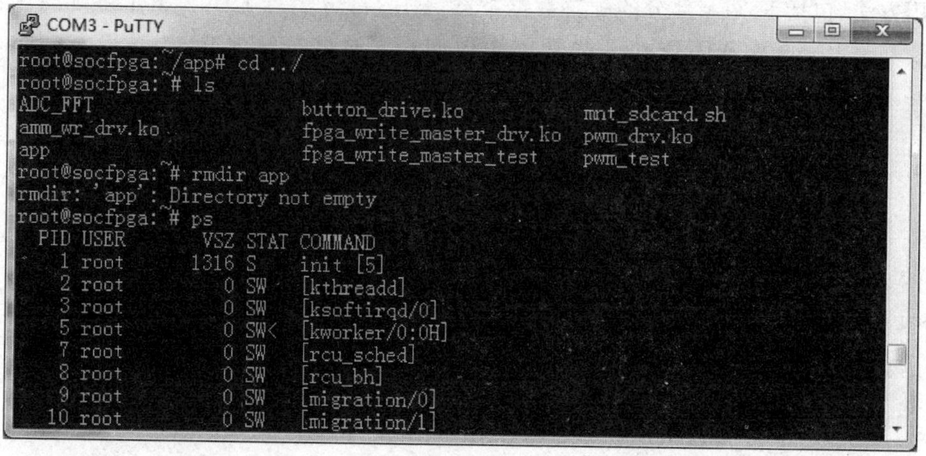

```
COM3 - PuTTY
root@socfpga:~/app# cd ../
root@socfpga:~# ls
ADC_FFT                    button_drive.ko              mnt_sdcard.sh
amm_wr_drv.ko              fpga_write_master_drv.ko     pwm_drv.ko
app                        fpga_write_master_test       pwm_test
root@socfpga:~# rmdir app
rmdir: 'app': Directory not empty
root@socfpga:~# ps
  PID USER       VSZ STAT COMMAND
    1 root      1316 S    init [5]
    2 root         0 SW   [kthreadd]
    3 root         0 SW   [ksoftirqd/0]
    5 root         0 SW<  [kworker/0:0H]
    7 root         0 SW   [rcu_sched]
    8 root         0 SW   [rcu_bh]
    9 root         0 SW   [migration/0]
   10 root         0 SW   [migration/1]
```

图 2.4.10 使用 ps 命令查看系统正在运行的进程

其中 PID 就是该进程的进程号,当需要停止某个进程时,就要用到该进程号。需要注意的是,每次系统启动,或者每次进程被开启,相同功能进程的 PID 值一般都不一样,因此使用时务必先使用 ps 命令查看当前系统中该进程的 PID 值。

2. 杀死进程

AC501-SoC 开发板的出厂镜像中带有一个 LED 闪烁的应用程序,该程序会在系统启动后直接运行。因此,我们可以看到,当开发板启动完毕之后,FPGA 侧的 2 个 LED 灯会循环闪烁。如果我们要停止 LED 的闪烁,则可以通过杀死该进程来实现。

通过 ps 命令可以看到,系统进程中有一个名为"/www/pages/cgi-bin/scroll_server"的进程,LED 的闪烁就是由该进程控制的。记住其进程 PID,例如在笔者启动本次系统后该进程 PID 为 782,则在 PuTTY 终端中输入"kill -9 782"即可将该进程杀死,杀死之后,开发板上的 LED 灯停止闪烁。再用 ps 命令查看系统的所有进程,该进程就找不到了。

杀死进程的操作在调试应用程序时经常用到。在调试程序时,经常会因为程序设计不合理而无法正常退出,而设计者只能使用这种方式来将其强制杀死。

2.4.10　重启和关机

当需要对系统进行重启时,可以使用"reboot"命令实现。当需要将系统关机时,可以使用"shut down now -h"或者"poweroff"命令实现。

2.5　本章小结

本章以 AC501-SoC 开发板为例,讲解了基于 SoC FPGA 器件硬件平台的基本使用方法,包括 FPGA 部分的配置数据下载、HPS 部分运行 Linux 操作系统的流程以及基于 Linux 操作系统的一些常用操作方式。通过本章内容,读者应掌握 SoC FPGA 硬件平台的基本使用方法,为后续的学习打下基础。

第 3 章

SoC FPGA 开发概述

3.1 SoC FPGA 开发流程

SoC FPGA 设计包括以 ARM Cortex-A9 处理器为核心的嵌入式系统硬件配置、硬件设计、硬件仿真以及 IDE 环境的软件设计、软件调试等。SoC FPGA 系统设计的基本软件工具包括:

> QuartusPrime,用于完成 SoC 系统的分析综合、硬件优化、适配、配置文件编程下载以及硬件系统测试等。

> Platform Designer(原名 Qsys),它是 HPS 硬核处理器的开发包,用于实现 HPS 系统配置、生成以及与 HPS 系统相关的监控和软件调试平台的生成。

> ModelSim,用于对 Qsys 生成的基于 HPS 组件的 HDL 描述语言程序进行系统功能仿真。

> SoC EDS,这是厂家针对 SoC FPGA 芯片专门开发定制的一个工具,该工具类似一个 Linux 虚拟机,包含了很多通用或专用的工具,支持 Linux 系统常用的各种命令,如 cd、ls、chmod、cat、make,用于生成 dts 文件的 Prime 工具,用于生成 Altera 专属的 Preloader 头文件使用的 mkpimage 工具,用于烧写 U-Boot 和 Preloader 文件到 SD 卡中的 alt-boot-disk-util 工具等。使用 SoC EDS,可以针对特定的硬件工程生成相应的 U-Boot 源码并编译得到 U-Boot 镜像文件,也可以实现对 Linux 应用程序、内核和驱动的编译,即在不安装 Linux 操作系统的情况下,就能完成基于 HPS 系统的软件开发和调试。

SoC FPGA 的开发流程通常包括 2 个方面:基于 Quartus II、Platform Designer 的硬件设计,以及基于 SoC EDS 和 DS-5 的软件设计。对于比较简单的 SoC 应用系统,一个人便可执行所有设计;对于比较复杂的系统,硬件和软件设计可以分开进行。

3.1.1 硬件开发

硬件开发使用 Quartus Prime 和 Platform Designer。硬件逻辑设计工作流程如图 3.1.1 所示。

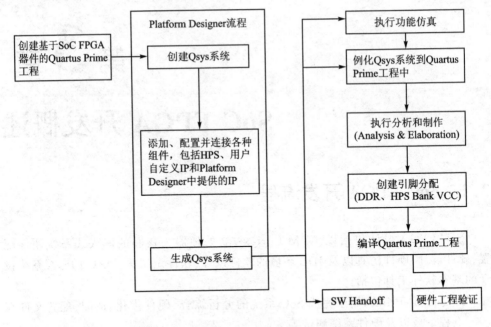

图 3.1.1 SoC FPGA 硬件逻辑开发流程

①在 Platform Designer 软件中添加 HPS 组件以及各外围器件(如片内存储器、PIO、定时器、UART、片外存储器、DMA 等),并定制和配置它们的功能;分配外设地址及中断号;设定复位地址;最后生成系统。也可以添加用户自定义外设以实现定制功能,减轻 CPU 的工作负担。

②使用 Platform Designer 生成含有 HPS 的系统后,会得到一个.qsys 后缀的文件,将其集成到整个 Quartus Prime 工程中。然后可以在 Quartus Prime 工程中加入 Qsys 系统以外的逻辑,大多数基于 SoC FPGA 的设计都包括 Qsys 系统以外的逻辑,这也是基于 SoC FPGA 器件的系统优势所在。用户可以将 HPS 高性能处理器和具有强大并行处理能力的 FPGA 高度整合,以获得最佳的性能。

③首先使用 Quartus Prime 软件来选取具体的 SoC FPGA 器件型号;然后为系统分配引脚,对于 HPS,主要是设置 SDRAM 的引脚电平和 I/O Bank 电平,另外,还要根据要求进行硬件编译选项或时序约束的设置;最后编译 Quartus Prime 工程,在编译过程中 Quartus Prime 将对 Qsys 生成系统的 HDL 设计文件进行布局布线,从 HDL 源文件综合生成一个适合目标器件的网表,并最终生成 FPGA 配置文件(.sof)。

④使用 Quartus Prime 编程器和 Intel FPGA 下载电缆(如 USB Blaster),将配置文件(用户定制的含 HPS 系统的硬件设计)下载到目标板上。当校验完当前硬件设计后,可将新的配置文件下载到目标板上的非易失存储器中(如 EPCS 器件)。下载完硬件配置文件后,软件开发者就可以将此目标板作为软件开发的初期硬件平台

进行软件功能的开发验证了。

3.1.2　软件开发

软件开发主要使用两个工具，SoC EDS 和 Intel FPGA 部门深度定制的 DS-5 软件。

由 Intel FPGA 部门深度定制的 DS-5 软件可以用来编写、编译、调试 SoC 芯片不含操作系统的裸机程序、Linux 内核和驱动模块，该软件包含以下特性：

> ➢ 基于易用的 Eclipse 编辑器；
> ➢ 支持 GCC 编译器编译和调试 Linux 应用程序；
> ➢ 支持调试 Linux 内核和驱动模块；
> ➢ 支持使用 USB Blaster 调试 ARM 处理器；
> ➢ 支持 FPGA 和 ARM 交叉触发联合调试；
> ➢ 支持优化软件的 profile 特性。

使用 SoC EDS 配合 DS-5 软件，就可完成基于 HPS 处理器系统的所有软件开发任务。使用 Platform Designer 生成系统后，就可以使用 SoC EDS 来生成和编译 HPS 系统的 Bootloader 程序了，然后使用 DS-5 软件开始设计 HPS 裸机应用程序或基于 Linux 系统的 C/C++ 应用程序代码。针对 Platform Designer 中提供的很多 IP 核，如 PIO、UART、SPI、DMA、Frame Reader 等，Linux 系统中都提供了相应的驱动源码，使用时仅需配置 Linux 内核以支持这些设备驱动，再编译得到内核镜像，使用该镜像启动，就能自动识别并添加这些设备到系统中了（需要对应的设备树文件的配合）。

3.2　AC501-SoC FPGA 开发板的黄金参考设计说明

3.2.1　GHRD

1. 什么是 GHRD

GHRD 是 Golden Hardware Reference Design 的简写，中文意思为黄金硬件参考设计，一般由 DEMO 板硬件厂家提供。在该硬件设计工程中，已经针对 DEMO 板上的各种硬件外设添加好了对应的控制电路，并分配好了引脚。使用时，设计者只需在该参考设计中添加或修改自己所需的内容即可。

SoC FPGA 的开发涉及 HPS 中各种参数配置、I/O 交错配置、DDR3 存储器参数配置以及 FPGA 工程信号连接和引脚分配。对于刚接触 SoC FPGA 系统开发的设计者来说，从零开始搭建基于 HPS 的应用系统，不仅工作量巨大，而且很容易出错。因此，在基于 SoC FPGA 板卡进行设计开发时，推荐使用板卡厂家提供的 GHRD 进行修改增删，以完成自己的系统设计。

2. GHRD FOR AC501-SoC

AC501-SoC 开发板提供了一个基本的 GHRD 工程,名为 AC501_SoC_GHRD。在该工程中,使用 Platform Designer 创建了一个包含 HPS 的 qsys 设计文件,在系统中添加了 HPS 和一些常用的 FPGA 侧软 IP,并对其各个工作参数,包括 HPS 主时钟、外设时钟、外设中断、外设引脚、DDR3 工作时钟等众多参数进行了合理设置。下面先介绍该 qsys 设计文件中的内容。

3.2.2　打开和查看 GHRD

使用 Quartus 17.1 软件打开 AC501_SoC_GHRD 工程,在菜单栏中选择 Tools→ Platform Designer 菜单项或者直接单击 Platform Designer 图标ⓘ以打开 Platform Designer 系统设计工具,在弹出的"打开"对话框中选择 soc_system. qsys 文件并打开,如图 3.2.1 所示。Platform Designer 菜单命令如表 3.2.1 所列。

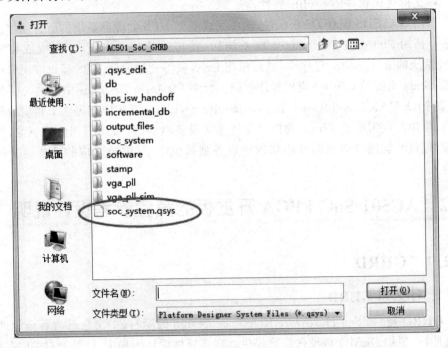

图 3.2.1　打开 qsys 设计文件

完整的 Platform Designer 界面如图 3.2.2 所示。

文件打开后可以看到,该设计文件中已经加入了众多组件,包括时钟输入源(clk_0)、HPS(hps_0)、系统 ID(sysid_qsys)、LED 控制引脚(led_pio 仅输出型 PIO 软核)、按键控制引脚(button_pio 仅输入型 PIO 软核)、异步串口(uart_0)、SPI 控制器(spi_0)、I^2C 控制器(i2c_0)、图像帧读取控制器 Frame Reader(alt_vip_vfr_tft)、VGA 控制器(alt_vip_itc_0),如图 3.2.3 所示。

表 3.2.1　Platform Designer 菜单命令

菜　单	命　令	功能描述
File	New System	在当前项目目录新建一个 Qsys 系统项目文件
	New Component	将用户自定义的逻辑作为一个元件加入到 Qsys 中
	Open	打开一个 Qsys 系统项目文件:<系统名>.qsys
	Save	保存当前项目系统
	Save As	将当前项目系统另存为
	Refresh System	更新元件列表显示
	Export System as hw.tcl Component	将当前系统以 tcl 组件导出
	Browse Project Directory	浏览工程目录
	RecentProjects	最近打开的 Qsys 工程
	Exit	退出 Qsys 系统
System	Upgrade IP Cores	更新 IP 核(针对打开低版本软件的设计)
	Assign Base Addresses	为自动给添加的各元件分配基地址
	Assign Interrupt Numbers	为自动给添加的各元件分配中断优先级
	Assign Custom Instruction Opcodes	生成用户自定义指令的操作码(指令)
	Create Global Reset Network	创建全局复位网络
	Show System With Qsys Interconnet	使用 Qsys 内部连接查看工具查看系统
Generate	Generate HDL	生成系统的 HDL 设计文件
	Generate Testbench System	生成系统的 testbench 文件
	Generate Example Design	生成示例设计
	Show Instanttiation Template	生成 HDL 例化模板,用于添加到工程顶层

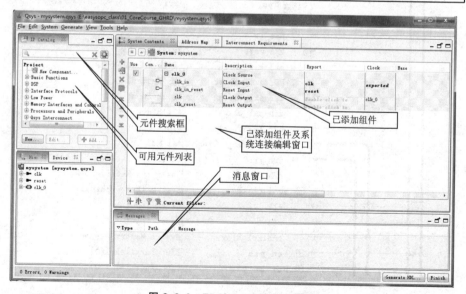

图 3.2.2　Platform Designer 界面

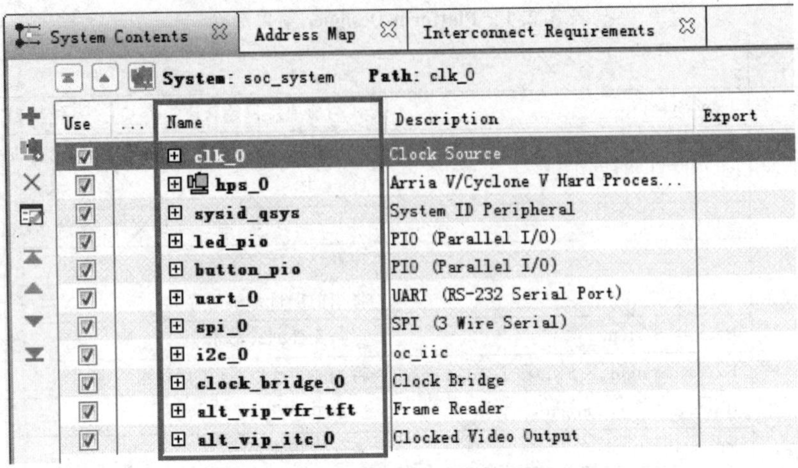

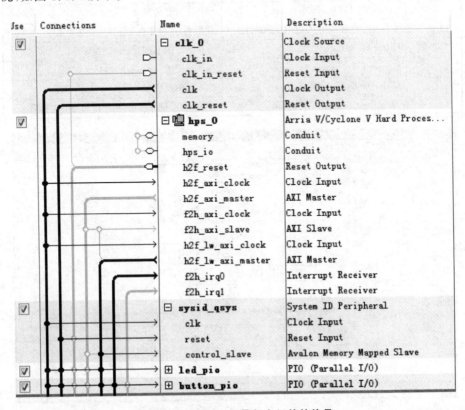

图 3.2.3 qsys 设计文件包含的组件

为了展示方便,在截取界面图片前将所有 IP 都进行了折叠,不显示各种信号连接,在折叠的情况下,用户可以单击 IP 前面的"＋"以展开 IP,查看其各种信号连接情况,如图 3.2.4 所示。

图 3.2.4 展开和折叠每个组件的信号

3.2.3 组件参数配置详解

对于每个组件,都有一个或多个参数需要配置。我们可以通过选中该组件,然后右击,在弹出的快捷菜单中选择 Edit 来查看和编辑其参数。以下对部分组件的功能做进一步介绍。

1. clk_0

clk_0 为时钟源 IP,实现从系统外部输入一个时钟和复位信号到系统内部的功能。该 IP 在基于 NIOS Ⅱ 的 SOPC 系统设计中也是一个必用 IP,其 IP 有一个参数可以设置,即外部输入时钟频率。如果该输入频率是已知的,则选中 Clock frequency is known 复选框,并在上方的 Clock frequency 文本框中输入实际的时钟频率。例如在本系统中,该 IP 接到了板载 50 MHz 的有源晶振上,因此 Clock frequency 设置为 50 000 000 Hz,如图 3.2.5 所示。

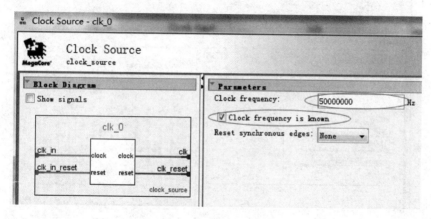

图 3.2.5　clk_0 IP 参数设置

2. sysid_qsys

sysid_qsys 为系统 ID,用来在软件编程时识别系统,通过唯一 ID 来区分不同的硬件设计工程,只有软件和硬件匹配时才能够正常运行。该 ID 需要手动设置,且仅支持十六进制格式的数字,我们可以根据自己的意愿,手动设置一个 ID 值,如图 3.2.6 所示。

3. led_pio

led_pio 为 PIO 软 IP,使用 IP Catalog 中的 PIO(Parallel I/O)组件,设置为 2 位仅输出型 PIO,同时使能独立位操作功能,用来驱动 FPGA 侧的 2 个 LED 灯,如图 3.2.7 所示。

4. button_pio

button_pio 为 PIO 软 IP,使用 IP Catalog 中的 PIO(Parallel I/O)组件,设置为

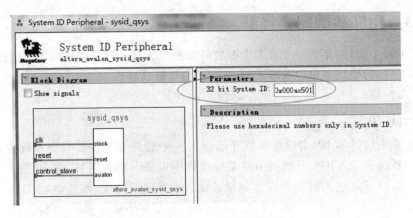

图 3.2.6 sysid_qsys 参数设置

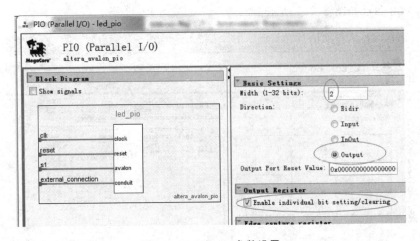

图 3.2.7 led_pio 参数设置

2 位仅输入型 PIO,同时使能下降沿捕获和边沿中断触发功能,用来连接 FPGA 侧的 2 个轻触按键,如图 3.2.8 所示。

5. uart_0

uart_0 为异步串口控制器,使用 IP Catalog 中的 UART (RS-232 Serial port)组件,设置默认波特率为 115 200,如图 3.2.9 所示。由于 HPS 中只有两个 UART 硬 IP,而通过该组件可以为 HPS 添加一个或多个串口控制器,所以在需要多串口的应用场合十分方便有用。该 IP 在 Linux 内核中已有现成的驱动支持,可以直接被 Linux 内核识别并加载驱动,像使用标准的 Linux TTY 一样方便地使用。

6. spi_0

spi_0 为 SPI 总线控制器,使用 IP Catalog 中的 SPI(3 Wire Serial)组件。该 IP 可工作在主机模式或从机模式,本例为工作在主机模式,一个片选信号,SCLK 时钟

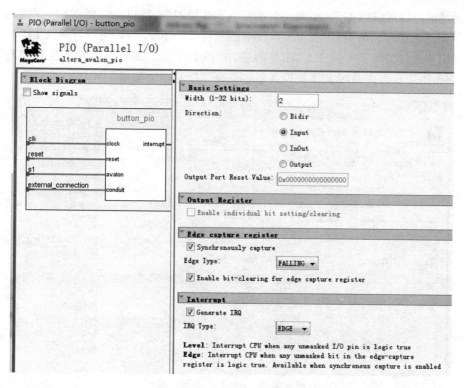

图 3.2.8　button_pio 参数设置

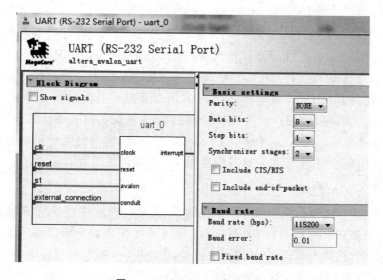

图 3.2.9　uart_0 IP 参数设置

速率为2 MHz(实际能够产生的有效工作时钟频率为 1 923 076 Hz),数据位宽为8 位。时钟相位和极性均为0,如图 3.2.10 所示。由于 HPS 中只有两个 SPI 硬 IP,

而通过该组件可以为 HPS 添加一个或多个 SPI 控制器,所以在需要多 SPI 的应用场合十分方便有用。该 IP 在 Linux 内核中已有现成的驱动支持,可以直接被 Linux 内核识别并加载驱动。不同于 UART 的是,SPI 属于总线,因此不能被直接识别为设备,需要进一步在该总线上添加设备描述信息才能够正常使用。

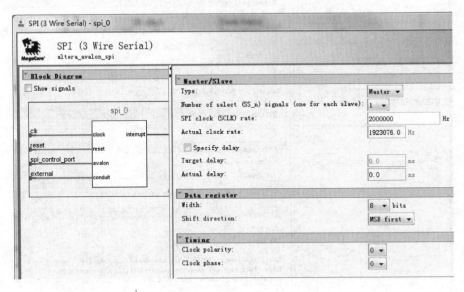

图 3.2.10　spi_0 IP 参数设置

7. i2c_0

i2c_0 为 I^2C 控制器,这是一个开源的第三方 IP 核,从著名的开源 IP 网站 https://opencores.org/ 上下载。虽然在 Platform Designer 的 IP Catalog 中也提供了一个 Altera Avalon I^2C(Master)组件。但这是一个仅支持主机模式的 I^2C 控制器,目前仅提供了 NIOS 下的驱动代码,在 Linux 系统中暂时没有对该 IP 的驱动支持。而 opencores 网站上的 oc_i2c 控制器在 Linux 系统的驱动中已经有源码支持,因此本书选择使用 opencores 网站上的 oc_i2c 控制器,这样既能使用虚拟地址映射的方式进行编程控制,又能直接通过配置 Linux 内核使能现有的驱动程序。

8. alt_vip_vfr_tft

alt_vip_vfr_tft 为图像帧缓存读取控制器,这是一个能够直接从 AXI 总线上以 DMA 方式读取内存中数据的 IP,通过在 Linux 系统中申请一块存储区域来缓存一帧图像的数据,然后再由该 IP 从内存中读出,送往 VGA 控制器以驱动 VGA 显示器或 RGB TFT 显示屏,将读取出来的帧图像数据输出到显示屏上,从而实现图像显示的功能。该 IP 是从早期 Quartus 软件中沿用过来的,在 17.1 版本软件中,该 IP 已经合并到了 Frame Buffer Ⅱ IP 中,不过该 IP 依旧能够继续使用,而且使用起来比 Frame Buffer Ⅱ IP 更加方便,因此这里还是继续沿用该 IP 进行设计。

该 IP 核可以设置读取图像内容的格式和大小,如图 3.2.11 所示。在其参数设置界面中,有几个比较重要的参数需要设置,现分别进行说明。

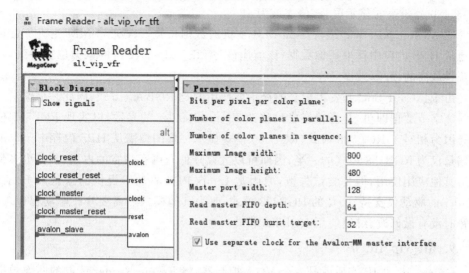

图 3.2.11 alt_vip_vfr_tft_0 参数设置

① Bits per pixel per color plane:每一种元色由多少位数据表示。对于 RGB 模式,每一个像素点的颜色都由红(red)、绿(green)、蓝(blue)三种单色根据不同的比例混合而成。pixel per color plane 则代表了每一种单元色用多少数位表示。例如,最常用的 RGB888 模式就是每种单元色用 8 位数据表示。

② Number of color planes in parallel:每一种颜色由多少个单元色组成,in parallel 的意思是将指定数量的单元色的数据合并到一起。例如,上面说到每个单元色用 8 位数据表示,这里每个像素有 4 个单元色,实际的图像数据位宽就是 32。由于 RGB888 模式通常只有 3 种单元色,而这里设置为 4 种元色,是为了图像数据在内存中组织存储时能够与内存的 32 位数据存储方式对齐,增加寻址效率,实际在输出到 VGA 时,32 位数据的最高 8 位都是直接丢弃的。

③ Number of color planes in sequence:按顺序传输时,每个像素颜色由多少个单元色组成,意思是一个像素点的数据,按顺序每个时钟周期传输一个单元色的数据,若干次传输的数据组合为一个完整像素图像。此种情形主要用于板间图像数据传输,例如在友晶的 DE2-115 开发板配套 7 in 触摸显示套件(tPad)中,就使用了此种传输方式,在 tPad 显示屏上使用了一个 MAX Ⅱ CPLD 完成接收 DE2-115 发送的 in sequence 模式的图像数据,并将每 3 个时钟周期的数据重新组合得到 24 位的 RGB888 数据,驱动 TFT 屏显示。

④ Maximum Image width:最大图像宽度,即一行图像由多少个像素点组成,在 GHRD 中,默认是用来驱动 5 in 800×480 分辨率的触摸显示屏的,因此该值为 800,如果需要驱动其他分辨率的显示器,则此处的值需要根据实际物理分辨率进行相应

修改。

⑤ Maximum Image height：最大图像高度，即一幅图像由多少行组成，针对 800×480 分辨率的显示屏，该值应该为 480。

⑥ Master port width：Avalon-MM 主机的数据位宽。Avalon-MM 主机负责快速地从 HPS 内存中读取图像数据，该值应该与 f2h_axi_slave 桥的数据位宽一致，才能获得最高的读/写效率。

由于 AC501-SoC 开发板配套的显示屏使用的是 RGB565 方式，因此一个像素点仅需 2 字节数据即可，笔者曾经尝试修改 Frame Reader 的参数，以实现 RGB565 模式。因为相对于 RGB888 模式，RGB565 模式显示一幅图像需从 HPS 内存中读取的数据量仅为 RGB888 模式的一半，因而可以大幅降低对内存带宽的占用，预留更多带宽给其他应用使用，但是尝试失败，原因是 Linux 内核驱动中提供的默认该 Frame Reader 的驱动仅支持 32 位的 RGB888 模式，改为其他模式后需要修改驱动程序，因此暂时没有做修改，继续使用 RGB888 模式。

9. alt_vip_itc_0

alt_vip_itc_0 IP 实质就是一个 VGA 控制器，将 Frame Reader 读取的图像数据流按照 VGA 时序送往 VGA 显示器或者 RGB TFT 显示屏显示。其支持设置多种分辨率，在 GHRD 工程中默认按照 800×480 的分辨率对 TFT 显示屏进行设置。具体的参数修改本书暂不涉及，读者可参考其他相关书籍。

3.3　本章小结

本章介绍了黄金硬件参考设计(GHRD)的相关概念，并针对一个特定的 SoC 板卡的 GHRD 工程进行了简单说明，讲述了工程中使用的各 IP 组件的功能和一些重要的参数。了解这些参数的功能，有助于用户在设计或修改系统时能根据自己的功能需要灵活设置 IP 参数，或是增删功能组件。

第 **4** 章

手把手修改 GHRD 系统

第 3 章介绍了 AC501-SoC 开发板提供的黄金硬件参考设计顶层工程：AC501_SoC_GHRD，本章将以手把手的形式介绍如何修改该工程文件，即通过在 Platform Designer(原 Qsys)加一个 Altera UART 外设到 HPS 的轻量级 FPGA 到 HPS 桥 (fpga2hps_lw_bridge)；然后更新到 Quartus 工程中，再重新编译生成 HPS 启动的 U-Boot 镜像文件和 Preloader 镜像文件并更新到 AC501-SoC 的启动 SD 卡中；接下来，针对重新生成的包含有 Altera UART 外设的 HPS 系统，编译得到新的 dts 文件和 dtb 文件；最后将 dtb 文件复制到 AC501-SoC 开发板的 Linux 系统 SD 卡中，以使 Linux 系统能够获取新增加的 Altera UART 外设。

本章虽然是以 AC501-SoC 开发板为例进行介绍，但是由于该例子十分通用，对于其他 Cyclone Ⅴ SoC 开发板的操作也都是一样的，读者可以根据本例讲解的方法，基于其他硬件板卡所提供的 GHRD 工程，进行类似的试验。

4.1 修改 GHRD 工程

本节将讲述如何在提供的 AC501-SoC 开发板黄金硬件参考设计工程中添加一个 UART IP，并最终在 Quartus 中编译得到 sof 格式的 FPGA 编程文件。

4.1.1 打开 GHRD 工程

AC501-SoC 开发板的配套资料包中提供了一个名为 AC501_SoC_GHRD 的工程，该工程为厂家设计的一个包含了开发板上各种外设的参考工程，我们可以使用该工程进行修改，以满足客户的定制需求。在资料包 AC501_SoC_CD_Files\Demos\SOC_FPGA\Quartus 中包含该设计文件，复制该文件到磁盘中，例如 D:\fpga\soc_system\examples，然后双击 AC501_SoC_GHRD. qpf，使用高于 Quartus 14.0 的版本打开，本文使用 Quartus Prime 17.1 版本，单击图标 打开 Platform Designer 工具，然后在打开的窗口中选择 soc_system. qsys 文件并打开。这里需要说明的是，从 Quartus Prime 17.1 开始，Intel 使用 Platform Designer 代替之前版本软件中的 Qsys。而实际从厂家的说法可知，两者并未有实质性的更改，只是改个名字而已，因此无需介意。

4.1.2 添加 UART IP

从 Platform Designer 左侧的 IP_Catalog 中搜索到 UART(RS-232 Serial Port),双击并添加,如图 4.1.1 所示。各项参数默认即可,重点在于 UART IP 核的各个信号在 Platform Designer 中的连接。

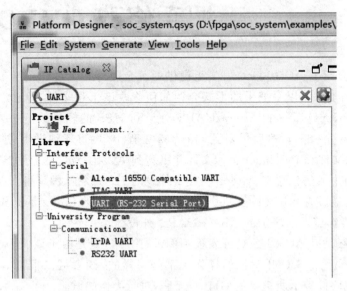

图 4.1.1 搜索 UART 控制器

由于在 AC501_SoC_GHRD 工程中原本已经添加好了一个 UART IP 并命名为 uart_0,所以这里添加新的 UART IP 时软件会自动将其命名为 uart_1。

UART IP 提供了一个 Avalon Memory Mapped Slave(以下简称 Avalon MM Slave)总线与主机相连。要想能够对其寄存器进行读/写操作,则需要一个带 Avalon Memory Mapped Master(以下简称 Avalon MM Master)总线的外设来实现。在以 NIOS Ⅱ 为核心的 SOPC 技术中,NIOS Ⅱ CPU 是一个标准的 Avalon Memory Mapped 主机,能够实现对各种 Avalon MM Slave 外设的读/写操作。因此,使用时一般直接将 UART IP 的 Avalon MM Slave 端口连接到 NIOS Ⅱ 的 Avalon MM Master 端口上。

4.1.3 关于 HPS 与 FPGA 数据交互

在含有 HPS 的 SoC 系统中,由于 HPS 中的 ARM Cortex-A9 使用的是 AXI 总线协议,所以其提供的与 FPGA 通信的总线也是 AXI 总线。AXI 总线和 Avalon Memory Mapped 总线在信号类型和时序上都有一定的差别,无法直接连接。HPS 针对与 FPGA 的互联通信,一共提供了 3 种形式的 AXI 总线,分别为用于 FPGA 主动向 HPS 发起高效数据传输操作的 F2H_AXI_Slave 总线,用于 HPS 主动向 FPGA

发起高效数据传输操作的 H2F_AXI_Master 总线,以及用于 HPS 主动向 FPGA 发起一些控制或小容量数据传输操作的 H2F_LW_AXI_Master 总线。对于 H2F 和 F2H 两个高速桥,每个桥最高支持 128 位位宽。在 HPS 侧逻辑中,每个桥最高可运行在 200 MHz 的时钟频率下,数据位宽为固定的 64 位,因此在不考虑轻量级桥的情况下,FPGA 和 HPS 的总通信带宽为 64 bit×2×200 MHz=25 600 Mbps。另外,Intel Cyclone V SoC FPGA 还提供了一个 FPGA 到 SDRAM 的桥,该桥最高可提供 4 个独立的读/写端口和 6 个控制端口,支持可配置的 32 位、64 位、128 位和 256 位的数据位宽,适合于 FPGA 共享使用 HPS 侧的高性能存储器的应用。

为了支持 Platform Designer 中提供的所有使用 Avalon Memory Mapped 总线的 IP 能够方便地连接到 HPS 上,Platform Designer 具有 Avalon 和 AXI 总线间的自动转换功能,在设计时,只需要将 Avalon Memory Mapped 总线信号连接到 AXI 信号总线上即可。至于如何完成两者间的信号功能和时序的转换,用户无需关心,Platform Designer 会自动生成相应的转换逻辑。这对于一些已经使用 NIOS Ⅱ CPU 开发了相应的系统和自定义 IP 的用户来说,是一件非常方便的事情。用户可以直接在 HPS 中按照原本 NIOS Ⅱ 中的系统架构添加 IP 并连接好总线,实现相同的功能;同时,对于用户自己开发的自定义 IP,无需做任何修改就能直接用在 SoC 系统中,这大大降低了系统移植的工作量。

4.1.4 连接 UART IP 信号端口

这样一来我们将 UART IP 连接到 HPS 上就方便多了,我们只需要将 UART IP 的 Avalon MM Slave 总线端口连接到 HPS 的 H2F_LW_AXI_Master 总线上即可。

那么为什么选择将 UART 的 Avalon MM Slave 端口连接到 H2F_LW_AXI_Master 总线上,而不是连接到 H2F_AXI_Master 总线上呢?这是因为 UART IP 是一个数据吞吐量非常小的设备,其最高通信波特率为 115 200 bps,这么低的波特率自然没有必要连接到专为数据高速高效传输设计的 H2F_AXI_Master 总线上。另外,将 UART IP 连接到 H2F_LW_AXI_Master 总线上,并使用较低的时钟频率进行通信,更利于软件在对 FPGA 逻辑进行布局布线时进行合理时序优化,使其他需要运行在较高时钟频率的逻辑能够获得更好的时序优化,从而提高系统性能。

同时,为了保证 UART IP 和 H2F_LW_AXI_Master 处于相同的时钟域,将 UART IP 的 clk 端口连接到和 HPS 的 H2F_LW_AXI_Clock 端口相同的时钟源上,在 Platform Designer 中可以看到,H2F_LW_AXI_Clock 端口连接到了 clk_0 这个时钟输入模块的 clk 信号上,因此 UART IP 的 clk 端口也连接到 clk_0 时钟输入模块的 clk 信号上,同时将 UART IP 的 reset 端口连接到 clk_0 时钟输入模块的 clk_reset 信号上。

UART IP 的 external connection 端口需要分配到芯片的物理引脚上,与其他的

UART 控制器进行通信,该端口包含 uart_tx 和 uart_rx 两个信号,因此该端口需要直接导出。在 Export 一列中直接双击该信号即可导出,为了便于识别,将导出名修改为 uart_1。

UART IP 的 irq 端口可以向中断接收器发出中断请求信号,HPS 中每个 ARM 核都支持一个最高可支持 32 个外部中断数量的中断控制器。中断控制器的外部中断端口名为 f2h_irq,双核的 HPS 支持 f2h_irq0 和 f2h_irq1,本例中只需要连接到 f2h_irq0 即可。

添加完成后,HPS、clk_0、uart_1 模块间的系统连接图如图 4.1.2 所示。

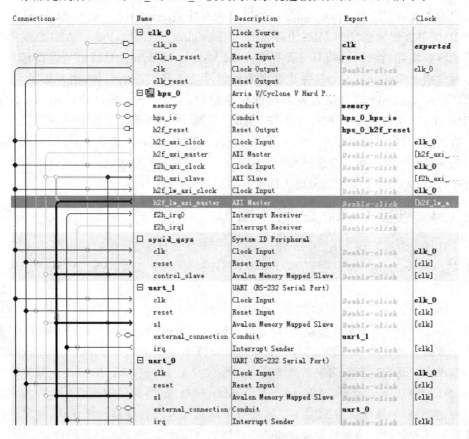

图 4.1.2　HPS、clk_0、uart_1 模块间的系统连接图

上面说了这么多,只是为了让读者明白每个端口或网络连接的原理,以便能够举一反三,掌握其他类似 IP 核的添加和使用方式。实际上,如果是初次接触,只需要参考这个工程中提供的 uart_0 核的所有信号连接方式即可。因为两个 IP 的端口基本相同,因此将两个核相同属性的端口连接到同一个信号网络上,即可完成 UART IP 的添加。在后续的使用中,如果读者希望自己添加 PIO 核、SPI 核、I^2C 核等,都可以参照本小节的方式进行。

4.1.5 分配组件基地址

完成了 UART 的添加之后,可以看到在 Platform Designer 下方的信息窗口中有报错信息,提示 UART IP 的地址范围和其他设备冲突,如图 4.1.3 所示。这里我们可以手动调整 UART 的地址范围,也可以直接使用 Platform Designer 提供的自动分配基地址的方式来解决这个问题。如果使用自动分配基地址的方式,则需要在 Platform Designer 菜单栏中选择 System → Assign Base Addresses 菜单项,如图 4.1.4 所示。

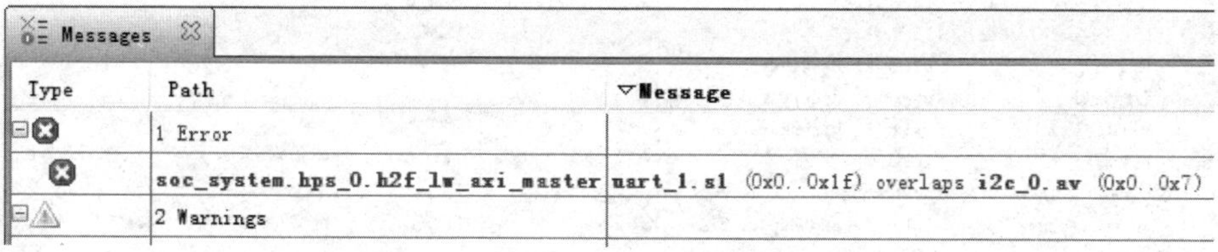

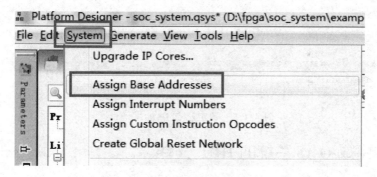

图 4.1.3　Platform Designer 信息窗口报错

图 4.1.4　自动分配设备基地址

需要注意的是,使用自动分配基地址的方式有可能会更改之前已经添加好的 IP 的基地址,而基地址改变之后会影响已有软件程序的正常运行。因此,为了保证在添加新的外设之后,之前的系统设计的软件程序仍能够正常运行,建议在自动分配基地址之前先将所有原有 IP 的基地址锁定。锁定的方式非常简单,在每个 IP 基地址一列的具体地址前面,都有一个"锁"的标志,默认是打开的,单击即可锁定,如图 4.1.5 所示。一旦锁定,当执行自动分配基地址操作时,这些设备的基地址将保持原值不变。

至此,我们在 Platform Designer 中完成了给 HPS 添加 UART IP 的操作,接下来将进行新系统的 HDL 代码的生成。

Name	Description	Export	Clock	Base	End
☐ clk_0	Clock Source				
clk_in	Clock Input	clk	exported		
clk_in_reset	Reset Input	reset			
clk	Clock Output	Double-click	clk_0		
clk_reset	Reset Output	Double-click			
☐ hps_0	Arria V/Cyclone V Hard P...				
memory	Conduit	memory			
hps_io	Conduit	hps_0_hps_io			
h2f_reset	Reset Output	hps_0_h2f_reset			
h2f_axi_clock	Clock Input	Double-click	clk_0		
h2f_axi_master	AXI Master	Double-click	[h2f_axi_...		
f2h_axi_clock	Clock Input	Double-click	clk_0		
f2h_axi_slave	AXI Slave	Double-click	[f2h_axi_...	0x0000_0000	0xffff_ffff
h2f_lw_axi_clock	Clock Input	Double-click	clk_0		
h2f_lw_axi_master	AXI Master	Double-click	[h2f_lw_a...		
f2h_irq0	Interrupt Receiver	Double-click		IRQ 0	
f2h_irq1	Interrupt Receiver	Double-click		IRQ 0	
☐ sysid_qsys	System ID Peripheral				
clk	Clock Input	Double-click	clk_0		
reset	Reset Input	Double-click	[clk]		
control_slave	Avalon Memory Mapped Slave	Double-click	[clk]	🔒 0x0001_0000	0x0001_0007
☐ uart_1	UART (RS-232 Serial Port)				
clk	Clock Input	Double-click	clk_0		
reset	Reset Input	Double-click	[clk]		
s1	Avalon Memory Mapped Slave	Double-click	[clk]	0x0000_0000	0x0000_001f
external_connection	Conduit	uart_1			
irq	Interrupt Sender	Double-click	[clk]		
☐ uart_0	UART (RS-232 Serial Port)				
clk	Clock Input	Double-click	clk_0		
reset	Reset Input	Double-click	[clk]		
s1	Avalon Memory Mapped Slave	Double-click	[clk]	🔒 0x0000_0060	0x0000_007f
external_connection	Conduit	uart_0			
irq	Interrupt Sender	Double-click	[clk]		

图 4.1.5 锁定已有 IP 的基地址

4.1.6 生成 Qsys 系统的 HDL 文件

在 Platform Designer 菜单栏中选择 Generate→Generate HDL 菜单项,然后在弹出的窗口中单击 Generate 按钮即可生成 HDL 代码,如图 4.1.6 所示。如果系统没有保存,那么软件会先进行系统的存档,当系统存档完成后,单击信息框中的 Close 按钮即可开始真正的 HDL 代码的生成过程。该过程耗时 1~3 min,具体耗时根据使用者的 PC 性能会有所差异。

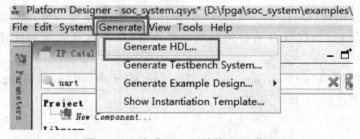

图 4.1.6 生成 Qsys 系统的 HDL 代码

4.1.7 添加 uart_1 的端口到 Quartus 工程中

在完成 HDL 代码的生成之后,还不能关闭 Platform Designer,还有最后一个步骤,就是从 Platform Designer 的系统例化模板中复制出新增加的端口信号,添加到 Quartus 工程中的例化部分。在 Platform Designer 菜单栏中选择 Generate→Show Instantiation Template 菜单项,打开系统例化模板,如图 4.1.7 所示。

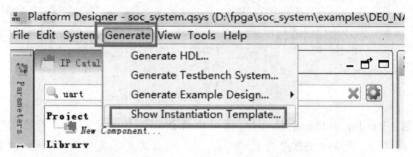

图 4.1.7 打开系统例化模板

在模板中可以看到,最下方有新添加的 UART IP 的两个信号 uart_1_txd 和 uart_1_rxd,使用鼠标拖动以选中的这两个信号,右击复制这两个信号的内容,如图 4.1.8 所示,打开 Quartus 工程的顶层文件——AC501_SoC_GHRD.v,添加到

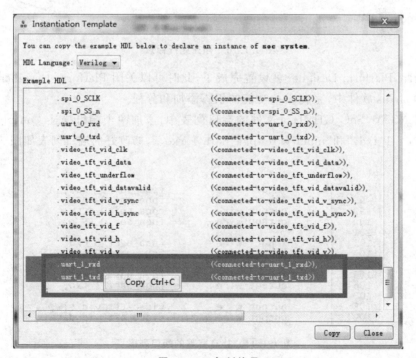

图 4.1.8 复制信号

soc_system 模块例化的尾部,并修改这两个信号的例化名为 uart_1_txd 和 uart_1_rxd,如图 4.1.9 所示。

```
265
266        .spi_0_MISO                                    (fpga_spi_0_MISO),
267        .spi_0_MOSI                                    (fpga_spi_0_MOSI),
268        .spi_0_SCLK                                    (fpga_spi_0_SCLK),
269        .spi_0_SS_n                                    (fpga_spi_0_SS_n),
270
271        .i2c_0_scl_pad_io                              (fpga_i2c_0_scl),
272        .i2c_0_sda_pad_io                              (fpga_i2c_0_sda),
273
274        .uart_1_rxd                                    (fpga_uart_1_rxd),
275        .uart_1_txd                                    (fpga_uart_1_txd)
276    );
277
278 endmodule
```

图 4.1.9   完成例化

注意:Verilog 例化一个模块时,该模块的最后一个信号末尾是不带","的,如图 4.1.10 所示,最后一个信号为 i2c_0_sda_pad_io,其末尾是不带","的。在添加新的模块的信号到模块末尾时,记得先对原本模块的最后一个信号的模块补上",",否则编译会报错。

```
       .i2c_0_scl_pad_io                              (fpga_i2c_0_scl),
       .i2c_0_sda_pad_io                              (fpga_i2c_0_sda)
    );

endmodule
```

图 4.1.10   补充尾行标点

至此,Platform Designer 就设置完成了,此时可以关闭 Platform Designer,然后回到 Quartus 软件中,完成 uart 功能的引脚添加和分配。

在 AC501_SoC_GHRD. v 文件的端口列表中,添加两个端口描述"output wire fpga_uart_1_txd,"和"input wire fpga_uart_1_rxd,",修改好的端口列表如图 4.1.11 所示。

```
 97        input  wire        fpga_spi_0_MISO,
 98        output wire        fpga_spi_0_MOSI,
 99        output wire        fpga_spi_0_SCLK,
100        output wire        fpga_spi_0_SS_n,
101
102        input  wire        fpga_uart_0_rxd,
103        output wire        fpga_uart_0_txd,
104
105        input  wire        fpga_uart_1_rxd,
106        output wire        fpga_uart_1_txd,
107
108        output wire        video_tft_vid_clk,
109        output wire [23:0] video_tft_vid_data,
```

图 4.1.11   补充完整的端口列表

4.1.8 分配 FPGA 引脚

保存 AC501_SoC_GHRD.v 文件,然后就可以对工程进行分析和综合(快捷键 Ctrl+K)了,如果在分析和综合的过程中检查出有语法错误,则需要自行检查改正,然后再重新分析和综合。分析和综合完成以后,打开 Pin Planner,就可以看到 fpga_uart_1_txd 和 fpga_uart_1_rxd 两个端口了,修改电平标准(I/O Standard)为"3.3-V LVTTL",再将这两个信号分别映射到 FPGA 的 PIN_W18 和 PIN_AB19 引脚上,即实际对应到 GPIO0 接口上的 FPGA_GPIO0_D8 和 FPGA_GPIO0_D9,如图 4.1.12 所示。

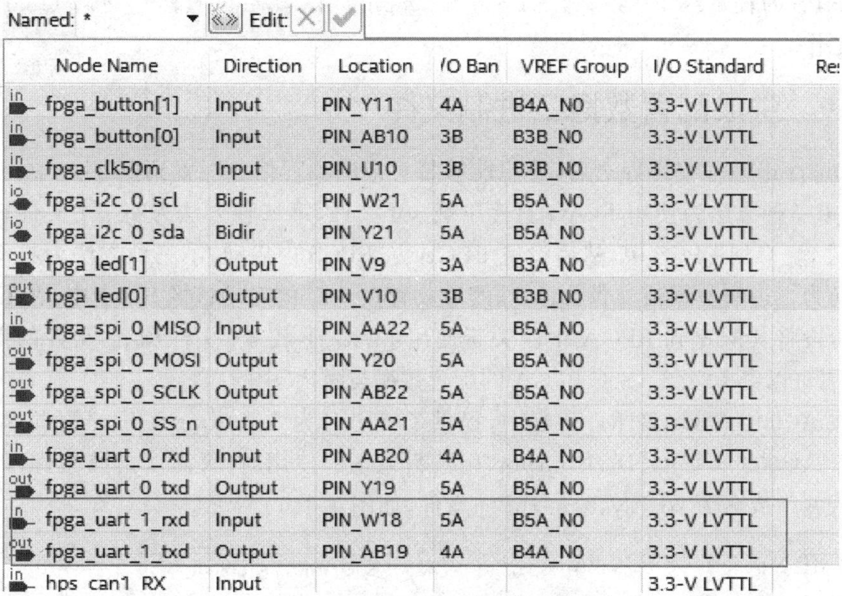

Node Name	Direction	Location	I/O Ban	VREF Group	I/O Standard	Re:
in fpga_button[1]	Input	PIN_Y11	4A	B4A_N0	3.3-V LVTTL	
in fpga_button[0]	Input	PIN_AB10	3B	B3B_N0	3.3-V LVTTL	
in fpga_clk50m	Input	PIN_U10	3B	B3B_N0	3.3-V LVTTL	
io fpga_i2c_0_scl	Bidir	PIN_W21	5A	B5A_N0	3.3-V LVTTL	
io fpga_i2c_0_sda	Bidir	PIN_Y21	5A	B5A_N0	3.3-V LVTTL	
out fpga_led[1]	Output	PIN_V9	3A	B3A_N0	3.3-V LVTTL	
out fpga_led[0]	Output	PIN_V10	3B	B3B_N0	3.3-V LVTTL	
in fpga_spi_0_MISO	Input	PIN_AA22	5A	B5A_N0	3.3-V LVTTL	
out fpga_spi_0_MOSI	Output	PIN_Y20	5A	B5A_N0	3.3-V LVTTL	
out fpga_spi_0_SCLK	Output	PIN_AB22	5A	B5A_N0	3.3-V LVTTL	
out fpga_spi_0_SS_n	Output	PIN_AA21	5A	B5A_N0	3.3-V LVTTL	
in fpga_uart_0_rxd	Input	PIN_AB20	4A	B4A_N0	3.3-V LVTTL	
out fpga_uart_0_txd	Output	PIN_Y19	5A	B5A_N0	3.3-V LVTTL	
in fpga_uart_1_rxd	Input	PIN_W18	5A	B5A_N0	3.3-V LVTTL	
out fpga_uart_1_txd	Output	PIN_AB19	4A	B4A_N0	3.3-V LVTTL	
in hps_can1_RX	Input				3.3-V LVTTL	

图 4.1.12 为 uart_1 设置 I/O

在上述步骤中,要完成引脚分配,就必须先对设计进行分析和综合。由于 Quartus 软件对该工程的综合需要耗费 2~5 min,而分配完引脚后,还需要再全编译一次才能生成 sof 编程文件,全编译又会重新执行分析和综合的过程,所以会导致实际执行了两次分析和综合的过程,浪费时间。因此为了节约时间,在对工程改动不大,或者添加的信号不多的情况下,可以跳过分析和综合这一步,手动添加引脚和对应的引脚信息,添加完成后再全编译,这样可以节约很多的时间。

由于没有经过分析和综合,软件无法分析出系统中有哪些端口,所以在 Pin Planner 中是不会展示这些信号的,此时设计者可以手动输入信号名来完成信号的添加。同样,还是打开 Pin Planner,拖动右侧的滑动条到最下方,双击"<<new node>>"进入编辑状态,手动输入需要增加的信号名称 fpga_uart_1_txd 和 fpga_uart_1_rxd,然后再修改 I/O Standard 为"3.3-V LVTTL",在 Location 一列中输入正确的引脚信息,如图 4.1.13 所示。

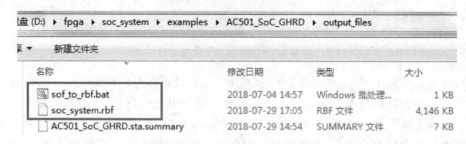

图 4.1.13   手动添加 uart_1 信号和 I/O 约束

至此,我们就完成了在 Platform Designer(原 Qsys)中加一个 Altera UART 外设到 HPS 的轻量级 FPGA 到 HPS 桥(fpga2hps_lw_bridge),然后更新 Quartus 工程的工作。

4.1.9   生成配置数据二进制文件

Quartus 工程编译好之后,要想能够将对应的编程信息配置到 FPGA 中,有 3 种方法:第一种方法为使用 JTAG 直接下载 sof 文件;第二种方法为将 sof 文件转换为 jic 文件,烧写到 EPCS 中,然后设置 FPGA 从 EPCS 中启动;第三种方法为将编程文件转换为二进制数据流文件(.rbf),然后放置在 SoC 的启动镜像 SD 卡中,在 U-Boot 启动阶段将其配置到 FPGA 中。关于使用 JTAG 下载 sof 文件和 jic 文件的操作方法,读者可以参考"2.2   SoC FPGA 的配置数据与固化"中的内容。

在 AC501_SoC_GHRD 工程中,提供了一个名为"sof_to_rbf.bat"的脚本文件,存放于 AC501_SoC_GHRD\output_files 目录下。使用时,仅需双击该文件,即可自动运行并生成名为 soc_system.rbf 的文件,如图 4.1.14 所示。

名称	修改日期	类型	大小
sof_to_rbf.bat	2018-07-04 14:57	Windows 批处理...	1 KB
soc_system.rbf	2018-07-29 17:05	RBF 文件	4,146 KB
AC501_SoC_GHRD.sta.summary	2018-07-29 14:54	SUMMARY 文件	7 KB

盘 (D:) ▸ fpga ▸ soc_system ▸ examples ▸ AC501_SoC_GHRD ▸ output_files

图 4.1.14   生成 rbf 文件

生成的 soc_system.rbf 文件在后续启动 FPGA 时会用到。

4.2   制作 Preloader Image

按照正常的流程,接下来需要先对 Quartus 工程进行一次全编译,在全编译完成后,软件会生成 sof 编程文件以及用于生成 U-Boot 和 Preloader 的配置文件 hps_isw_ handoff。在进行软件设计时,这些档案可以通过 BSP Editor 转换成 Preloader 需要的输入档案,以进一步生成 Image 文件。如图 4.2.1 所示为 Preloader Image 制作流程。

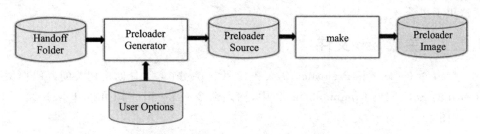

图 4.2.1 Preloader Image 制作流程

需要读者注意的是,这里虽然讲解了制作 Preloader 镜像的具体方式,但并不意味着每次在 Platform Designer 中修改设计后都需要执行这个步骤。具体什么情况下才需要制作并更新 Preloader 镜像,只需记住一点,即在 Platform Designer 中修改了 HPS 组件的相关配置,例如总线位宽、引脚交互、时钟频率等参数后,才建议生成并更新一次 Preloader 镜像和 U-Boot 镜像。如果仅修改了 HPS 的三个总线上挂载的 FPGA 侧外设,则无需生成并更新镜像文件。按照学习流程,建议读者跟随本节实验内容进行一次完整的生成和更新操作。读者在熟悉了生成和更新镜像的步骤之后,在自己进行实验开发时,如果没有修改 HPS 的相关配置,则可以直接跳过本步骤,执行设备树的生成和更新操作即可。实际上,本实验由于没有修改 HPS 中的任何配置,是可以直接跳过制作和更新 Preloader 镜像这一步的。

4.2.1 打开 SoC EDS 工具

从 Windows 的开始菜单中找到 SoC EDS Command Shell,然后单击打开,如图 4.2.2 所示。

图 4.2.2 启动 SoC EDS Command Shell

这是一个命令行形式的工具,该工具非常类似于 Windows 系统中的 cmd 命令行窗口和 Linux 系统的终端窗口,在这个窗口中,通过输入不同的命令可以使用不同的工具完成相应的操作。由于该工具中的命令与 Linux 系统中的命令基本一致,因此这里不再赘述。

4.2.2　生成 bsp 文件

要编译 U-Boot 和 Preloader,需要先使用 bsp-editor 工具创建相关的源码档案,在打开的 SoC EDS Command Shell 中,输入命令 bsp-editor 即可打开 BSP 编辑工具,如图 4.2.3 所示。

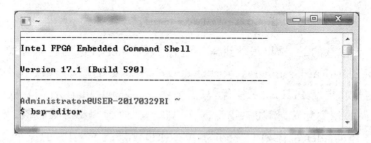

图 4.2.3　在 SoC EDS Command Shell 中输入 bsp-editor 命令

图 4.2.4 所示为打开后的 BSP Editor 主界面。

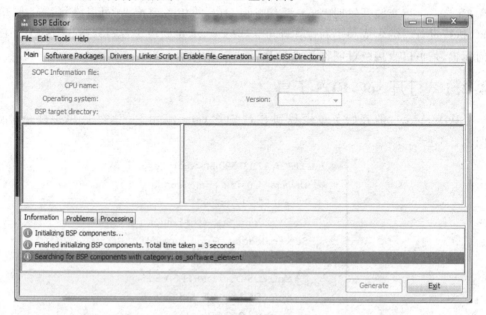

图 4.2.4　BSP Editor 主界面

选择 File→New HPS BSP 菜单项创建新的 BSP,如图 4.2.5 所示。

设定 Preloader Setting Directory 的路径。在 New BSP 的窗口下选择 Preloader

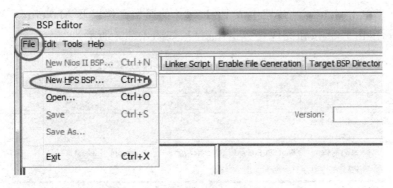

图 4.2.5　新建 BSP

Setting Directory 的路径,把路径指向 Quartus 工程下的 hps_isw_handoff\soc_sys-tem_hps_0 目录,即 D:\fpga\soc_system\examples\AC501_SoC_GHRD\hps_isw_handoff\soc_system_hps_0,如图 4.2.6 所示。

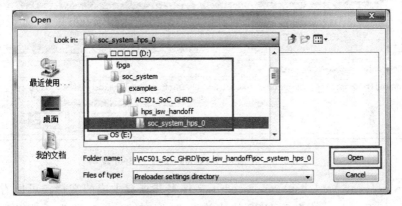

图 4.2.6　打开 HPS 配置档案目录

打开之后,其他设置不用更改,直接单击 OK 按钮生成 BSP setting 文档以及文件夹,系统将在工程内生成一个 software 文件夹,并生成一个 settings.bsp 文档,如图 4.2.7 所示。

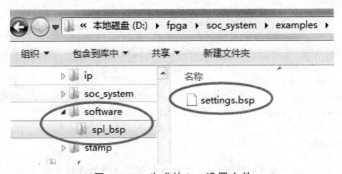

图 4.2.7　生成的 bsp 设置文件

接下来单击 Generate 按钮生成 Preloader 的原始文档以及 Makefile。当档案生成结束后，单击 Exit 按钮完成任务退出窗口，如图 4.2.8 所示。

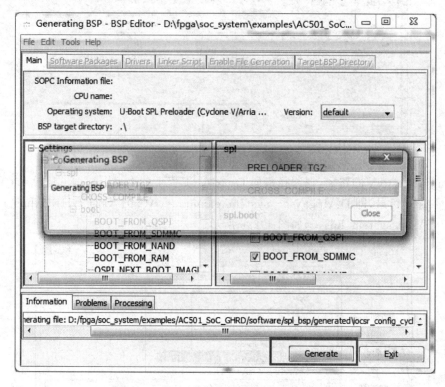

图 4.2.8　开始生成 Preloader 和 U-Boot 源码

进入 software\spl_bsp\generated 子文件夹并查看生成的文档。可以看到之前在 Platform Designer 中有关 HPS 的相关设定已经转换成 .h 的头文件以配置 pre-loader source code 对应的设置，如图 4.2.9 所示。

名称	修改日期	类型	大小
sdram	2018-01-10 18:09	文件夹	
build.h	2018-01-10 18:09	H 文件	7 KB
iocsr_config_cyclone5.c	2018-01-10 18:09	C 文件	11 KB
iocsr_config_cyclone5.h	2018-01-10 18:09	H 文件	2 KB
pinmux_config.h	2018-01-10 18:09	H 文件	3 KB
pinmux_config_cyclone5.c	2018-01-10 18:09	C 文件	7 KB
pll_config.h	2018-01-10 18:09	H 文件	5 KB
reset_config.h	2018-01-10 18:09	H 文件	4 KB

其中路径为：examples ▸ DE0_NANO_SOC_GHRD ▸ software ▸ spl_bsp ▸ generated ▸

图 4.2.9　根据 Qsys 中 HPS 的配置生成的代码文件

以 pinmux_config.h 为例,可以看到 HPS 的外设配置使用情况,其中"(1)"代表该外设被使用,如图 4.2.10 所示。

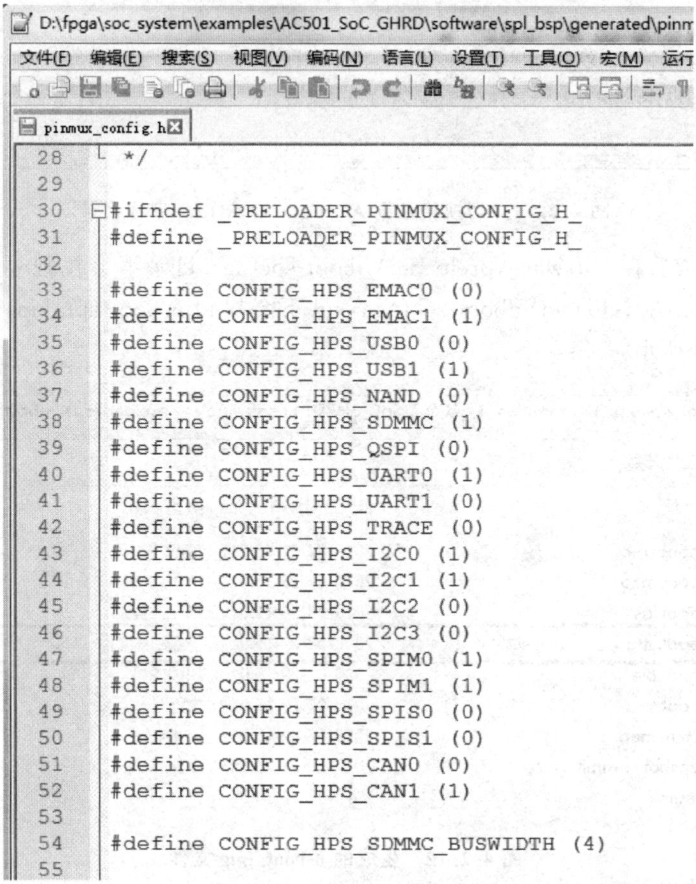

```
D:\fpga\soc_system\examples\AC501_SoC_GHRD\software\spl_bsp\generated\pinm
文件(F)  编辑(E)  搜索(S)  视图(V)  编码(N)  语言(L)  设置(T)  工具(O)  宏(M)  运行

pinmux_config.h

28       */
29
30    □#ifndef _PRELOADER_PINMUX_CONFIG_H_
31     #define _PRELOADER_PINMUX_CONFIG_H_
32
33     #define CONFIG_HPS_EMAC0 (0)
34     #define CONFIG_HPS_EMAC1 (1)
35     #define CONFIG_HPS_USB0 (0)
36     #define CONFIG_HPS_USB1 (1)
37     #define CONFIG_HPS_NAND (0)
38     #define CONFIG_HPS_SDMMC (1)
39     #define CONFIG_HPS_QSPI (0)
40     #define CONFIG_HPS_UART0 (1)
41     #define CONFIG_HPS_UART1 (0)
42     #define CONFIG_HPS_TRACE (0)
43     #define CONFIG_HPS_I2C0 (1)
44     #define CONFIG_HPS_I2C1 (1)
45     #define CONFIG_HPS_I2C2 (0)
46     #define CONFIG_HPS_I2C3 (0)
47     #define CONFIG_HPS_SPIM0 (1)
48     #define CONFIG_HPS_SPIM1 (1)
49     #define CONFIG_HPS_SPIS0 (0)
50     #define CONFIG_HPS_SPIS1 (0)
51     #define CONFIG_HPS_CAN0 (0)
52     #define CONFIG_HPS_CAN1 (1)
53
54     #define CONFIG_HPS_SDMMC_BUSWIDTH (4)
55
```

图 4.2.10 pinmux_config.h 文件内容

4.2.3 编译 Preloader 和 U-Boot

有了这些,就可以编译 U-Boot 和 Preloader 了。回到 SoC EDS Command Shell 中,使用 cd 命令将路径切换到 Quartus 工程目录下,例如本例的工程目录为 D:\ fpga\soc_system\examples\AC501_SoC_GHRD,只需要输入如下命令:

```
cd d:/fpga/soc_system/examples/AC501_SoC_GHRD
```

如图 4.2.11 所示。

然后使用 make uboot 命令,就可以把 Preloader 和 U-Boot 文件都编译出来。如果只需要编译 Preloader,则使用 make preloader 即可。由于会重新编译一遍硬件工程,所以整个过程会比较漫长,视用户的 PC 性能,一般为 10～30 min。

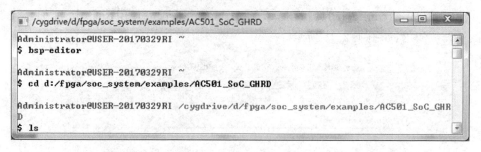

图 4.2.11　切换路径到 AC501_SoC_GHRD 工程目录

编译完成后在 software\preloader\uboot-socfpga 目录下会找到 u-boot.img 文件，在 software\preloader\uboot-socfpga\spl 下会找到 u-boot-spl.bin，如图 4.2.12 和图 4.2.13 所示。

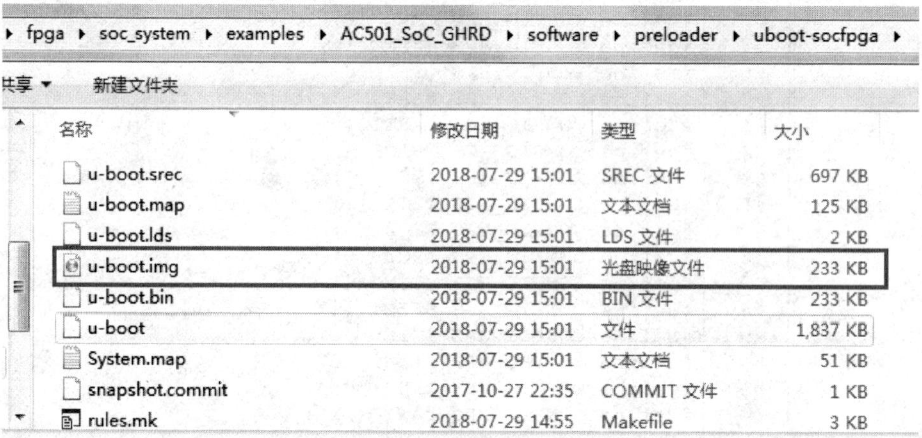

名称	修改日期	类型	大小
u-boot.srec	2018-07-29 15:01	SREC 文件	697 KB
u-boot.map	2018-07-29 15:01	文本文档	125 KB
u-boot.lds	2018-07-29 15:01	LDS 文件	2 KB
u-boot.img	2018-07-29 15:01	光盘映像文件	233 KB
u-boot.bin	2018-07-29 15:01	BIN 文件	233 KB
u-boot	2018-07-29 15:01	文件	1,837 KB
System.map	2018-07-29 15:01	文本文档	51 KB
snapshot.commit	2017-10-27 22:35	COMMIT 文件	1 KB
rules.mk	2018-07-29 14:55	Makefile	3 KB

图 4.2.12　生成的 u-boot.img 文件

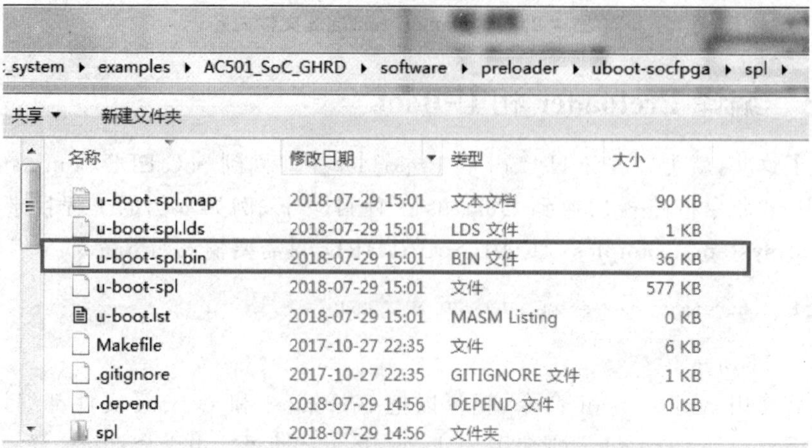

名称	修改日期	类型	大小
u-boot-spl.map	2018-07-29 15:01	文本文档	90 KB
u-boot-spl.lds	2018-07-29 15:01	LDS 文件	1 KB
u-boot-spl.bin	2018-07-29 15:01	BIN 文件	36 KB
u-boot-spl	2018-07-29 15:01	文件	577 KB
u-boot.lst	2018-07-29 15:01	MASM Listing	0 KB
Makefile	2017-10-27 22:35	文件	6 KB
.gitignore	2017-10-27 22:35	GITIGNORE 文件	1 KB
.depend	2018-07-29 14:56	DEPEND 文件	0 KB
spl	2018-07-29 14:56	文件夹	

图 4.2.13　生成的 u-boot-spl.bin 文件

将 u-boot-spl. bin 文件复制，粘贴到向上两层的 preloader 目录中，然后在 SoC EDS Command Shell 中，使用 cd 命令将目录定位到此路径，可以直接使用以下命令实现：

```
cd software/preloader
```

u-boot-spl. bin 为 binary 格式的文件，按照 Altera 的要求需要按照特定格式添加文件头，使用的命令为 mkpimage。在 software/preloader 目录下，使用 mkpimage 命令即可完成该操作，具体命令内容如下：

```
mkpimage - hv 0 - o preloader. img u - boot - spl. bin
```

执行很快就完成，完成之后在文件夹下会生成一个 preloader. img 文件，如图 4.2.14 所示。该文件即可用于更新 SD image 中的 Preloader。

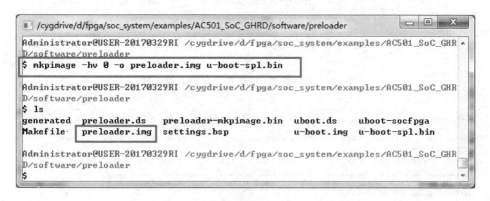

图 4.2.14　生成 Preloader 文件

4.2.4　更新 Preloader 和 U-Boot

也可以同时更新 u-boot. img 文件和 preloader. img 文件，将 software\preloader\uboot-socfpga 目录下生成的 u-boot. img 文件也复制到 software\preloader 中，如图 4.2.15 所示。然后使用 SoC EDS 中的 alt-boot-disk-util. exe 来完成 Preloader 和 U-Boot 镜像到 SD 卡的更新。请首先将 AC501-SoC 开发板的启动 SD 卡使用读卡器插接到 PC 上，并确定其在计算机中的盘符，例如笔者的计算机上 SD 卡被识别为 F 盘，如图 4.2.16 所示。然后输入下列命令以完成 Preloader 和 U-Boot 镜像的更新。

```
alt - boot - disk - util - p preloader. img - b u - boot. img - a write - d F
```

执行成功后，可以看到"Altera Boot Disk Utility was successful."，如图 4.2.17 所示，表明更新成功。

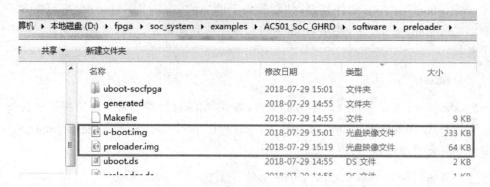

图 4.2.15　复制 u-boot.img 文件到 preloader 目录下

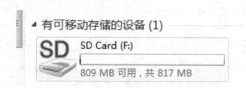

图 4.2.16　检查 SD 卡在计算机上的盘符

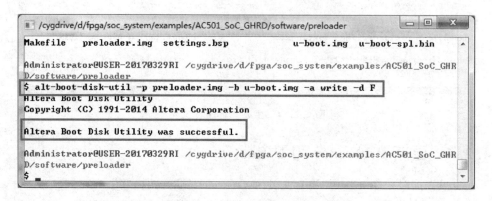

图 4.2.17　执行更新 Preloader 和 U-Boot 镜像

4.2.5　Win 10 系统下更新失败问题

以上操作都是在 Win 7 系统中进行的,在 Win 10 系统下,使用该方法会更新失败。

首先,Win 10 与 Win 7 系统不同,Win 10 系统已经可以识别到 SD 卡中存在 3 个分区并自动挂载,在资源管理器中显示出 3 个盘符,如图 4.2.18 所示。用户首先会对选择哪个盘符来更新镜像产生疑问,或者直接对 3 个盘符都进行尝试,结果无论使用哪个盘符执行上述更新操作都无法成功。

实际上,无法烧写的根本原因不在于 Win 10 系统对 SD 卡文件系统的挂载,而

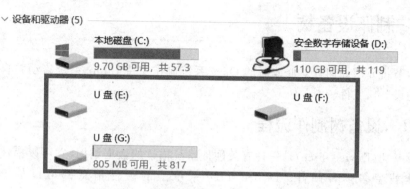

图 4.2.18　开发板 SD 卡被识别为 3 个盘符

在于 SoC EDS 软件在 Win 10 系统下的运行权限,Win 10 系统下 SoC EDS 默认无权对 SD 卡直接操作。因此,只需要使用管理员权限打开 SoC EDS Command Shell 工具,然后再使用上述命令更新镜像,则无论选择哪个盘符,都能够正常地烧写镜像。

4.2.6　使用新的 U-Boot 启动 SoC

更新成功后,将 SD 卡从计算机中弹出,然后插入 AC501-SoC 开发板上,给开发板上电,此时在串口终端上就可以看到系统启动并显示的一系列信息,如图 4.2.19 所示。其中,第一行就是 U-Boot 的相关信息,可以看到,使用的 U-Boot 版本为 2013.01.01,编译时间为 2018 年 07 月 29 日 14 时 57 分 19 秒。与我们的操作时间一致,因此可以判定 U-Boot 更新成功。

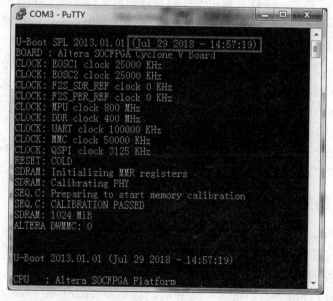

图 4.2.19　使用新的 Preloader 和 U-Boot 镜像启动开发板

4.3 制作设备树

本节将介绍如何针对修改后的 Qsys 系统制作支持 Linux 系统启动并自动识别硬件的设备树文件。

4.3.1 设备树制作流程

设备树(Device Tree)是一种有关硬件系统描述的数据结构,它可以描述整个系统上挂载了多少种硬件。Device Tree 系统上的硬件信息都可以传递给 OS(Linux),如此便可以不用在 Kernel 内放置大量冗长的代码。这种特性对于硬件里面有 FPGA 的情况提供了很大的弹性与灵活性。Intel SoC FPGA Design 生成 Device Tree 的流程如图 4.3.1 所示。

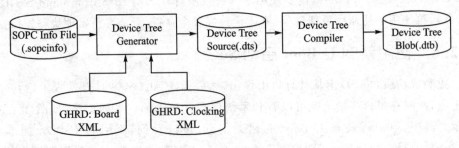

图 4.3.1 生成设备树流程

当 Platform Designer 软件输出系统的设计描述文件(.sopcinfo)之后,可以使用 Intel SoC EDS 工具里的 Device Tree Generator 来生成 Device Tree 源文档(.dts)。它描述了有关 HPS 的外设,还有选择使用到的 FPGA Soft IP 以及用户自定义的外设等信息。.dtb 文件是.dts 文件被 Device Tree Compiler 编译后生成的二进制格式的 Device Tree 描述,可被 Linux 内核解析。通常在为开发板制作 NAND、Sdcard 启动 image 时,会为.dtb 文件预留一个很小的存放区域(FAT 分区)。之后 bootloader 在引导 kernel 的过程中,会先读取该.dtb 到内存。更多关于 Device Tree 的介绍可以参考:https://rocketboards.org/foswiki/Documentation/GSRDDeviceTreeGenerator 网站上的相关内容。

4.3.2 准备所需文件

生成 dts 和 dtb 的操作很简单,Intel SoC EDS 工具中提供有完整的工具链,我们在生成时,只需要执行"make dts"和"make dtb"命令即可实现。需要注意的是,生成 dts 文件需要有另外两个描述芯片和板级硬件的文件支持,在早期的 Quartus 13.1 版本中,使用的是 hps_clock_info. xml 和 soc_system_board_info. xml 两个文件,不过到了 Quartus 14.0 版本就改变了,不再使用 hps_clock_info. xml 文件,而是以

hps_common_board_info.xml 文件代替。在 Quartus 软件的\embedded\examples\hardware\cv_soc_devkit_ghrd 目录下提供了这两个文件,不过这两个文件的内容是针对 Intel 官方出品的 SoC 板卡编写的,里面包含了众多的硬件信息,并不完全适用于其他板卡,为此,AC501-SoC 开发板同样也提供了这两个文件。AC501-SoC 开发板提供的这两个文件是通过修改官方板卡提供的文件内容得到的,一些厂家板卡中有的内容,而 AC501-SoC 开发板上没有的资源,修改时选择了保留,方便用户根据该文件学习.xml 文件的编写方法,理解.xml 文件和.dts 文件内容的对应关系。由于这些资源在 AC501-SoC 板卡上没有实际的硬件支持,所以操作系统启动时这些资源也不会得到有效使用,对系统的运行没有任何影响。

检查工程目录下是否有 Platform Designer 生成的 soc_system.sopcinfo 文件。Device Tree Generate 将使用 soc_system.sopcinfo、hps_common_board_info.xml 和 soc_system_board_info.xml 这 3 个文件来生成.dts 文件,如图 4.3.2 所示。

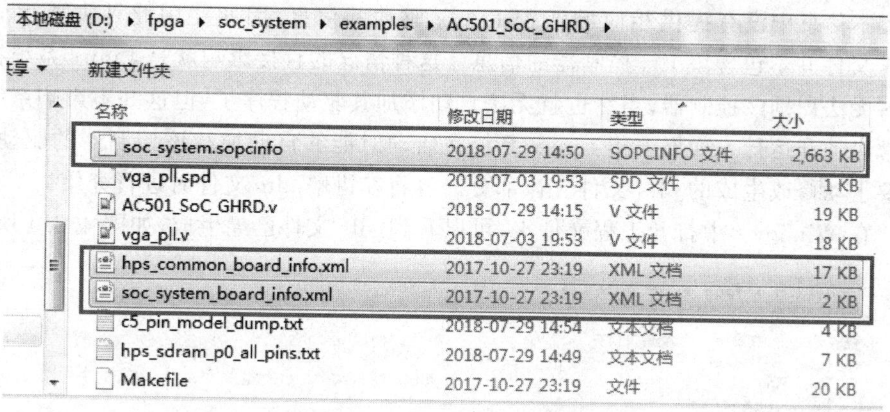

图 4.3.2　生成.dts 所需的文件

4.3.3　生成.dts 文件

完成复制后,回到 SoC EDS Command Shell 窗口中,将路径切换到 Quartus 工程根目录下。如果是接着上述更新 U-Boot.img 文件到 SD 卡的操作,则只需要执行"cd ../../"即可回到工程目录下。输入以下命令以生成.dts 文件:

```
sopc2dts -- input soc_system.sopcinfo -- output soc_system.dts -- board soc_system_board_info.xml -- board hps_common_board_info.xml -- bridge-removal all -- clocks
```

命令比较长,用户也可以直接输入"make dts"命令以生成.dts 文件,如图 4.3.3 所示。可以看到,make dts 命令和我们手动输入的命令内容是一样的。

编译会报 4 个信息,第一个是提示 alt_vip_itc 模块类型未知,第 2、3、4 个信息是提示 oc_iic 核的类型未知。由于 alt_vip_itc 核是一个单纯的将 framereader 读取到的数据打包成 VGA 时序的 IP 核,其本身并不需要受 HPS 控制,因此其 dts 信息是

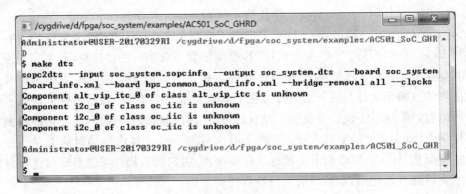

图 4.3.3　编译得到 .dts 文件

否正确并不影响 HPS 操作系统的启动和运行。而 oc_iic 核是我们添加的一个第三方 I^2C 控制器,虽然该控制器在 Linux 系统中已经有了驱动支持,但是由于该 IP 核的脚本信息中没有提供相应的匹配 Linux 驱动的信息,因此使用此种方式生成的.dts 文件并不包含该 I^2C 控制器的信息。这种情况的直接影响就是 Linux 系统在启动时无法识别该控制器,当然也就无法自动添加其驱动程序了,但这并不影响系统的正常启动和运行。如果希望 Linux 系统在启动时能够自动加载该控制器的驱动,就需要手动修改生成的.dts 文件。该部分内容将在讲解.dts 文件时进行介绍。

在 Windows 中打开工程文件夹,可以看到.dts 文件已经生成,如图 4.3.4 所示。

| 本地磁盘 (D:) ▶ fpga ▶ soc_system ▶ examples ▶ AC501_SoC_GHRD ▶ |

| 乐 播放 ▼ | 共享 ▼ | 新建文件夹 |

名称	修改日期	类型	大小
socfpga.dtb	2018-07-12 11:57	DTB 文件	25 KB
soc_system.dts	2018-07-29 16:22	DTS 文件	48 KB
vga_pll_sim.f	2018-07-03 19:53	F 文件	1 KB
hps_0.h	2018-07-12 15:39	H 文件	5 KB
hps_sdram_p0_summary.csv	2018-07-29 14:54	Microsoft Excel ...	2 KB
vga_pll.ppf	2018-07-03 19:53	PPF 文件	1 KB
vga_pll.qip	2018-07-03 19:53	QIP 文件	53 KB

图 4.3.4　.dts 文件的生成结果

4.3.4　生成 .dtb 文件

输入下述命令生成.dtb 文件。

```
dtc - I dts - o dtb - fo socfpga.dtb soc_system.dts
```

输入 ls 命令可以查看生成结果,如图 4.3.5 所示。

由于.dtb 文件中包含的信息是与具体的 Quartus 工程是对应的,在启动时,Linux 操作系统会根据.dtb 文件中的硬件描述去初始化 FPGA 侧添加的各种 IP,因

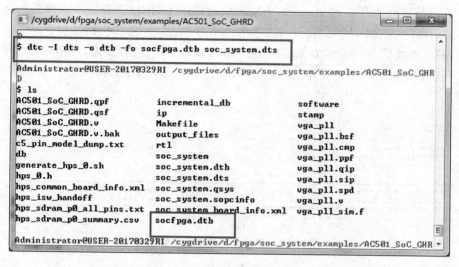

图 4.3.5 .dtb 文件的生成结果

此，Linux 能够正常初始化 FPGA 侧外设的前提是 FPGA 中已经正常配置了这些 IP。FPGA 在上电时，根据加载设置引脚的状态，可以从外部 EPCS 存储器或者由 HPS 的 FPGA 管理器加载配置文件。当使用 HPS 的 FPGA 管理器加载配置文件时，默认使用的是名为 soc_system.rbf 的二进制文件。

4.4 运行修改后的工程

生成好 .dtb 文件之后，就可以将其更新到开发板的启动 SD 卡中了。将开发板的 SD 卡使用读卡器连接到 PC 上，打开 SD 卡盘符，可以看到里面已经有 4 个文件，如图 4.4.1 所示。其中，zImage 是 Linux 内核文件；soc_system.rbf 为 FPGA 的配置文件，以支持 HPS 配置 FPGA；socfpga.dtb 是设备树文件，系统启动时，默认识别的设备树名称就为 socfpga.dtb。因此，我们将上面生成的 socfpga.dtb 文件复制到

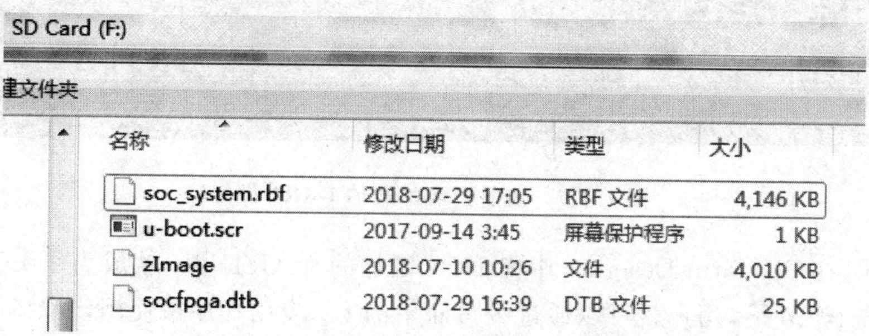

名称	修改日期	类型	大小
soc_system.rbf	2018-07-29 17:05	RBF 文件	4,146 KB
u-boot.scr	2017-09-14 3:45	屏幕保护程序	1 KB
zImage	2018-07-10 10:26	文件	4,010 KB
socfpga.dtb	2018-07-29 16:39	DTB 文件	25 KB

图 4.4.1 SD 卡中的文件内容

SD 卡中替换原本存在的 socfpga.dtb,同时将修改 GHRD 工程后生成得到的 soc_system.rbf 文件也复制到 SD 卡中替换原本存在的 soc_system.rbf 文件。

替换完成后,将 SD 卡安全弹出,插入开发板中,给开发板上电,在串口终端中可以看到,系统开始启动。在显示的众多启动信息中,可以看到如图 4.4.2 所示的两条内容。

```
 new 2
[    0.191989] Console: switching to colour frame buffer device 100x30
[    0.199875] altvipfb ff200100.vip: fb0: altvipfb frame buffer device at 0x1ee00000+0x177000
[    0.205536] Serial: 8250/16550 driver, 2 ports, IRQ sharing disabled
[    0.206727] console [ttyS0] disabled
[    0.206768] ffc02000.serial: ttyS0 at MMIO 0xffc02000 (irq = 26, base_baud = 6250000) is a 16550A
[    0.800372] console [ttyS0] enabled
[    0.804368] ff200060.serial: ttyAL0 at MMIO 0xff200060 (irq = 20, base_baud = 3125000) is a Altera UART
[    0.814038] ff200020.serial: ttyAL1 at MMIO 0xff200020 (irq = 21, base_baud = 3125000) is a Altera UART
[    0.825253] brd: module loaded
[    0.828380] at24 0-0051: 4096 byte 24c32 EEPROM, writable, 32 bytes/write
```

图 4.4.2　终端显示的串口加载信息

由于 AC501-SoC 提供的 SD 卡镜像中包含的 Linux 内核已经开启了对 Altera UART 的驱动支持,因此 Linux 系统启动时,通过读取 .dtb 文件中的信息,能自动识别 FPGA 侧添加的两个 UART 控制器,并将其分别命名为 ttyAL0 和 ttyAL1。

系统启动完毕之后,输入 root 用户名以登录系统,然后输入 ls /dev 命令可以查看系统中已有的设备,同样可以看到名为 ttyAL0 和 ttyAL1 的两个设备,如图 4.4.3 所示。

```
 COM3 - PuTTY
[   26.412151] random: nonblocking pool is initialized
root
root@socfpga:~# ls
ADC_FFT
root@socfpga:~# ls /dev
bus               ptyp9              tty3              tty61
console           ptypa              tty30             tty62
cpu_dma_latency   ptypb              tty31             tty63
fb0               ptypc              tty32             tty7
full              ptypd              tty33             tty8
i2c-0             ptype              tty34             tty9
i2c-1             ptypf              tty35             ttyAL0
initctl           ram0               tty36             ttyAL1
input             ram1               tty37             ttyLCD0
kmem              random             tty38             ttyS0
kmsg              spidev32765.0      tty39             ttyS1
log               tty                tty4              ttyp0
```

图 4.4.3　查看已经加载的 UART 设备

至此,在 Platform Designer 中为 HPS 添加的 UART 串口就成为了 Linux 系统中的标准 tty 外设,用户就可以通过编写简单的 tty 应用程序来使用该串口了。

4.5　本章小结

本章通过手把手实验的形式,讲解了如何基于 AC501-SoC 开发板提供的黄金硬件参考设计,增加一个 UART 串口以形成用户自己的设计,包括如何在 Platform Designer 中添加 IP,如何更新 Quartus 设计,如何针对更改后的系统生成对应的 HPS 运行所需的 Preloader 与 U-Boot 镜像文件,以及生成 Linux 系统加载设备驱动所需的设备树文件。

本章讲述的内容属于 SoC FPGA 开发流程中最重要的部分,本书后面章节的实验将会多次涉及该流程,希望读者一定要踏实掌握。

第 **5** 章

使用 DS-5 编写和调试 SoC 的 Linux 应用程序

在 AC501-SoC FPGA 开发板黄金参考设计说明中，讲述了 AC501-SoC 开发板提供的黄金硬件参考设计文件中相关组件的设计信息。本章将针对该黄金参考设计工程中包含的各种 IP 组件编写应用程序来实现对这些组件的操作控制。

虽说开发基于 Linux 操作系统的应用程序一般都推荐在 Linux 开发环境如 Ubuntu 系统中进行，但是对于 Intel Cyclone V SoC FPGA 用户，如果仅仅开发应用程序，也可以在 Windows 环境下完成。Intel 针对其 SoC FPGA 芯片提供了定制的 DS-5 软件，该软件是 ARM 公司针对其芯片研发的，功能强大，尤其是其自带的编译器，其编译出来的 ARM 可执行文件运行效率更高。其软件不仅支持 ARM 裸机程序的开发和调试，还支持 Linux 应用程序的开发和调试。不过该软件自带的编译器和调试器是收费的，需要获得相应的 License 才能够使用。但该软件同时集成了 Linaro 公司针对 Cyclone V SoC FPGA 验证通过的专用 GCC 编译工具，名为 gcc-linaro-arm-linux-gnueabihf，使用该工具编译和调试 Linux 应用程序无需获取 License。

本章将介绍如何使用 Intel 版的 DS-5 软件，创建和编译并调试一个最简单的 Linux 应用程序。

5.1 启动 DS-5

从开始菜单栏中选择 ARM DS-5 v5.27.1→Eclipse for DS-5 v5.27.1 菜单项，如图 5.1.1 所示。

当然，如果已经熟悉了 SoC EDS Command Shell 工具的使用，也可以在 SoC EDS Command Shell 中直接输入"eclipse&"打开。熟悉之后，推荐使用此种方式打开，因为使用此种方式打开 SoC EDS Command Shell 能够自动地设置好若干环境变量，在开发一些涉及硬件外设的程序时会用到。

在第一次启动 DS-5 时会要求设置 Workspace，如图 5.1.2 所示，如果不希望每次启动都出现该提示框，可选中 Use this as the default and do not ask again 复选框，以后启动将不再提示。

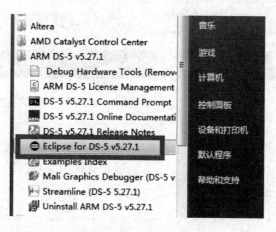

图 5.1.1 打开 DS-5 软件

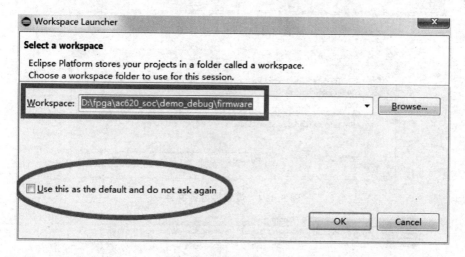

图 5.1.2 选择 Workspace

　　这里选择一个可靠的位置作为工作空间路径,例如在编写资料时,选择 D:\fpga\ac620_soc\demo_debug\firmware。

　　单击 OK 按钮,进入 Eclipse 欢迎界面,如图 5.1.3 所示。

　　单击 Welcome to DS-5 界面右上角的小叉即可关闭欢迎界面,进入软件的主界面。

　　如果没有为 DS-5 软件添加 License,那么软件每次启动都会默认弹出如图 5.1.4 所示的对话框,由于仅开发 Linux 应用程序无需 License,因此直接关闭该窗口即可。

　　说明:选中图 5.1.2 中的 Use this as the default and do not ask again 复选框,下次打开 DS-5 时,软件会直接进入主界面,不会再弹出路径选择对话框,如果以后希望切换路径,则可以在软件打开之后,依次选择 File→Switch Workspace→Other 菜单项重新打开这个窗口,如图 5.1.5 所示。

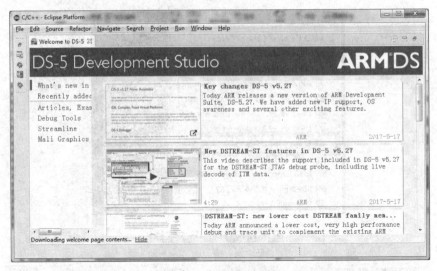

图 5.1.3　DS-5 主界面

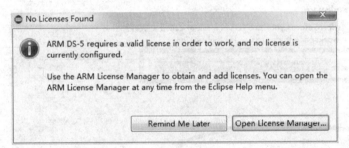

图 5.1.4　设置许可证文件

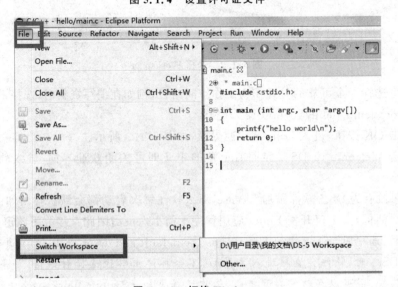

图 5.1.5　切换 Workspace

5.2 创建 C 工程

选择 File→New→C Project 菜单项,如图 5.2.1 所示,创建 C 工程。

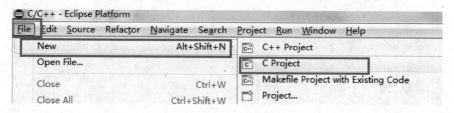

图 5.2.1 创建新 C 工程

在弹出的 C Project 对话框中设置工程名称为"hello",工程类型为"Empty Project",在 Toolchains 列表框中选择"GCC 4. x[arm-linux-gnueabihf](DS-5 built-in)",如图 5.2.2 所示。

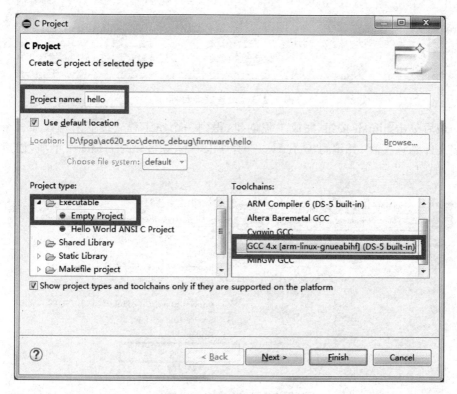

图 5.2.2 选择交叉编译工具链

设置好后,单击 Next 按钮,在如图 5.2.3 所示的对话框中选中 Debug 和 Release 两个编译目标。

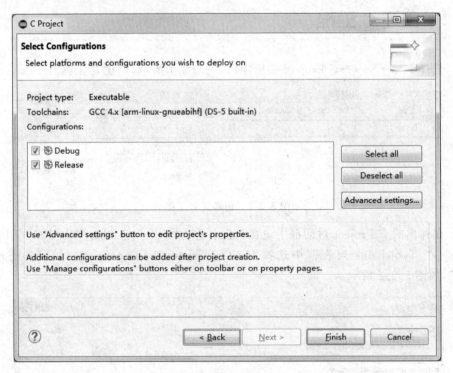

图 5.2.3　设置编译目标

　　最后单击 Finish 按钮，完成工程创建，得到一个空工程。接下来将添加一个 C 程序文件到该工程，并编写 C 代码。选择 File→New→Source File 菜单项，创建源文件，如图 5.2.4 所示。

图 5.2.4　新建 C 源文件

　　在 New Source File 对话框中设置文件名为"main.c"，使用默认 C 模板，如图 5.2.5 所示。

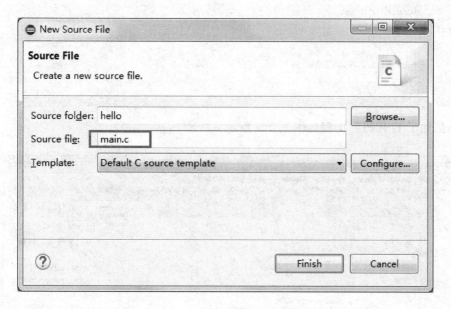

图 5.2.5　配置源文件名

单击 Finish 按钮，得到添加了 main.c 的工程，如图 5.2.6 所示。

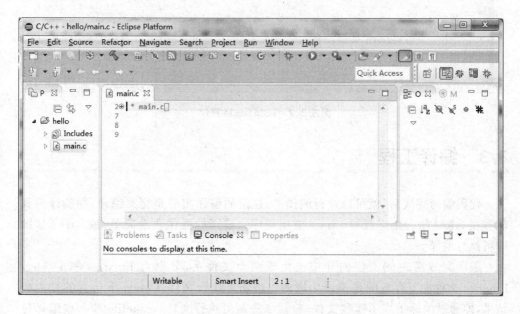

图 5.2.6　完成 C 源文件的创建

此时，main.c 文件还是空的，在 main.c 中添加如下代码并保存。

```
#include <stdio.h>
int main(int argc, char * argv[])
{
    printf("hello world\n");
    return 0;
}
```

添加了 C 代码的工程如图 5.2.7 所示。

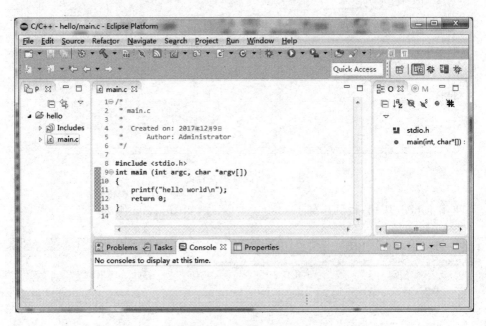

图 5.2.7 hello world 程序

5.3 编译工程

代码编写完成后,就可以进行编译了,这里的编译实质是交叉编译,即编译得到能够在 ARM 平台上运行的 Linux 应用程序。编译的操作非常简单,按 Ctrl+B 键即可执行编译。

编译完成后左侧工程向导中会生成两个文件夹,分别为 Binaries 和 Debug,Binaries 文件夹下存放的是编译生成的二进制可执行文件,Debug 下包含的是生成结果,即通过编译生成了哪些文件,包括二进制可执行文件、makefile 和一些编译过程产生的中间文件,如图 5.3.1 所示。对于我们来说,当前关心和需要的是二进制可执行文件,即 hello。

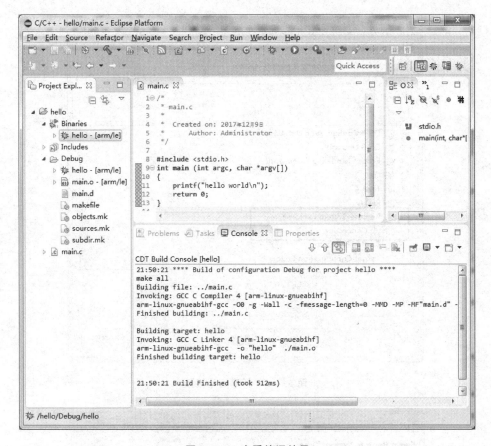

图 5.3.1　查看编译结果

5.4　建立 SSH 远程连接

在 Windows 下用 Eclipse 调试应用程序,部署的目标板须能提供通过远程将可执行文件传输到目标板的功能,如 SSH、FTP 等。这里以 SSH 为例进行介绍。

5.4.1　创建远程连接

在 Eclipse 主界面中,选择 File→New→Other 菜单项,在如图 5.4.1 所示的对话框中选择 Remote System Explorer→Connection 菜单项,然后单击 Next 按钮。

在如图 5.4.2 所示的对话框中,选择 SSH Only,建立 SSH 连接。

弹出如图 5.4.3 所示的 New Connection 对话框,在 Host name 下拉列表框中输入目标板的 IP 地址,如 192.168.90.199;Connection name 文本框会自动输入目标板的 IP 地址,也可以修改。在开发本例时,AC501-SoC 开发板的 IP 地址设置为 192.168.90.199,如果用户自己板卡上的 IP 地址与此不一样,则需要输入实际的 IP

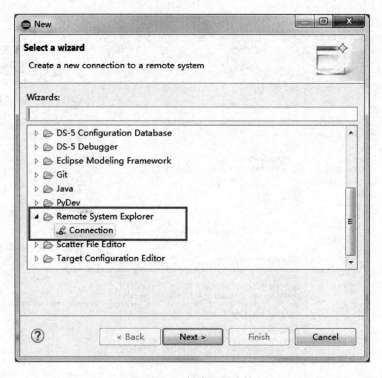

图 5.4.1　新建远程连接

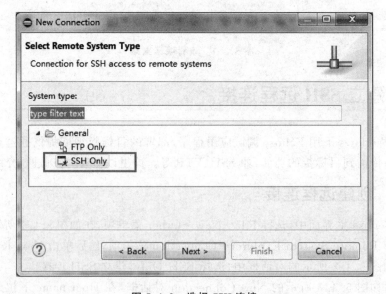

图 5.4.2　选择 SSH 连接

地址。关于如何查看和设置目标板的 IP 地址,请参考本书"2.4　开发板 Linux 系统常用操作"一节的相关内容。最后单击 Finish 按钮完成设置。

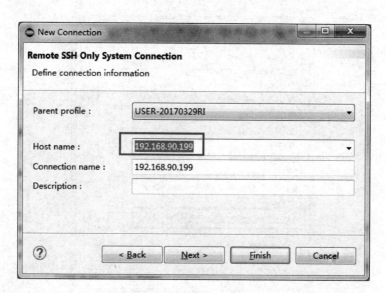

图 5.4.3 设置连接属性

建立完成,依然是 C/C++程序界面视图。选择 Window→Perspective→Open Perspective→Other 菜单项,如图 5.4.4 所示。

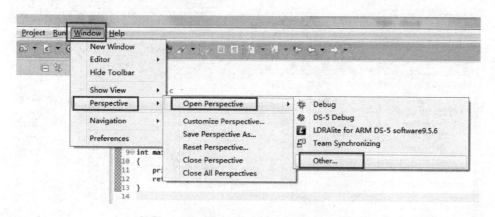

图 5.4.4 打开远程连接视图

在如图 5.4.5 所示的对话框中选择 Remote System Explorer,然后单击 OK 按钮。

Eclipse 将会切换到远程系统视图,如图 5.4.6 所示,可以看到连接名称为"192. 168.90.199"的远程系统。

在开始连接前,需要先确保 SoC 板卡已经和 PC 连接在同一个网段的路由器上, 或者 SoC 板卡直接通过网线连接到 PC 的网口。然后右击连接名称,在弹出的快捷 菜单中选择 Connect,弹出 Enter Password 对话框,在对话框中的 User ID 文本框和

图 5.4.5　选择远程连接选项

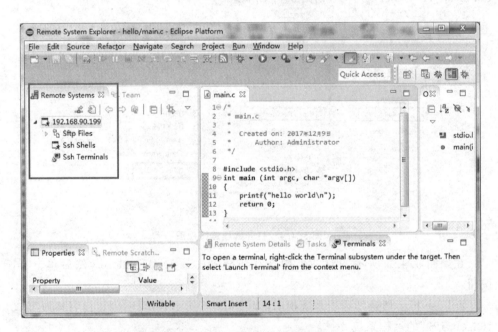

图 5.4.6　建立好的远程连接

Password(optional)文本框中分别输入登录名和密码,如图 5.4.7 所示。为了方便以后连接,可选择保存密码。使用 SSH 登录需要有目标主机(这里就是运行 Linux 系统的 SoC 开发板）的用户名和密码，如果目标主机 root 账户没有设置密码，则需要先给 SoC 板卡上的 root 账户设定密码。设定密码的方法可参考"2.4　开发板 Linux 系统常用操作"。

图 5.4.7　设定远程登录信息

选择保存密码可能会出现如图 5.4.8 所示的安全提示，单击 No 按钮不输入额外信息。

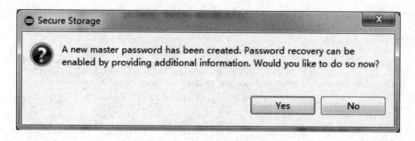

图 5.4.8　远程连接安全提示

如果 Eclipse 是第一次进行 SSH 连接，则可能会出现如图 5.4.9 所示的警告，单击 Yes 按钮即可。

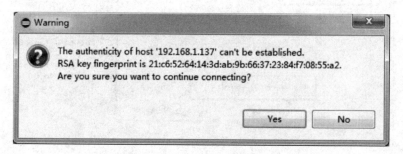

图 5.4.9　远程连接缓存提示

SSH 连接成功后的界面如图 5.4.10 所示,可以看到连接上出现了绿色的标记,表明连接已经建立。

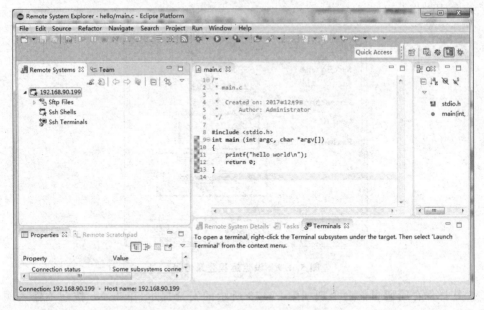

图 5.4.10　远程连接建立成功

右击连接的 Ssh Terminals,选择 Launch Terminal,如图 5.4.11 所示,打开一个远程终端。

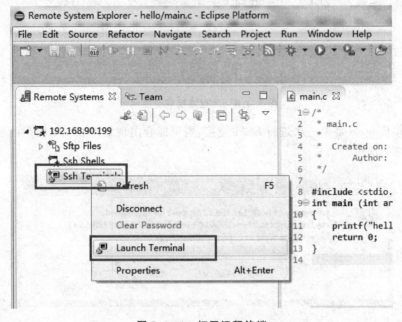

图 5.4.11　打开远程终端

在 Eclipse 界面右下方,将出现一个远程终端,可在其中输入 Linux 命令进行操作,如图 5.4.12 所示。

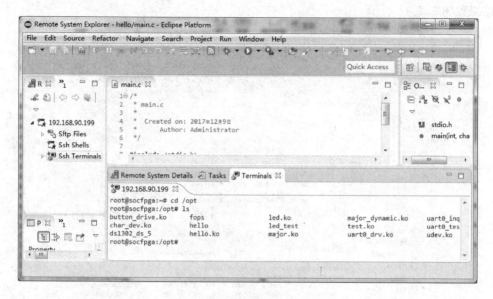

图 5.4.12　在终端中执行命令

5.4.2　复制文件到目标板

单击右上角监视窗口的 C/C++ 标签,切换到 C/C++ 视图,如图 5.4.13 所示。右击 hello 工程 Binaries 下的"hello-[arm/le]",在弹出的快捷菜单中选择 Copy,复制 hello 文件。

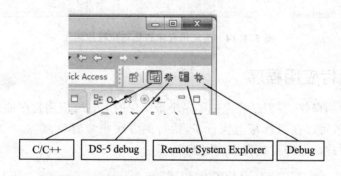

图 5.4.13　视图切换说明

单击监视窗口的 Remote System Explorer 标签,切换到远程系统视图,单击展开"/root",找到 opt 文件夹,右击,在弹出的快捷菜单中选择 Paste,将已复制的 hello 文件粘贴到目标系统的"/opt"目录下。

然后,在 Terminals 窗口进入"/opt"目录,用 chmod 命令为 hello 文件增加可执行权限,输入"chmod 777 hello"或者"chmod ＋x hello"命令即可实现。操作完成的结果如图 5.4.14 所示。

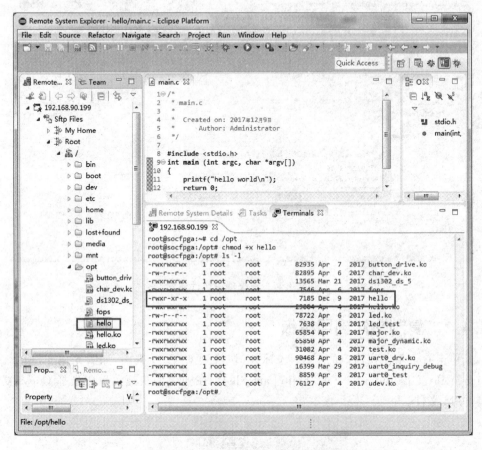

图 5.4.14   为应用程序添加可执行权限

5.4.3   运行应用程序

通过上面的操作,我们已经完成了一个最简单的 Linux 应用程序的创建、编译和安装,接下来就可以在目标板上执行了,执行的方法非常简单,只需要在 Terminals 窗口中输入下述命令即可执行该应用程序。

```
./hello
```

操作完成的结果如图 5.4.15 所示。

注意:该命令需要在可执行文件所在的目录下输入才能执行,否则请先使用 cd 命令将路径切换到 opt 目录下。

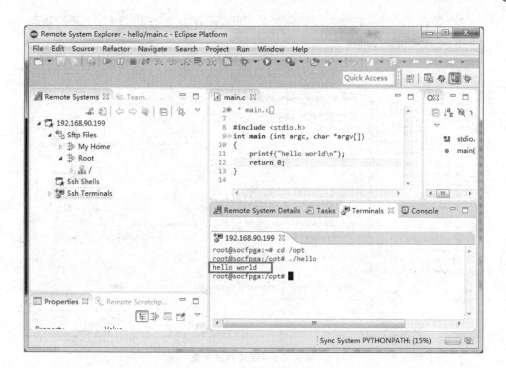

图 5.4.15　应用程序执行结果

5.5　远程调试

对于编写的软件应用程序，往往由于设计者设计时考虑问题不全面或者其他原因，需要通过查看程序的每一个执行步骤来查找编程中存在的 bug。在开发单片机程序时，一般使用专用的 JTAG 调试硬件通过 JTAG 口进行程序调试。而对于基于Linux 操作系统的应用程序，在调试时，可以通过网络使用 GDB 工具进行调试。接下来将介绍如何使用 GDB 工具对上述编写的 hello 工程进行调试。

5.5.1　GDB 设置

选择 Run→Debug Configrations 菜单项，在调试配置界面中双击"C/C++Application"，将会生成"hello Debug"调试目标，如图 5.5.1 所示。

在图 5.5.1 中，选择 Build configuration 下拉列表框中的 Select Other 选项，在弹出的对话框中，取消选中的 Use configuration specific settings 复选框，然后单击Change Workspace Settings，如图 5.5.2 所示。

在弹出的对话框中，指定"C/C++ Application"类型下面的"[Debug]"为"Legacy Create Process Launcher"，然后应用，如图 5.5.3 所示。

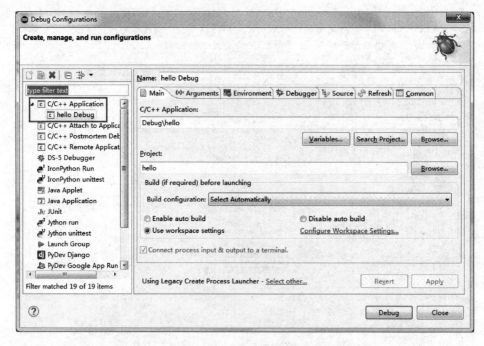

图 5.5.1 新建调试配置

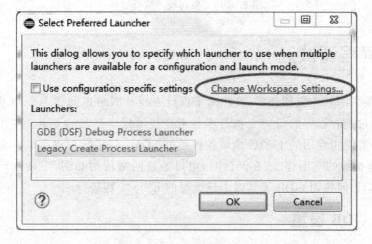

图 5.5.2 修改工作空间设置

单击 Debugger 标签,在 Debugger 选项卡中的 Debugger 下拉列表框中选择 gdbserver,并在 GDB Debugger 文本框中浏览到交叉编译器目录下的 arm-linux-gnueabihf-gdb. exe,在 GDB command set 下拉列表框中选择 Standard,如图 5.5.4 所示。

特别说明:DS-5 软件的安装包下默认提供了 gcc-linaro-arm-linux-gnueabihf-4.8-2014.04_linux 工具链,包括编译工具,但是将用于调试的 arm-linux-gnueabihf-gdb. exe 这个工具去除了,导致软件默认安装完成后,D:\intelFPGA\17.1\embed-

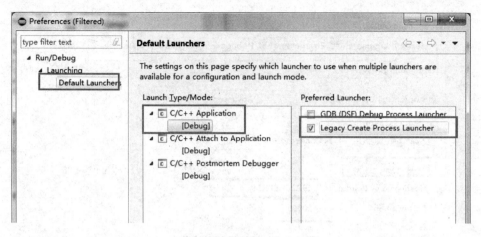

图 5.5.3 指定 Launcher

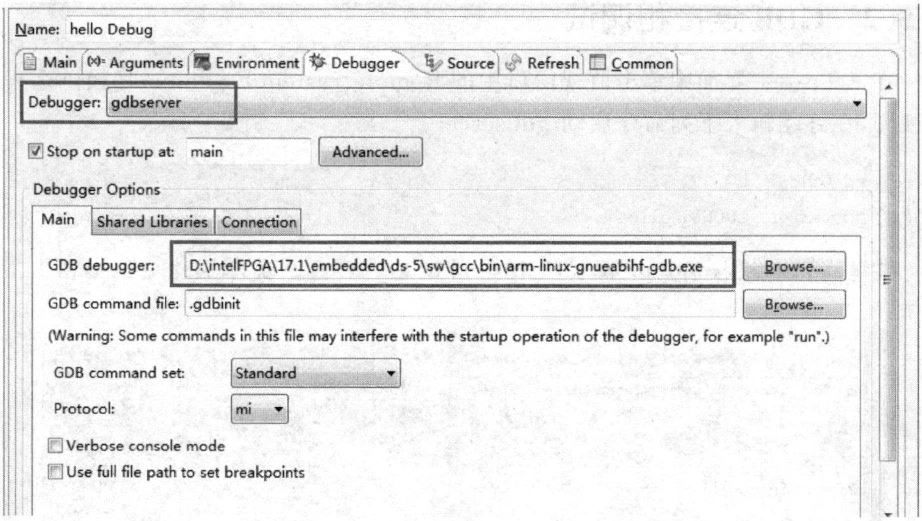

图 5.5.4 指定调试工具路径

ded\ds-5\sw\gcc\bin\目录下是没有这个程序的。为了实现对应用程序的调试,读者可以选择手动设置调试工具。具体方法:从网上下载 gcc-linaro-arm-linux-gnue-abihf-4.8-2014.04_linux 工具链并将其中包含的 arm-linux-gnueabihf-gdb.exe 文件复制到 D:\intelFPGA\17.1\embedded\ds-5\sw\gcc\bin\目录下,然后就可以正常使用了。

在 Debugger Options 选项组中单击 Connection 标签,在 Connection 选项卡中设置连接类型为"TCP",在 Host name or IP address 文本框中输入目标板的 IP 地址,在 Port number 文本框中输入 TCP 连接端口号,如图 5.5.5 所示。

设置完毕后,单击 Apply 按钮,使设置生效,然后单击 Close 按钮关闭窗口。

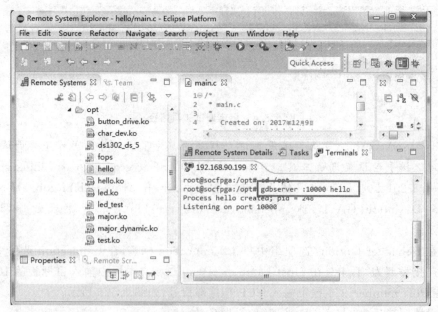

Name: hello Debug

📄 Main (X)= Arguments 🖼 Environment 🕸 Debugger 🖐 Source 📋 Refresh 📋 Common

Debugger: gdbserver

☑ Stop on startup at: main   Advanced...

Debugger Options

Main | Shared Libraries | Connection

Type: TCP ▼   注意，这里填写SoC开发板的IP地址

Host name or IP address: 192.168.90.199

Port number: 10000

图 5.5.5　配置远程调试信息

5.5.2　GDB 连接和调试

在 Eclipse 主界面中单击监视窗口中的 Remote System Explorer，切换到远程系统视图，在终端输入下列命令启动 gdbserver。

```
# cd /opt
# gdbserver ;10000 hello
```

注意：TCP 连接端口必须与 Eclipse 所设定的一致。实际操作截图如图 5.5.6 所示。

图 5.5.6　启动 gdbserver 调试命令

选择 Run→Debug 菜单项,开始 GDB 远程连接,此时弹出如图 5.5.7 所示的对话框,单击 Yes 按钮即可。

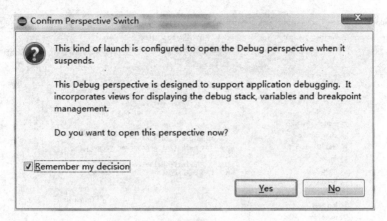

图 5.5.7　视图窗口切换确认

最后进入调试界面,如图 5.5.8 所示。

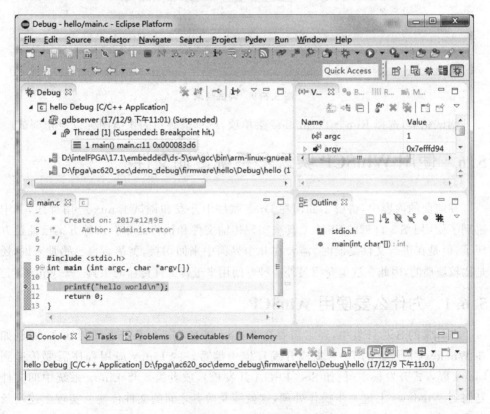

图 5.5.8　DS-5 调试界面

选择 Run→Step Over 菜单项,或者直接单击 Step Over 图标,单步运行程序,切换到远程系统视图,可以看到终端输出字符串"hello world",如图 5.5.9 所示。

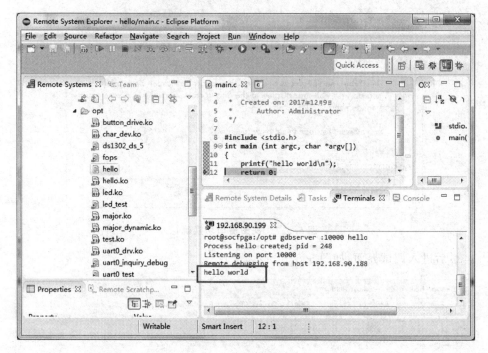

图 5.5.9　调试结果

调试完毕,选择 Run→Terminate 菜单项,或单击终止的快捷图标以停止调试。

5.6　使用 WinSCP 实现多系统传输文件

在前面的内容中,讲解了如何在 DS-5 软件中开发和调试 Linux 应用程序,其中讲到了使用 DS-5 自带的 SSH 工具来实现传输文件和执行命令。该种方案已经很方便了,但是在进行文件复制时,需要在几个界面中来回切换,就笔者自己感觉来说,还是比较烦琐的,因此在这里介绍另外一种专门用来进行文件传输的工具——WinSCP。

5.6.1　为什么要使用 WinSCP

在日常的 SoC 开发中,经常需要在 Windows 和 Linux 系统之间传输文件,例如在 Windows 系统上的 DS-5 集成开发环境中编写好的 Linux 应用程序需要传递到 Linux 嵌入式开发板中(例如 SoC FPGA 开发板),或者需要将 Linux 系统中的文件复制到 Windows 上进一步操作处理,这就涉及两者之间的文件传输。实现上述场景中文件传输的一种比较便捷的方式是使用 SCP 方式。在 Windows 系统中,可以通过安装 WinSCP 软件来实现上述功能。

5.6.2　安装 WinSCP

该软件可以在 https://winscp.net/eng/download.php 网址上下载得到,也可登录 http://www.corecourse.cn 下载安装文件 WinSCP-5.13.3-Setup.exe,双击该文件即可运行安装。安装过程没有什么需要注意的,一律默认即可。

使用时,如果远程主机没有固定的 IP 和端口映射,则需要 Windows 主机和远程主机处于同一网段,例如连接在同一个路由器上,或者通过网线直连,并设置 IP 在同一网段上,否则无法实现连接。

5.6.3　建立远程主机连接

安装完成后运行。首次使用会自动弹出登录界面,在主机名处输入希望连接主机的 IP 地址,端口号默认为 22,用户名和密码输入远程系统的用户名和密码即可,如图 5.6.1 所示。

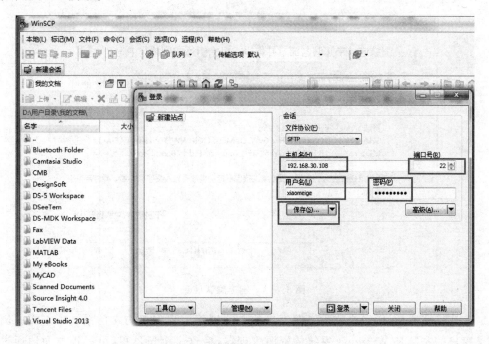

图 5.6.1　WinCPU 远程连接配置

为了下次使用方便,可以单击"保存"按钮,将该站点保存为常用站点,下次再打开时就能快速打开该站点了。如果是在自己实验的计算机上做开发用,不涉及数据保密安全问题,则可以选择保存密码,方便下次快速登录。同时可以选中"建立桌面快捷方式"复选框,这样下次想登录该主机时,直接双击该快捷图标即可,如图 5.6.2所示。

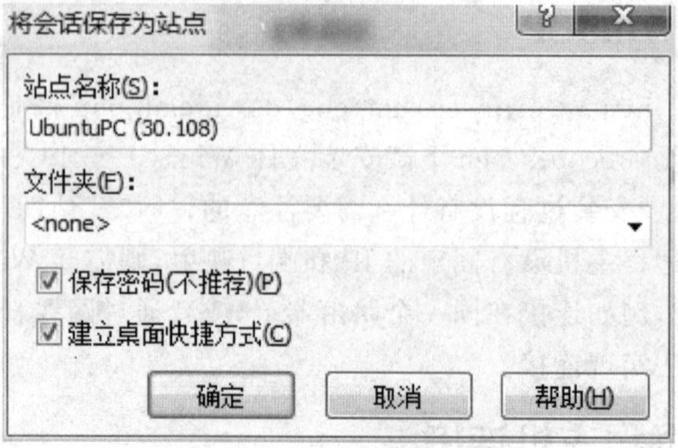

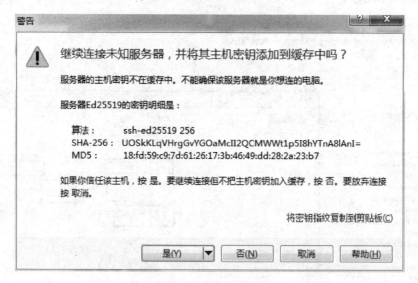

图 5.6.2　保存远程连接信息

配置完成后,单击"登录"按钮即可开始连接到远程主机。首次登录一个新主机时,会弹出如图 5.6.3 所示的对话框,单击"是"按钮即可。

图 5.6.3　连接确认信息

连接完成后,即可在文件浏览窗口的右侧浏览远程主机的文件系统了。文件浏览窗口的左侧是 Windows 系统的资源管理器,在这个浏览器里,可以很方便地通过拖拽的方式将 Windows 中的文件拖动到远程 Linux 主机中,也可以直接从 Linux 主机中将文件或文件夹拖动到 Windows 系统中。使用完毕后,直接关闭软件即可自动退出,如图 5.6.4 所示。

下次要使用时,可以直接双击桌面保存的快捷方式以快速自动登录,如图 5.6.5 所示;也可以打开 WinSCP 软件,在弹出的对话框中选择已经保存的站点直接登录,如图 5.6.6 所示。

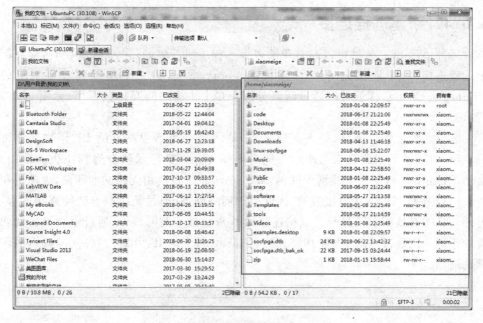

图 5.6.4　WinSCP 远程连接界面

图 5.6.5　远程连接快捷图标

图 5.6.6　远程连接列表

5.6.4　新建远程连接

　　另外,WinSCP 软件可以同时登录多个远程主机。例如,在开发 SoC 时,建立两个远程连接,一个连接到 SoC 开发板的 Linux 系统,另一个连接到计算机上的 Ubuntu 虚拟机,这样就可以通过网络分别在多个主机之间互传数据了,如图 5.6.7 所示。

　　建立多个远程连接时,单击新建站点,输入另一个远程站点的 IP、用户名和密码,就可以登录了。图 5.6.7 所示为同时使用 WinSCP 登录两个远程主机的截图。由于 Ubuntu 主机使用无线网卡联网,Windows 系统也使用无线网卡联网,虚拟机和 Windows 主机网卡使用桥接模式,因此处于同一网段,通过无线网卡能够直接连通。另外,PC 的有线网卡通过网线直接连接到了 SoC 板卡的网口上,通过手动设置使两者处于同一网段(PC 的 IP 为 192.168.0.3,SoC 板卡的 IP 为 192.168.0.100),能够顺利通信。

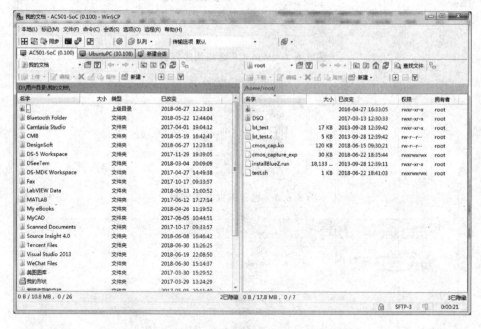

图 5.6.7　使用 WinSCP 同时建立多个远程连接

　　在以后的开发中,通过 WinSCP 工具在虚拟机、Windows 系统、SoC 开发板中互相传输文件就非常方便了,无需设置 NFS 挂载,也无需使用 U 盘作为中间传输介质。

5.6.5　调用 PuTTY 终端

　　另外,该软件还可以调用 PuTTY 以实现 Shell 终端连接,执行各种命令。该功能需要用户计算机 C:\Program Files（x86）\PuTTY\路径下存在 putty. exe 文件，如果没有，则需要自己建立该路径，将 putty 文件放置进去即可。putty 文件准备好之后，只需要选中希望连接 shell 的远程主机，然后单击 PuTTY 快捷图标即可，如图 5.6.8 所示。

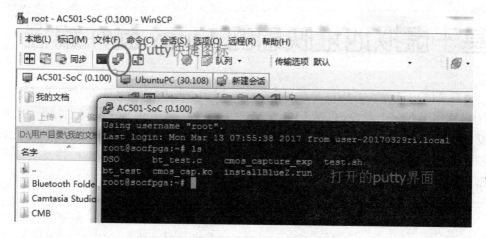

图 5.6.8　使用 PuTTY 建立远程终端

实际使用时，笔者更倾向于使用 WinSCP 软件来完成各个系统之间的数据传输，毕竟其更加方便，还可以独立工作，不用打开 DS-5 就能完成多个系统之间的文件传输。例如，从 Ubuntu 虚拟机中复制编译好的内核文件，或者将网上下载的程序源码传输到 Ubuntu 虚拟机中编译等。

5.7　本章小结

至此，在 SoC 目标板上调试和运行第一个应用程序的操作就讲解完成了。当然，本实验仅仅实现了"hello world"字符信息的打印，并未涉及到任何硬件外设的操作。但是，通过本实验，读者可以掌握如何在 DS-5 软件中建立基于 Linux 操作系统的应用工程，编译并使用 GDB 工具进行调试，为后续开发复杂的应用程序做好铺垫。

第6章

基于虚拟地址映射的 Linux 硬件编程

在 AC501_SoC_GHRD 工程中，我们在 Platform Designer 集成开发工具中为 HPS 添加了若干个外设，包括 PIO、UART、SPI、I²C、Frame Buffer 等。这些 IP 外设，通过 h2f_lw_axi_master 桥或 h2f_axi_master 桥连接到 HPS 的内部总线上，能够被总线上的主机（HPS、MMU、DMA）直接寻址。因此，从处理器操作外设的基本原理来看，就是通过寻址的方式，让总线上的主机（HPS、MMU、DMA）能够直接读/写指定地址存储的数据。

在基于嵌入式 Linux 的系统开发中，对于各种硬件外设的操作一般通过编写标准的 Linux 驱动程序来完成。在驱动程序中对外设的寄存器进行读/写操作，然后提供给用户应用层标准的 UNIX 编程接口。但是此种方式对开发人员的要求较高，即要求开发人员具备 Linux 驱动开发的能力，对于使用 SoC FPGA 开发板的用户，一般对 FPGA 开发了解的多一点，而对 ARM Linux 开发知识掌握的并不深，直接上手开发 Linux 驱动程序有较大的难度。针对这一现象，本书介绍了两种解决方案：第一种方案，使用虚拟地址映射的方式将外设寄存器映射到 Linux 用户空间；第二种方案，配置 Linux 内核，打开对添加的外设 IP 的驱动支持，即使用系统自带的驱动程序直接驱动外设 IP。

6.1 什么是虚拟地址映射

SoC FPGA 上的 HPS 组件是一个集成了双核 ARM Cortex-A9 处理器、MMU 存储管理单元、DDR3 控制器的高性能硬件处理系统。其与普通的单片机、DSP、NIOS Ⅱ 处理器对总线的寻址有较大的区别。对于普通的单片机、DSP、NIOS Ⅱ 处理器，都是没有 MMU 的，所有的地址都是由 CPU 直接指定的，例如对于 STM32F103RBT6 单片机，USART1 外设挂载在外设总线的 0x3800 地址，而外设总线又是从内存总线的 0x40000000 地址上开始的，因此，如果 CPU 想直接操作 USART1 外设的第 N 个寄存器，只需要对 $0x40000000 + 0x3800 + n$ 这个地址进行读/写操作即可。

对于 HPS，如果使能了 MMU，那么总线是挂在 MMU 上的，CPU 想对总线上的某个地址进行寻址，需要先知道对应总线在 MMU 上的起始地址，然后再计算外设在该总线上的偏移地址,这样得到的地址被称为虚拟地址,该虚拟地址就是 CPU 能够直接读/写的地址,CPU 直接读/写该虚拟地址,就能够访问到外设的寄存器。

相较于普通的不含 MMU 的处理器,在使能了 MMU 的情况下,HPS 要想直接访问到某外设的寄存器,必须先进行虚拟地址映射,先将 MMU 映射到用户空间,得到 MMU 的虚拟地址。总线上每个外设的地址,无法在程序运行前通过计算得到,只能在程序运行后,在 MMU 虚拟地址上加上总线相对于 MMU 的偏移和外设基地址相对于总线的偏移才能得到。而一旦完成了虚拟地址映射,CPU 访问外设寄存器就像直接访问内存总线上的某个地址一样方便了。这样在编写 Linux 应用程序时通过简单地操作完成虚拟地址映射,就能够非常方便地操作这些外设 IP 了,无需再编写 Linux 内核驱动程序,降低了开发难度。

6.2 虚拟地址映射的实现

在 Linux 系统中实现虚拟地址映射主要包含三个步骤:第一,得到存储器管理单元(MMU)的虚拟地址;第二,通过添加 h2f_lw_axi_master 桥在 MMU 上的偏移地址来得到 h2f_lw_axi_master 桥的虚拟地址;第三,添加 FPGA 侧具体外设在 h2f_lw_axi_master 桥上的偏移地址来得到该外设在 Linux 系统中的虚拟地址。

在 Linux 系统中,通过 mmap()函数实现虚拟地址的映射。函数原型为:

```
void * mmap (void * addr, size_t len, int prot, int flags, int fd, off_t offset);
```

该函数会在调用程序的虚拟地址空间 addr 处创建设备文件 fd,偏移地址 offset 的一个长度为 length 的映射,映射内核地址空间的一段内存到用户进程地址空间。

要想将 MMU 映射到用户空间,需要先打开 MMU 以得到其描述符,该操作可以通过 open 函数实现,如下:

```
if((fd = open("/dev/mem", ( O_RDWR | O_SYNC))) == - 1) {
    printf("ERROR: could not open \"/dev/mem\"...\n" );
    return( 1 );
}
```

当 Linux 系统正常工作时,会在 dev 目录下存在一个名为 mem 的设备,该设备就是 MMU,通过 open 函数打开该设备,得到其文件描述符,然后再使用该文件描述符来完成 h2f_lw_axi_master 桥的虚拟地址映射。

```
void * periph_virtual_base;
periph_virtual_base = mmap( NULL, HW_REGS_SPAN, ( PROT_READ | PROT_WRITE ), MAP_
SHARED, fd, HW_REGS_BASE );
```

程序中,首先定义了一个 void 类型的指针,名为 periph_virtual_base,即 periph_virtual_base,外设虚拟地址的意思,然后使用 mmap()函数将 MMU 上偏移地址为

HW_REGS_BASE 的地址映射为虚拟地址,并赋值给 periph_virtual_base 指针。映射的地址空间长度为 HW_REGS_SPAN 大小,映射方式为可读可写。其中,HW_REGS_BASE 和 HW_REGS_SPAN 为宏定义,是与 HPS 中硬件外设相关的两个信息。

在 Altera 给出的官方参考设计中,是这样来定义 HW_REGS_BASE 和 HW_REGS_SPAN 的:

```
#define HW_REGS_BASE ( ALT_STM_OFST )
#define HW_REGS_SPAN ( 0x04000000 )
```

可以看到 HW_REGS_BASE 又被指向了一个名为 ALT_STM_OFST 的定义,该定义在 hps.h 中的定义如下:

```
#define ALT_STM_OFST 0xfc000000
```

HW_REGS_BASE 实际是被指定了一个确定的地址 0xfc000000。那么这个地址又具体是什么意义呢?这就要先从 SoC FPGA 中各个外设的地址分配说起,在 HPS 侧,有一段地址段被专门用作了外设地址段(peripherals region),该地址段是 HPS 统一内存空间最顶端的 64 MB 空间,即从 0xfc000000~0xffffffff。在这段地址区间内,每一个地址段都被分配给了 HPS MMU 子系统的一个确定的外设,而在这个地址段中,第一个外设就是 STM 模块,详见表 6.2.1。STM 模块的基地址就是整个外设区地址段的基地址,因此在这里将 HW_REGS_BASE 定义为 ALT_STM_OFST,实际上只是借用了 STM 的基地址来表达整个外设地址段的基地址,并不是说特指 STM 模块。

HW_REGS_SPAN 参数被直接定义为了 0x04000000,也就是 64 MB 的大小,刚好是整个外设地址段的地址空间大小。

所以,这段程序的意思就是将 MMU 上的整个外设地址段空间,共 64 MB 的内容映射为虚拟地址,并赋值给定义的 periph_virtual_base 指针。

对于我们在 paltform designer 中添加的 IP,都是连接到了 lw_h2f_bridge 上,而 lw_h2f_bridge 本身就处在这个外设地址段中,表 6.2.1 中的 LWFPGASLAVES 就是这个桥,该桥的基地址为 0xff000000,共 2 MB 的地址空间。而每一个连接在 lw_h2f_bridge 上的 FPGA 侧外设都有一个基地址,该地址可以在生成的 hps_0.h 的头文件中看到。所以,一个特定外设的地址在 Linux 用户空间的虚拟地址就是整个外设地址段映射得到的虚拟地址加上 lw_h2f_bridge 的偏移地址,再加上 lw_h2f_bridge 上该外设的基地址。

例如,对于 GHRD 工程中的 led_pio 核和 button_pio 核,其经过映射后的虚拟地址就应该为:

```
led_pio_virtual_base =
periph_virtual_base + ( ( unsigned long )( ALT_LWFPGASLVS_OFST + LED_PIO_BASE ) &
( unsigned long )( HW_REGS_MASK ) );
```

```
button_pio_virtual_base =
periph_virtual_base + ( ( unsigned long )( ALT_LWFPGASLVS_OFST + BUTTON_PIO_BASE ) &
( unsigned long)( HW_REGS_MASK ) );
```

其中,LED_PIO_BASE 和 BUTTON_PIO_BASE 为 led_pio 和 button_pio 外设在 h2f_lw_axi_master 桥上的基地址,这是两个宏定义,在 hps_0.h 文件中定义,关于 hps_0.h 文件,将在后面介绍。而 ALT_LWFPGASLVS_OFST 即为 lw_h2f_axi_master 桥在外设地址空间中的基地址。外设与地址对应表如表 6.2.1 所列。

表 6.2.1　外设与地址对应表

外设从设备标识	说　明	基地址	地址空间/MB
STM	Space Trace Macrocell	0xfc000000	48
DAP	Debug Access Port	0xff000000	2
LWFPGASLAVES	FPGA slaves accessed with lightweight HPS-to-FPGA bridge	0xff200000	2
LWHPS2FPGAREGS	Lightweight HPS-to-FPGA bridge global programmer's view (GPV) registers	0xff400000	1
HPS2FPGAREGS	HPS-to-FPGA bridge GPV registers	0xff500000	1
……	……	……	……

6.3　基于虚拟地址映射的 PIO 编程应用

前面提到,在 AC501_SoC_GHRD 工程的 Qsys 设计文件中,添加了 2 个 PIO 类型的外设,分别为 2 位的仅输出型 PIO,用以驱动 LED;2 位的仅输入型 PIO,用以连接轻触按键。本实验,将针对添加的这两个外设,在 DS-5 中编写应用程序,首先完成虚拟地址映射,然后通过虚拟地址,读/写 PIO 的寄存器,完成按键控制 LED 灯的功能。通过实验,展示通过虚拟地址映射方式操作外设的基本方法。

6.3.1　PIO 外设的虚拟地址映射

完整的 led_pio 和 button_pio 外设的虚拟地址映射代码如下:

```
static volatile unsigned long * led_pio_virtual_base = NULL;    //led_pio 虚拟地址
static volatile unsigned long * button_pio_virtual_base = NULL; //button_pio 虚拟地址

int fpga_init(long int * virtual_base) {
    int fd;
    void * periph_virtual_base;   //外设空间虚拟地址
```

```
//打开 MMU
if ((fd = open("/dev/mem", ( O_RDWR | O_SYNC))) == -1) {
    printf("ERROR: could not open \"/dev/mem\"...\n");
    return (1);
}


//将外设地址段映射到用户空间
periph_virtual_base = mmap( NULL, HW_REGS_SPAN, ( PROT_READ | PROT_WRITE),
        MAP_SHARED, fd, HW_REGS_BASE);
if (periph_virtual_base == MAP_FAILED) {
    printf("ERROR: mmap() failed...\n");
    close(fd);
    return (1);
}


//映射得到 led_pio 外设虚拟地址
led_pio_virtual_base = periph_virtual_base
    + ((unsigned long) ( ALT_LWFPGASLVS_OFST + LED_PIO_BASE)
        & (unsigned long) ( HW_REGS_MASK));
//映射得到 button_pio 外设虚拟地址
button_pio_virtual_base = periph_virtual_base
    + ((unsigned long) ( ALT_LWFPGASLVS_OFST + BUTTON_PIO_BASE)
        & (unsigned long) ( HW_REGS_MASK));
* virtual_base = periph_virtual_base;   //将外设虚拟地址保存,用于释放时使用
return fd;
}
```

6.3.2 在 DS-5 中建立 PIO 应用工程

通过上述程序,完成了 led_pio 和 button_pio 外设的虚拟地址映射,接下来就可以使用该虚拟地址来操作这两个外设了。

首先,参照第 5 章,使用 DS-5 编写和调试 SoC 的 Linux 应用程序的内容,建立好基本的工程,或者直接在 DS-5 中,选中已有的工程;然后右击,在弹出的快捷菜单中选择 Copy、Paste,复制、粘贴为新的工程,在粘贴时修改为新的工程名即可,如图 6.3.1 和图 6.3.2 所示。

复制完成之后,先将新工程下的 Debug 目录删除,因为这些文件是之前工程编译出来的,在新工程中既不会被使用,也不会被自动删除,因此需要手动删除。

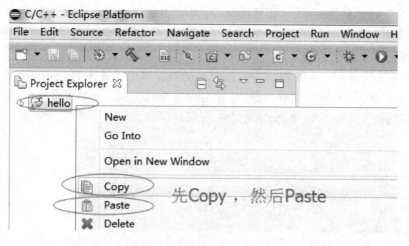

图 6.3.1 复制、粘贴已有工程

图 6.3.2 修改工程名为新的工程名

6.3.3 添加和包含 HPS 库文件

由于第一个实验只是简单地使用 Console 打印了一句"hello world",是一个最简单的应用程序,与特定外设硬件没有任何关系,因此在创建该工程时,并未添加任何额外的包含文件。而在本例操作 led_pio 和 button_pio 时,就涉及到 SoC FPGA 中 HPS 的专用外设了,因此需要添加与基本的 HPS 硬件信息相关的头文件。需要包含的基本头文件主要有 3 个,如下:

```
# include "hwlib.h"
# include "socal/socal.h"
# include "socal/hps.h"
```

由于这些库是 SoC EDS 软件提供的,DS-5 中默认并没有包含该库,所以如果直接在程序中包含这些文件,DS-5 会提示找不到文件,因此需要在工程中设置头文件包含路径。

在 DS-5 中选中 pio 工程,右击,在弹出的快捷菜单中选择 Properties,或者直接选中 pio 工程后,按 Alt+Enter 键,打开工程属性对话框。选择 C/C++ General 下的 Paths and Symbols 选项,如图 6.3.3 所示。

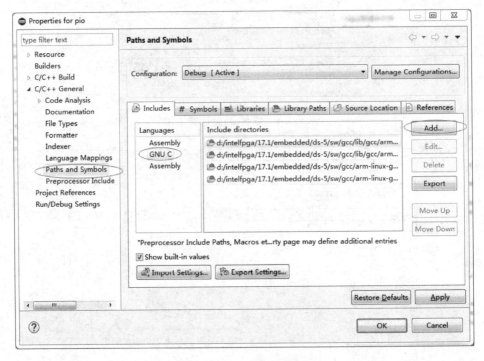

图 6.3.3 包含路径选项卡

在右侧的选项中,单击 GNU C,可以看到已经默认包含了很多的库文件。单击 Add 按钮,在弹出的对话框中输入用户计算机中 hwlib 库头文件包含的路径,例如笔者计算机上的位置为:D:\intelFPGA\17.1\embedded\ip\altera\hps\altera_hps\hwlib\include,选中 Add to all configurations 和 Add to all languages 复选框,然后单击 OK 按钮即可,如图 6.3.4 所示。

使用同样的操作将 D:\intelFPGA\17.1\embedded\ip\altera\hps\altera_hps\hwlib\include\soc_cv_av 路径添加到包含路径中。然后单击 OK 按钮即可。

该源码包定义了大量针对 HPS 硬件的宏定义和底层操作函数,在基于虚拟地址编程时,可以使用该源码包中的定义和函数来完成各种硬件外设的操作,避免了用户自行编写基于指针的操作函数。

hwlib.h:该文件主要针对与 HPS 硬件编程相关的一些常量进行了定义,比如各

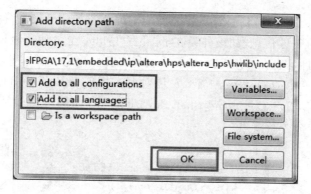

图 6.3.4　添加包含路径

种标志信号,实际在基于 Linux 的应用编程中用户直接使用该文件中的内容较少。但是该文件中有一个非常重要的条件编译选项需要关注,就是第 54 行的:

```
# if !defined(soc_cv_av) && !defined(soc_a10)
# error You must define soc_cv_av or soc_a10 before compiling with HwLibs
# endif
```

即该文件同时支持 Intel 的 Cyclone V 、Arria V 、Arria 10 SoC FPGA,针对不同的硬件平台,部分底层硬件定义会有差别,因此需要根据程序选择的器件来选择底层定义。所以,一般在 main 函数所在文件中包含该头文件,用于检查是否指定了特定的硬件平台,如果没有定义,就会在编译信息中提示。

```
D:\intelFPGA\17.1\embedded\ip\altera\hps\altera_hps\hwlib\include/hwlib.h:56:2:
error: # error You must define soc_cv_av or soc_a10 before compiling with HwLibs # error You
must define soc_cv_av or soc_a10 before compiling with HwLibs
```

指定专用硬件平台的方法最简单的就是在包含该头文件之前先定义硬件平台,例如在 mian 文件中,按照如下顺序包含该头文件,就能够成功指定硬件平台。

```
//HPS 厂家提供的底层定义头文件
# define soc_cv_av   //定义使用 soc_cv_av 硬件平台

# include "hwlib.h"
# include "socal/socal.h"
# include "socal/hps.h"
```

socal. h:该文件中为一些基本的底层操作函数,如位、字节、半字、字的读/写等。

hps. h:该文件中对 HPS 中各种外设地址信息进行了定义,如上述提到的 ALT_STM_OFST。该文件中的定义在进行虚拟地址映射时会用到。

6.3.4　添加 FPGA 侧外设硬件信息

上述头文件仅仅是针对 HPS 架构的,没有包含在 Platform Designer 中添加的各种 FPGA 侧外设 IP,当我们需要对这些 FPGA 侧添加的外设进行操作时,还需要知道这些外设的硬件信息,如该外设在 lw_h2f_bridge 上的偏移地址。这些信息需要根据 Qsys 文件信息在 SoC EDS Command Shell 中用命令脚本生成。生成方式很简单,从开始菜单中的 Quartus 17.1 安装列表下找到 SoC Embedded Design Suite (EDS)下的 SoC EDS Command Shell 选项并打开,如图 6.3.5 所示,会弹出如图 6.3.6 所示的命令行窗口。

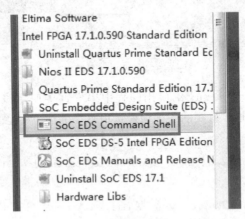

图 6.3.5 打开 SoC EDS Command Shell

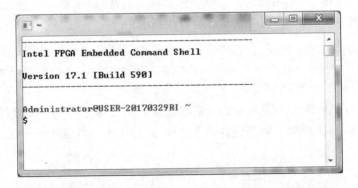

图 6.3.6 SoC EDS Command Shell 命令行窗口

使用 cd 命令切换到对应的 Quartus 工程目录下,例如本例讲述的 AC501_SoC_GHRD 工程在笔者计算机上的位置为:D:\fpga\ac620_soc\demo_debug\SOC_FPGA\AC501_SoC_GHRD,输入“./generate_hps_0.sh”命令以执行 hps_0.h 文件生成脚本,可在工程目录下生成或更新名为 hps_0.h 的头文件,如图 6.3.7 所示。

命令清单如下:

```
$ cd d://fpga/ac620_soc/demo_debug/SOC_FPGA/AC501_SoC_GHRD
$ ./generate_hps_0.sh
```

执行成功,会显示如下提示信息:

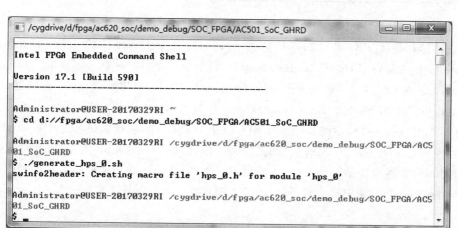

图 6.3.7　生成 hps_0.h 头文件

swinfo2header：Creating macro file 'hps_0.h' for module 'hps_0'

然后就能在 Quartus 工程根目录下找到生成好的 hps_0.h 文件了。

将该文件复制，然后粘贴到 DS-5 中的 pio 工程下。双击打开该文件即可查看文件内容，如图 6.3.8 所示。

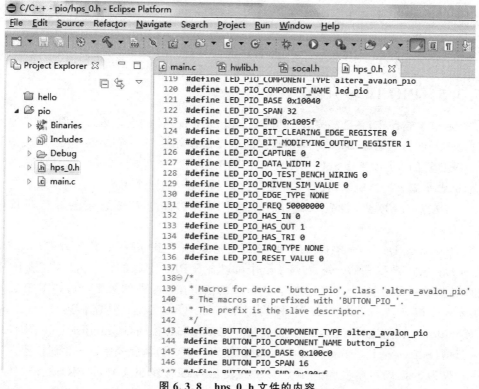

图 6.3.8　hps_0.h 文件的内容

可以看到,在 Platform Designer 中添加的外设 IP,在该文件中都有相应的硬件信息,例如 LED_PIO 外设的基地址为 0x10040,在 Patform Designer 中打开 soc_system.qsys 文件,切换到 Address Map,可以看到 led_pio.s1 在 hps_0.h2f_lw_axi_master 总线上的地址范围为 0x00010040～0x0001005f,所以 led_pio 外设的基地址为 0x10040,结束地址为 0x1005f,地址空间为 32 字节,如图 6.3.9 所示。这与 hps_0.h 文件中 pio_led 外设的基地址(LED_PIO_BASE)、结束地址(LED_PIO_END)、地址空间(LED_PIO_SPAN)定义的值一致,因此,我们使用 hps_0.h 文件中的这些硬件信息,就能准确地操作 led_pio 外设了。例如,在上述虚拟地址映射时提到的,在得到 led_pio 外设虚拟地址时,就使用了 LED_PIO_BASE 这个值。

```
led_pio_virtual_base = periph_virtual_base + ((unsigned long)(ALT_LWFPGASLVS_OFST +
LED_PIO_BASE) & (unsigned long)(HW_REGS_MASK));
```

System Contents ✕	Address Map ✕	Interconnect Requirements ✕		
System: soc_system **Path:** clk_0				
	alt_vip_vfr_tft.avalon_master	hps_0.h2f_axi_master	hps_0.h2f_lw_axi_master	
alt_vip_vfr_tft.avalon_slave			0x0000_0100 - 0x0000_017f	
button_pio.s1			0x0001_00c0 - 0x0001_00cf	
hps_0.f2h_axi_slave	0x0000_0000 - 0xffff_ffff			
i2c_0.csr			0x0000_0000 - 0x0000_003f	
led_pio.s1			0x0001_0040 - 0x0001_005f	
spi_0.spi_control_port			0x0000_0040 - 0x0000_005f	
sysid_qsys.control_slave			0x0001_0000 - 0x0001_0007	
uart_0.s1			0x0000_0060 - 0x0000_007f	

图 6.3.9　Platform Designer 中外设地址信息

6.3.5　PIO IP 核介绍

通过上述操作,就已经完成了 led_pio 和 button_pio 的虚拟地址映射,这些地址都是该外设的基地址,那么怎样才能正确地操作该外设呢? 例如,led_pio 是用来驱动 LED 灯的,而 AC501-SoC 开发板上 FPGA 侧的 2 个用户 LED 灯都是低电平点亮,高电平熄灭的。所以,我们需要通过设置 led_pio 的某个引脚为低电平来点亮该引脚连接的 LED 灯,设置 led_pio 的某个引脚为高电平来熄灭该引脚连接的 LED 灯。

Platform Designer 中提供的 IP 核都对应有一个 IP 用户手册名为 *Embedded Peripherals IP User Guide*,在该手册中可以查看 PIO IP 核的相关信息,包括 IP 功能描述、寄存器映射、寄存器功能等,PIO 核的信息在该手册的第 22 节,如图 6.3.10 所示。在该节中,包括针对该 IP 核的简介(Core Overview)、功能描述(Functional Description)、配置示例(Example Configuration)、配置说明(Configuration)、软件编程模型(Software Programming Model)。使用该 IP 前,需要先阅读该手册内容。

作为 SoC FPGA 芯片中在 FPGA 侧使用可编程逻辑实现的 PIO 外设,其与 HPS 侧自带的外设在特性上有一定的差异,该差异主要表现在硬件可裁剪上。对于

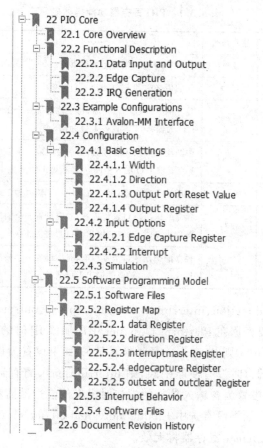

22 PIO Core
　22.1 Core Overview
　22.2 Functional Description
　　22.2.1 Data Input and Output
　　22.2.2 Edge Capture
　　22.2.3 IRQ Generation
　22.3 Example Configurations
　　22.3.1 Avalon-MM Interface
　22.4 Configuration
　　22.4.1 Basic Settings
　　　22.4.1.1 Width
　　　22.4.1.2 Direction
　　　22.4.1.3 Output Port Reset Value
　　　22.4.1.4 Output Register
　　22.4.2 Input Options
　　　22.4.2.1 Edge Capture Register
　　　22.4.2.2 Interrupt
　　22.4.3 Simulation
　22.5 Software Programming Model
　　22.5.1 Software Files
　　22.5.2 Register Map
　　　22.5.2.1 data Register
　　　22.5.2.2 direction Register
　　　22.5.2.3 interruptmask Register
　　　22.5.2.4 edgecapture Register
　　　22.5.2.5 outset and outclear Register
　　22.5.3 Interrupt Behavior
　　22.5.4 Software Files
　22.6 Document Revision History

图 6.3.10　PIO 核用户手册目录

一个完整功能的 GPIO 来说,一般支持的配置为输入、输出、三态、边沿捕获、中断等,并通过寄存器设置这些功能使能与否。而 Platform Designer 中的 PIO 核,则可以通过配置,选择是否具备这些功能。例如本例中,对于 led_pio 外设,只需要使用该引脚作为输出控制 LED 灯,无需使用输入功能,因此就可以将该 IP 核配置为仅输出功能,这样输入或三态功能逻辑就不会加入到 IP 核的逻辑代码中,编译时也就不会占用逻辑资源。而对于 button_pio 外设,只需作为输入功能,读取按键引脚电平。另外也可以捕获按键信号的边沿,并产生中断。所以配置该 IP 时选择使能边沿捕获功能、下降沿捕获,并产生边沿中断。由于功能配置的差异,IP 核中的一些功能寄存器也会有差异,接下来将介绍 PIO IP 核的寄存器映射和功能。

6.3.6　PIO 核寄存器映射

Avalon-MM 主机外设,例如 NIOS Ⅱ CPU 或 HPS,可以通过 PIO 核提供的 4 个 32 位寄存器来对其实现控制和通信。表 6.3.1 所列为 PIO 寄存器功能描述表。

表 6.3.1　PIO 寄存器功能描述表

偏　移	寄存器名		读写属性	$n-1$	……	2	1	0
0	data	读	仅读	当前 PIO 输入端口上的数据值				
		写	仅写	新的用来驱动 PIO 输出端口的值				
1	direction		读/写	独立的方向控制寄存器,每一位对应一个 I/O 口的方向,0 设置该 I/O 为输入,1 设置该 I/O 为输出				
2	interruptmask		读/写	中断使能和禁止寄存器,每一位对应一个 I/O 口的输入中断使能, 1 使能该 I/O 输入中断,0 禁止该 I/O 产生中断				
3	edgecapture		读/写	边沿捕获寄存器,每一位对应一个输入型 I/O 的边沿捕获状态				
4	outset		仅写	独立的输出端口置位控制,对应设置一个输出型 I/O 的输出状态, 该位为 1 时,对应的输出 I/O 置位为 1				
5	outclear		仅写	独立的输出端口清零控制,对应设置一个输出型 I/O 的输出状态, 该位为 1 时,对应的输出 I/O 置位为 0				

需要说明的是,direction、interruptmask、edgecapture、outset、outclear 寄存器可能并不存在。具体要根据在 Platform Designer 中添加该 IP 时的设置决定。如果设置为非三态端口(Bidir),则 direction 寄存器不存在;如果设置为仅输出端口,或者设置为含输入功能的端口时没有使能中断,则 interruptmask 寄存器不存在;如果设置为仅输出端口,或者设置为含输入功能的端口时没有使能边沿捕获功能,则 edgecapture 寄存器不存在。如果没有选中 Enable individual bit set/clear output register 复选框,则 outset 和 outclear 寄存器将无效。

另外,对于 edgecapture 寄存器,如果没有选中 Enable bit-clearing for edge capture register 复选框,那么往 edgecapture 寄存器写入任意值将清零所有位的捕获状态;否则,往指定位写入 1 将只清零对应位的值。

了解该 IP 核的寄存器映射之后,就可以通过操作虚拟地址加对应寄存器偏移地址的方式来读/写对应寄存器。接下来的示例将讲解如何通过具体的 C 语言来检测按键,点亮 LED 灯。

编程时,可以直接使用指针的方式,对 PIO 外设的 data 寄存器对应位写入 0 来驱动对应的 I/O 输出低电平,从而点亮 LED 灯,例如设置 FPGA_LED0 点亮,FPGA_LED 1 熄灭,代码如下:

```
* (led_pio_virtual_base + 0) = 0x2;    //LED0 亮,LED1 灭
```

也可以使用数组下标的方式来指向 data 寄存器,代码如下:

```
led_pio_virtual_base[0] = 0x2;    //LED0 亮,LED1 灭
```

0x2 的二进制值为 10b,即第 0 位值为 0,第 1 位值为 1,写入 PIO 核的数据寄存

器之后,就会驱动 PIO 核对应的输出端口连接 I/O 值的电平为 0 或 1,从而实现点亮或熄灭 LED 灯的功能。

上述代码往数据寄存器中写入确定的值,一次性操作了所有位的状态。如果仅希望对其中的 1 位数据进行操作,而不影响其他位的状态时,则有两种方案可以选择:一种方案是首先读取 PIO 核的数据寄存器的值,到一个临时变量中,然后修改该变量中对应位的值为我们所希望的值,而不改变变量中其他位的值,然后再把修改好的临时变量的值重新写入数据寄存器中;另一种方案就是利用 PIO 核里面的输出设置/输出清零寄存器,即在配置 IP 时选中 Enable individual bit set/clear output register,可以通过往 outset 寄存器的对应位写 1 来置位(置 1)输出端口的对应位,或是往 outclear 寄存器的对应位写 1 来清零(置 0)输出端口的对应位,而其他位不做任何改变。例如仅希望点亮 FPGA_LED1,而不影响 FPGA_LED 0 的状态,使用这两种方案的代码如下。

数据回写方式的代码:

```
unsigned int data;                      //定义数据寄存器临时变量
data = * (led_pio_virtual_base + 0);    //读取数据寄存器的值到 data 中
data & = ～0x2;                         //将 data 变量中的 bit1 设为 0,其他位不变
 * (led_pio_virtual_base + 0) = data;   //将 data 值写回 PIO 核数据寄存器
```

使用清零寄存器方式的代码:

```
//向 outclear 寄存器的 bit1 写 1,以清除输出端口中 bit1 的值
 * (led_pio_virtual_base + 5) = 0x2;
```

对应的,如果要设置端口中 bit1 的输出状态为 1,则可以通过向 outset 寄存器的 bit1 写 1 来实现,代码如下:

```
//向 outset 寄存器的 bit1 写 1,以置位输出端口中 bit1 的值
 * (led_pio_virtual_base + 4) = 0x2;
```

而对于 button_pio 来说,是一个仅输入型 PIO,可以通过读取该 PIO 的数据寄存器的值来获知连接在该 PIO 端口上的每一个按键的输出电平,从而判断按键有没有被按下。使用指针方式读取 button_pio 数据寄存器的代码如下:

```
unsigned int button_data;                        //定义数据寄存器临时变量
button_data = * (button_pio_virtual_base + 0);   //读取 PIO 数据寄存器以获知按键状态
```

也可以使用数组下标的方式来指定对应寄存器,代码如下:

```
button_data = button_pio_virtual_base[0];   //读取 PIO 数据寄存器以获知按键状态
```

设计程序时,在使能了边沿捕获功能的情况下,也可以通过读取边沿捕获寄存器的值来判断按键有没有被按下过(在按键按下的过程中会产生下降沿,该下降沿会被

边沿捕获功能捕获并存储在边沿捕获寄存器中）。使用指针方式读取 button_pio 边沿捕获寄存器的代码如下：

```
unsigned int button_edge;   //定义边沿捕获寄存器临时变量
//读取 PIO 边沿捕获寄存器以获知是否检测到设定的边沿
button_edge = * (button_pio_virtual_base + 3);
```

也可以使用数组下标的方式来指定对应寄存器，代码如下：

```
unsigned int button_edge;   //定义边沿捕获寄存器临时变量
//读取 PIO 边沿捕获寄存器以获知是否检测到设定的边沿
button_edge = button_pio_virtual_base[3];
```

对于边沿捕获寄存器中的值，需要在程序中通过程序手动清除，以保证下一次边沿事件能够被正确捕获。在选中 Enable bit-clearing for the edge capture register 复选框的情况下，向该寄存器中某一位写 1 将清除对应位的值。如果没有使能该选项，则向该寄存器中写入任意值将清除所有位的值。使用指针方式清除 button_pio 边沿捕获寄存器中 bit0 值的代码如下：

```
//清除边沿捕获寄存器中 bit0 的值
* (button_pio_virtual_base + 3) = 0x1;
```

对于中断信号，由于中断需要在 Linux 内核驱动程序中才能注册使用，因此在基于虚拟地址映射的应用程序开发中无法使用。所以，如果想使用外设的中断功能，则必须编写 Linux 内核驱动程序。不过在本例中，暂且不用考虑中断问题，可直接使用读取数据寄存器的方式来判断按键是否按下。

6.3.7   PIO IP 核应用实例

本小节将通过一个具体的实例，来完成基于 PIO 核的按键控制 LED 功能。设计时，每当检测到 FPGA_KEY0 按下事件时，就调整 FPGA_LED0 的闪烁频率；每当检测到 FPGA_KEY1 按下事件时，就调整 FPGA_LED1 的闪烁频率，闪烁频率分别为 0.1 Hz、0.5 Hz、1 Hz 三个档位，每按下一次按键，对应的 LED 的闪烁频率就在这三个频率之间切换。以下为完整的程序清单。

```
//gcc 标准头文件
# include <stdio.h>
# include <unistd.h>
# include <fcntl.h>
# include <sys/mman.h>

//HPS 厂家提供的底层定义头文件
# define soc_cv_av   //定义使用 soc_cv_av 硬件平台
```

```
# include "hwlib.h"
# include "socal/socal.h"
# include "socal/hps.h"

//与用户具体的 HPS 应用系统相关的硬件描述头文件
# include "hps_0.h"

# define HW_REGS_BASE (ALT_STM_OFST )          //HPS 外设地址段基地址
# define HW_REGS_SPAN (0x04000000 )            //HPS 外设地址段地址空间
# define HW_REGS_MASK (HW_REGS_SPAN - 1 )      //HPS 外设地址段地址掩码

static volatile unsigned long * led_pio_virtual_base = NULL;    //led_pio 虚拟地址
static volatile unsigned long * button_pio_virtual_base = NULL; //button_pio 虚拟地址

int fpga_init(long int * virtual_base) {
    int fd;
    void * periph_virtual_base;  //外设空间虚拟地址

    //打开 MMU
    if ((fd = open("/dev/mem", ( O_RDWR | O_SYNC))) == - 1) {
        printf("ERROR: could not open \"/dev/mem\"...\n");
        return (1);
    }

    //将外设地址段映射到用户空间
    periph_virtual_base = mmap( NULL, HW_REGS_SPAN, ( PROT_READ | PROT_WRITE),
            MAP_SHARED, fd, HW_REGS_BASE);
    if (periph_virtual_base == MAP_FAILED) {
        printf("ERROR: mmap() failed...\n");
        close(fd);
        return (1);
    }

    //映射得到 led_pio 外设虚拟地址
    led_pio_virtual_base = periph_virtual_base
        + ((unsigned long) ( ALT_LWFPGASLVS_OFST + LED_PIO_BASE)
            & (unsigned long) ( HW_REGS_MASK));
    //映射得到 button_pio 外设虚拟地址
    button_pio_virtual_base = periph_virtual_base
        + ((unsigned long) ( ALT_LWFPGASLVS_OFST + BUTTON_PIO_BASE)
            & (unsigned long) ( HW_REGS_MASK));
    * virtual_base = periph_virtual_base;
```

```
            //将外设虚拟地址保存,用于释放时使用
            return fd;
    }


int main( int argc, char * * argv) {

        int fd;
        int virtual_base = 0;   //虚拟基地址
        unsigned int button_edge;   //定义边沿捕获寄存器临时变量

        bool led0 = true, led1 = true;

        //完成 FPGA 侧外设虚拟地址映射
        fd = fpga_init(&virtual_base);

        //清除边沿捕获寄存器 bit0 的值
         * (button_pio_virtual_base + 3) = 0x3;


        while (1) {
            //读取 PIO 边沿捕获寄存器以获知是否检测到设定的边沿
            button_edge = * (button_pio_virtual_base + 3);
            switch (button_edge) {
            case 0x1:
                led0 = !led0; //对 FPGA_LED 的 bit0 取反
                 * (button_pio_virtual_base + 3) = 0x1; //清除边沿捕获寄存器的 bit0 位
                if (led0)
                     * (led_pio_virtual_base + 4) = 0x1; //置位 led_pio 的 bit0 输出
                else
                     * (led_pio_virtual_base + 5) = 0x1; //清零 led_pio 的 bit0 输出
                break;

            case 0x2:
                led1 = !led1; //对 FPGA_LED 的 bit1 取反
                     * (button_pio_virtual_base + 3) = 0x2; //清除边沿捕获寄存器的 bit1 位
                if (led1)
                     * (led_pio_virtual_base + 4) = 0x2;   //置位 led_pio 的 bit1 输出
                else
                     * (led_pio_virtual_base + 5) = 0x2;   //清零 led_pio 的 bit1 输出
                break;

            case 0x3:
                led0 = !led0; //对 FPGA_LED 的 bit0 取反
```

```
            led1 = !led1; //对 FPGA_LED 的 bit1 取反

            //清除边沿捕获寄存器的 bit0 和 bit1 位
            *(button_pio_virtual_base + 3) = 0x3;

            //将 led0 和 led1 的状态直接写入 led_pio 数据寄存器
            *(led_pio_virtual_base + 0) = led1 * 2 | led0;
            break;

        default:
            break;
        }
    }

    //程序退出前，取消虚拟地址映射
    if (munmap(virtual_base, HW_REGS_SPAN) != 0) {
        printf("ERROR: munmap() failed...\n");
        close(fd);
        return (1);
    }

    close(fd); //关闭 MMU
    return 0;
}
```

程序中，通过读取 button_pio 外设的边沿捕获寄存器的值，判断有无按键被按下，如果有按键按下，则根据边沿捕获寄存器的值确定是哪个按键被按下，然后设置对应的 LED 的状态；如果是单个按键被按下，则通过写 led_pio 外设中单 bit 输出置位和清零寄存器的值来关闭或打开对应的 LED 灯。如果是两个按键同时按下，则直接写 led_pio 外设的数据寄存器来完成 LED 状态的更新。同时，在每次判断完毕后会及时清除 button_pio 外设中边沿捕获寄存器的值。

该应用程序虽然功能简单，但是通过该例子，向读者展示了如何使用 PIO 外设中的各个寄存器来实现相应的功能，方便读者举一反三，设计自己的应用程序。

6.3.8 合理的程序退出机制

需要注意的是，该示例中，直接使用了 while(1) 形式来保证程序的持续运行，并未做合理的退出机制。如果要退出该程序，则可在当前终端窗口中通过 Ctrl＋Z 键来完成程序的强制退出。程序的强制退出可能会无法正常地释放打开各种资源，因此，可以简单地修改程序的功能，设置几个按键专门用于控制程序的退出。例如，仅使用 button_pio 的第 0 位来控制 FPGA_LED0，button_pio 的第 1 位用来作为程序

退出的检测标志,一旦 FPGA_KEY1 按下事件发生,就退出 while 循环。实例代码
如下:

```
int main(int argc, char * * argv) {

    int fd;
    int virtual_base = 0;              //虚拟基地址
    unsigned int button_edge;          //定义边沿捕获寄存器临时变量

    bool led0 = true, led1 = true;

    //完成 FPGA 侧外设虚拟地址映射
    fd = fpga_init(&virtual_base);

    //清除边沿捕获寄存器 bit0 的值
    * (button_pio_virtual_base + 3) = 0x3;

    bool STOP = false;
    while(STOP == false)
    {
        //读取 PIO 边沿捕获寄存器以获知是否检测到设定的边沿
        button_edge = * (button_pio_virtual_base + 3);
        switch (button_edge) {
        case 0x1:
            led0 = !led0; //对 FPGA_LED 的 bit0 取反
            * (button_pio_virtual_base + 3) = 0x1; //清除边沿捕获寄存器的 bit0 位
            if (led0)
                * (led_pio_virtual_base + 4) = 0x1; //置位 led_pio 的 bit0 输出
            else
                * (led_pio_virtual_base + 5) = 0x1; //清零 led_pio 的 bit0 输出
            break;

        case 0x2:
            STOP = true;break;    //设置程序退出标志

        case 0x3:
            STOP = true;break;    //设置程序退出标志

        default:
            break;
        }
    }
```

```
//程序退出前，取消虚拟地址映射
if (munmap(virtual_base, HW_REGS_SPAN)! = 0) {
    printf("ERROR: munmap() failed...\n");
    close(fd);
    return (1);
}


close(fd); //关闭 MMU
return 0;
}
```

在 while 循环中，每次 FPGA_KEY0 按下事件发生会正常地改变 FPGA_LED0 的状态；而 FPGA_KEY1 按下事件发生，则会设置 STOP 的值为真。程序每次执行 while 循环都会检查 STOP 的状态，如果为假，则继续运行；如果为真，当程序再次运行到判断 while 循环条件时，就会因为条件不满足而跳出 while 循环，接着执行 while 后面的释放虚拟地址映射和关闭 MMU 内容，最后退出整个程序。

6.3.9　关于按键消抖

机械按键在按下和释放时都存在抖动，如果不对抖动进行合理的处理，就会影响软件程序的正确识别判定。在 MCU 中，一般都使用软件延时的方式来进行抖动滤除，此种方式会占用 CPU 软件资源。而在 FPGA 中，可以使用 Verilog 编写数字逻辑完成抖动的滤除得到纯净的按键按下和释放边沿信号，再将该纯净的边沿信号连接给 PIO 作为输入，从而降低软件编程时的复杂度。关于机械按键的抖动原理和使用 Verilog 编写抖动滤除逻辑的实现，可以参考笔者的《FPGA 自学笔记——设计与验证》一书中"3.7　独立按键消抖设计与验证"的相关内容。

在 AC501_SoC_GHRD 工程中，使用了《FPGA 自学笔记——设计与验证》中独立按键消抖的代码，对输入的两个轻触按键的信号先进行了抖动滤除，然后再连接到 button_pio 的导出引脚上，实现按键输入的功能，如图 6.3.11 所示。因此在编程时，

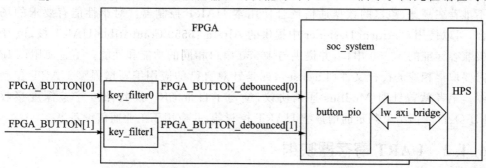

图 6.3.11　基于 FPGA 逻辑消抖的按键输入

button_pio 的输入信号已经是不含抖动的按键信号了，无需在软件中进行抖动滤除功能，直接读取边沿捕获寄存器的值就能得到准确的按键按下事件。

6.4 基于虚拟地址映射的 UART 编程应用

6.3 节的实验完成了虚拟地址的映射和基于虚拟地址的按键和 LED 指示灯的编程控制，本节将继续使用该种方法，完成对 AC501_SoC_GHRD 工程中添加的 uart_0 外设的控制。

6.4.1 UART 核介绍

UART（RS-232 Serial port）核是 Platform Designer 提供的一个经典的字符型串行通信外设，使用该外设，能够方便地同 FPGA 片外的设备进行通信。该 IP 核实现了 RS-232 协议的时序，并提供了可调整的波特率速度、校验位、停止位和数据位宽。这些参数都是可以配置的，在具体应用中，根据实际需要用到的功能，配置这些特性，在保证功能实现的前提下，降低对 FPGA 逻辑资源的占用。IP 核提供了一个 Avalon Memory Mapped（Avalon-MM）Slave 接口与 Avalon-MM Master 外设（例如 NIOS Ⅱ CPU、HPS）进行通信。

该 IP 核还提供中断功能，支持以中断的方式及时地与主控进行通信，以获得更高的通信效率。

需要注意的是，该 IP 核内部不含数据 FIFO，不具备 16550 标准串口的一系列功能，每次接收到一个字符的数据，必须由处理器及时读取，否则数据将丢失，这为查询方式操作该 IP 核带来了一定的困难。另外，如果使能了接收和发送中断，则每接收或发送一个字符的数据，都会对 CPU 发起一次中断，频繁的数据收发会给 CPU 的中断处理造成较重的负担。

根据上述特性介绍，设计者在为 HPS 添加 UART IP 时，对于仅接收发送少量命令和数据的场合，由于该控制器结构简单，占用资源少，编程简单，使用该控制器是一个不错的选择。而在需要考虑实时性和对 CPU 的中断资源开销问题的情况下，不推荐在高速、频繁的数据通信场合使用本 UART 控制器。对于性能有要求的场合，可以使用 Platform Designer 中提供的 Altera 16550 Compatible UART 核，该 IP 核兼容标准的 16550 串口，并提供与 16550 串口相同的功能和性能。不过使用该 IP 需要取得相应的授权文件（License），或是针对自己的应用编写增强型 UART 控制器。笔者就曾针对 ModBus 通信协议，编写了自带 CRC 校验、256 字节深度接收 FIFO、自动帧结束判定的增强型 UART 控制器，并应用于工业通信设备上。

6.4.2 UART 寄存器映射

这个 UART IP 核提供了一个 Avalon-MM Slave 接口与 Avalon-MM Master 接

口的主机进行通信。IP 核内部设有 6 个 16 位的寄存器,包括控制寄存器(control)、状态寄存器(status)、接收数据寄存器(rxdata)、发送数据寄存器(txdata)、波特率分频寄存器(divisor)和数据包结束寄存器(endofpacket)。Avalon-MM Master 接口的主机通过读/写这些寄存器完成数据的收发。

关于该控制器的详细功能介绍,不作为本书的重点,需要读者自行阅读 *Embedded Peripherals IP User Guide* 手册中第 8 节的内容。这里仅对几个与编程相关的寄存器进行说明。表 6.4.1 为 UART IP 寄存器功能描述表。

表 6.4.1　UART IP 寄存器功能描述表

偏　移	名　　称	读/写属性	寄存器描述
0	rxdata	只读	接收数据寄存器,接收器每接收到一个字符的数据就会自动存入该寄存器。根据数据位的配置的不同,该寄存器的有效位宽为 7 位、8 位或 9 位
1	txdata	只写	发送数据寄存器,将数据写入该寄存器,发送器会自动发送。根据数据位的配置的不同,该寄存器的有效位宽为 7 位、8 位或 9 位
2	status	可读可写	状态寄存器,存储了 IP 工作中的各种状态
3	control	可读可写	控制寄存器,可以设置各种条件的中断使能
4	divisor	可读可写	波特率分频寄存器,在使能了可编程波特率的情况下,通过修改该寄存器的值,可以修改通信波特率
5	endofpacket	可读可写	在使能了流控功能的情况下,设置流结尾的数据值

rxdata:对于接收数据寄存器,根据添加控制器时配置的数据位宽的不同,该寄存器的有效位数为 7、8、9 三种情况。UART 接收模块每接收到一个字符的数据就会自动存入该寄存器。需要注意的是,存入该寄存器的数据必须由 Avalon-MM 主机及时读取,否则新接收完一个字符的数据后,该数据会被覆盖。

txdata:对于发送数据寄存器,根据添加控制器时配置的数据位宽的不同,该寄存器的有效位数为 7、8、9 三种情况。当该寄存器为空时,Avalon-MM 主机向该寄存器中写入一个字符的数据,则该数据会被传入 UART 发送模块并发送出去。当该寄存器不为空时,向该寄存器写入数据会导致前一个数据的丢失。

status:状态寄存器,该寄存器存储了 UART 控制器运行时的各种状态,每一位代表了一个特殊状态的值,在设计该控制器的应用程序时,比较重要的两个状态位为 bit7 的 rrdy 状态和 bit6 的 trdy 状态。

rrdy 状态位指示了 rxdata 寄存器的当前状态,当 rxdata 寄存器为空时,表明还没有接收到有效数据,则此时 Avalon-MM 主机不能去读取 rxdata 寄存器中的值,rrdy 位的值为 0;当 rxdata 寄存器中存储了有效的接收数据时,该位自动置 1。因此 Avalon-MM 主机可以通过读取该位的值,来判断 rxdata 寄存器中是否有有效数据可读,如果 rrdy 位为 1,则 Avalon-MM 主机应尽快读取 rxdata 中的值。

trdy 状态位指示了发送寄存器 txdata 的状态,当发送寄存器为空时,Avalon-MM 主机可以向该寄存器中写入新的需要发送的数据,此时 trdy 位的值为 1。而一旦 txdata 寄存器中被写入了新的数据,则该位变为 0。因此,当 Avalon-MM 主机检测到该位为 0 时,则不能向 txdata 寄存器中写入新的值,只有当该位为 1 时,才能写入新的要发送的值。

control:控制寄存器,该寄存器虽然名字为控制寄存器,但更像一个中断屏蔽寄存器,在 bit0～bit12 中,除了 bit11 是 RTS 信号控制位以外,其他每一位都对应了状态寄存器中一位状态的中断使能信号。一旦本寄存器中某一位被设置为了 1,那么当 status 寄存器中对应位也变为 1 时,就会向 CPU 发出中断。

divisor:波特率分频寄存器,该寄存器是否存在,与 Platform Designer 中添加 IP 核时是否选中固定波特率选项有关,如果选中了固定波特率选项,则该寄存器不存在,只有在没选中固定波特率选项时,Avalon-MM 主机才能通过写该寄存器的值来修改 UART 收发的波特率。波特率值的计算关系为

$$baud\ rate = \frac{clock\ frequency}{divisor + 1}$$

其中 baud rate 为期望设定的波特率的值,clock frequency 为 UART 串口模块的输入时钟频率。由此可以得出 divisor 更准确的计算公式为

$$divisor = int\left(\frac{clock\ frequency}{baudrate} + 0.5\right)$$

6.4.3 UART IP 核应用实例

通过对上述寄存器的解读,了解了各个寄存器及它们各个位的功能意义。现在就可以据此来编写相关的数据收发代码了。

1. 在 DS-5 中建立 UART 应用工程

要设计 UART IP 应用工程,第一步是在 DS-5 软件中创建工程。在 DS-5 软件中选中上一节创建的 PIO 工程,复制并粘贴为新的工程,命名为 fpga_uart,以建立好基本的工程。在复制完成之后,先将新工程下的 Debug 目录删除,因为这些文件是之前工程编译出来的,在新工程中既不会被使用,也不会被自动删除,因此需要手动删除,避免与新工程的生成文件混淆。

直接复制已有工程并重新命名,得到新工程最大的优点是可以直接使用已有工程的设置,而不用再新建工程后再进行一系列的硬件设置,例如添加和包含 HPS 库文件等。

2. 虚拟地址映射

第二步是完成虚拟地址映射。映射方式和 led_pio 外设一致,可以直接在 PIO 实验中已有代码的基础上添加 uart_0 部分,代码如下:

```
static volatile unsigned long * led_pio_virtual_base = NULL;      //led_pio 虚拟地址
static volatile unsigned long * button_pio_virtual_base = NULL;  //button_pio 虚拟地址
static volatile unsigned long * uart_0_virtual_base = NULL;       //uart_0 虚拟地址

int fpga_init(long int * virtual_base) {
    int fd;
    void * periph_virtual_base;  //外设空间虚拟地址

    //打开 MMU
    if ((fd = open("/dev/mem", ( O_RDWR | O_SYNC))) == -1) {
        printf("ERROR: could not open \"/dev/mem\"...\n");
        return (1);
    }

    //将外设地址段映射到用户空间
    periph_virtual_base = mmap( NULL, HW_REGS_SPAN, ( PROT_READ | PROT_WRITE),
            MAP_SHARED, fd, HW_REGS_BASE);
    if (periph_virtual_base == MAP_FAILED) {
        printf("ERROR: mmap() failed...\n");
        close(fd);
        return (1);
    }

    //映射得到 led_pio 外设虚拟地址
    led_pio_virtual_base = periph_virtual_base
        + ((unsigned long) ( ALT_LWFPGASLVS_OFST + LED_PIO_BASE)
            & (unsigned long) ( HW_REGS_MASK));
    //映射得到 button_pio 外设虚拟地址
    button_pio_virtual_base = periph_virtual_base
        + ((unsigned long) ( ALT_LWFPGASLVS_OFST + BUTTON_PIO_BASE)
            & (unsigned long) ( HW_REGS_MASK));
    //映射得到 uart_0 外设虚拟地址
    uart_0_virtual_base = periph_virtual_base
        + ((unsigned long) ( ALT_LWFPGASLVS_OFST + UART_0_BASE)
            & (unsigned long) ( HW_REGS_MASK));
    * virtual_base = periph_virtual_base;  //将外设虚拟地址保存,用于释放时使用
    return fd;
}
```

从代码中可以看到,仅仅是在 PIO 核实验代码的基础上,新增定义了一个 uart_0_virtual_base 指针,并在进行外设虚拟地址映射时增加了 uart_0_virtual_base 的计算赋值。所以,通过这两个实验中虚拟地址映射的对比可以知道,当程序中需要得到

多个外设的虚拟地址时,仅需先打开 MMU,然后得到外设地址空间的基地址 periph_virtual_base,然后再依次将所需用到的外设的虚拟地址通过与 periph_virtual_base 执行相应运算得到。无需对每个外设重新执行打开 MMU 和映射外设虚拟地址的操作。

3. 设置波特率

在完成了 uart_0 的虚拟地址映射后,要使用 UART IP 核进行正确的数据收发,首先需要设置相应的收发波特率,当添加 UART IP 核时没有选择固定波特率选项时,可以通过写 divisor 的值来实现。例如,设置波特率为 9 600 bps,就可以使用下面的代码来实现:

```
//设置 uart_0 的波特率为 9 600 bps
*(uart_0_virtual_base + 4) = (int)(UART_0_FREQ/9600 + 0.5);
```

其中 UART_0_FREQ 是从外设信息头文件 hps_0.h 中得到的,这是 UART 控制器 Avalon-MM 总线所使用的时钟频率。

由于基于虚拟地址映射的操作是在用户空间完成对各种外设的操作的,而用户空间是无法进行中断的注册和使用的,因此本实验中不使用中断功能,直接使用查询状态寄存器的形式完成数据的收发。因此对于 control 寄存器,无需进行任何设置,使用默认的全 0 值即可。

4. 字符发送

串口发送数据是以基本的字符为单位的,最底层的操作一般就是 putc 函数发送一个字符,然后上层再循环调用该函数来完成数据串的发送。使用 UART 控制器发送一个字符,其基本思路是循环读取状态寄存器的值,一旦检测到状态寄存器中 trdy 的值为 1,就表明 txdata 寄存器可以写入新的待发送数据了,将需要发送的新的数据写入 txdata 寄存器即可。循环读取状态寄存器并发送数据的代码如下:

```
void uart_putc(char c)
{
    unsigned short uart_status;                    //状态寄存器值
    do{
        uart_status = *(uart_0_virtual_base + 2);  //读取状态寄存器
    }while(!(uart_status & 0x40));                  //等待状态寄存器 bit6(trdy)为 1

    *(uart_0_virtual_base + 1) = c;                //发送一个字符
}
```

代码中使用了一个"do{}while()"的循环结构来循环读取 uart_0 的状态寄存器,并检测其中 trdy 位(bit6)的值,一旦该位为 1,就表明 txdata 寄存器可以写入新的数据了,然后跳出循环,使用指针的形式将一个数据写入 UART 控制器的 txdata

寄存器。

5. 字符串发送

有了基本的字符发送函数,就可以实现字符串发送了。基本的字符串发送函数设计思路很简单,只需要持续检测待发送的数据是否为空字符,如果为空字符则表明一串字符串发送结束,退出函数。如果为非空字符,则发送当前指针指向的字符,然后指针递增 1。简单的字符串发送函数如下:

```
void uart_printf(char * str)
{
    while( * str! = '\0')              //检测当前指针指向的数据是否为空字符
    {
        uart_putc( * str);            //发送一个字符
        str ++ ;                      //字符串指针 + 1
    }
}
```

使用该函数发送字符串就很简单了,只需调用该函数并将需要发送的字符串作为参数传入即可,例如使用该函数发送"Hello World!"的代码如下:

```
uart_printf("Hello World!\n");   //打印 Hello World 字符
```

6. 字符接收

串口接收数据也是以字符为基本单位的,当需要从串口接收一个字符的数据时,最底层的函数一般就是 getc 函数,然后上层再循环调用该函数来完成数据串的接收。使用 UART 控制器接收一个字符,其基本思路是循环读取状态寄存器的值,一旦检测到状态寄存器中 rrdy 的值为 1,就表明 rxdata 寄存器中有新的数据可以读取了,此时就将 rxdata 寄存器中的数据读取出来,返回给上层函数。循环读取状态寄存器并读取数据的代码如下:

```
int uart_getc(void)
{
    unsigned short uart_status;                  //状态寄存器值
    do{
        uart_status = * (uart_0_virtual_base + 2); //读取状态寄存器
    }while(!(uart_status & 0x80));               //等待状态寄存器 bit7(rrdy)为 1

    return * (uart_0_virtual_base + 0);          //读取一个字符并作为函数返回值返回
}
```

代码中使用了一个"do{}while()"的循环结构来循环读取 uart_0 的状态寄存器,并检测其中 rrdy 位(bit7)的值,一旦该位为 1,就表明 rxdata 寄存器中有新的数据可以读取了,然后跳出循环,使用指针的形式读取 rxdata 寄存器中的值并将该值作为函数返回值返回给上层函数。

7. 字符串接收

有了基本的字符接收函数,就可以实现字符串接收了。基本的字符串接收函数设计思路很简单,使用 uart_getc( )函数从串口读取一个字符存入接收缓存指针指向的地址,并检测新接收的数据是否为换行符"\n",如果是换行符则表明一行字符串接收结束,退出函数,返回当前接收到的字符个数。如果不是换行符,则继续读取新的数据,且接收缓存指针递增 1。简单的字符串接收函数如下:

```c
int uart_scanf(char * p)
{
    int cnt = 0;                    //接收个数计数器
    while(1)
    {
        * p = uart_getc();          //读取一个字符的数据
        cnt ++ ;
        if( * p == '\n')            //判断数据是否为换行
            return cnt;             //换行则停止计数,返回当前接收的字符个数
        else
            p ++ ;                  //接收指针加 1
    }
}
```

使用该函数接收字符串非常简单,只需调用该函数并将接收缓存的指针作为参数传入即可,例如使用该接收函数接收一行数据并存入 rx_buf 数组的代码如下:

```c
char rx_buf[128] = {0};         //定义一个 128 字节的接收数组
memset(rx_buf,0,128);           //清除数组中的内容
uart_scanf(&rx_buf);            //接收一行数据到 rx_buf 中
printf(rx_buf);                 //打印当前接收到的字符串内容
```

程序首先定义了一个 128 字节的数组,然后使用 memset( )函数清除数组中的值,接着调用 uart_scanf( )函数读取一行字符串到 rx_buf 中。最后使用 printf( )函数将 rx_buf 中的字符串内容打印出来。

注意:使用了 memset( )函数,需要包含头文件 string. h。

整个应用程序的程序清单如下:

```c
//gcc 标准头文件
# include <stdio. h>
# include <unistd. h>
# include <fcntl. h>
```

```
#include <sys/mman.h>
#include <string.h>

//HPS 厂家提供的底层定义头文件
#define soc_cv_av   //定义使用 soc_cv_av 硬件平台

#include "hwlib.h"
#include "socal/socal.h"
#include "socal/hps.h"

//与用户具体 HPS 应用系统相关的硬件描述头文件
#include "hps_0.h"

#define HW_REGS_BASE (ALT_STM_OFST )        //HPS 外设地址段基地址
#define HW_REGS_SPAN (0x04000000 )          //HPS 外设地址段地址空间
#define HW_REGS_MASK (HW_REGS_SPAN - 1 )    //HPS 外设地址段地址掩码

static volatile unsigned long * led_pio_virtual_base = NULL;    //led_pio 虚拟地址
static volatile unsigned long * button_pio_virtual_base = NULL; //button_pio 虚拟地址
static volatile unsigned long * uart_0_virtual_base = NULL;     //uart_0 虚拟地址

int fpga_init(long int * virtual_base) {
    int fd;
    void * periph_virtual_base;   //外设空间虚拟地址

    //打开 MMU
    if ((fd = open("/dev/mem", ( O_RDWR | O_SYNC))) == - 1) {
        printf("ERROR: could not open \"/dev/mem\"...\n");
        return (1);
    }

    //将外设地址段映射到用户空间
    periph_virtual_base = mmap( NULL, HW_REGS_SPAN, ( PROT_READ | PROT_WRITE),
        MAP_SHARED, fd, HW_REGS_BASE);
    if (periph_virtual_base == MAP_FAILED) {
        printf("ERROR: mmap() failed...\n");
        close(fd);
        return (1);
    }

    //映射得到 led_pio 外设虚拟地址
    led_pio_virtual_base = periph_virtual_base
```

```
        + ((unsigned long) ( ALT_LWFPGASLVS_OFST + LED_PIO_BASE)
            & (unsigned long) ( HW_REGS_MASK));
    //映射得到 button_pio 外设虚拟地址
    button_pio_virtual_base = periph_virtual_base
        + ((unsigned long) ( ALT_LWFPGASLVS_OFST + BUTTON_PIO_BASE)
            & (unsigned long) ( HW_REGS_MASK));
    //映射得到 uart_0 外设虚拟地址
    uart_0_virtual_base = periph_virtual_base
        + ((unsigned long) ( ALT_LWFPGASLVS_OFST + UART_0_BASE)
            & (unsigned long) ( HW_REGS_MASK));
    * virtual_base = periph_virtual_base;    //将外设虚拟地址保存,用于释放时使用
    return fd;
}


//串口字符发送函数
void uart_putc(char c) {
    unsigned short uart_status;    //状态寄存器值
    do {
        uart_status = * (uart_0_virtual_base + 2);    //读取状态寄存器
    } while (!(uart_status & 0x40));    //等待状态寄存器 bit6(trdy)为 1

    * (uart_0_virtual_base + 1) = c;    //发送一个字符
}


//串口字符串发送函数
void uart_printf(char * str) {
    while ( * str! = '\0')    //检测当前指针指向的数是否为空字符
    {
        uart_putc( * str);    //发送一个字符
        str++ ;    //字符串指针 + 1
    }
}


//串口字符接收函数
int uart_getc(void) {
    unsigned short uart_status;    //状态寄存器值
    do {
        uart_status = * (uart_0_virtual_base + 2);    //读取状态寄存器
    } while (!(uart_status & 0x80));    //等待状态寄存器 bit7(rrdy)为 1

    return * (uart_0_virtual_base + 0);    //读取一个字符并作为函数返回值返回
}
```

```
//串口字符串接收函数
int uart_scanf(char * p) {
    int cnt = 0;  //接收个数计数器
    while (1) {
        * p = uart_getc();  //读取一个字符的数据
        cnt ++ ;
        if ( * p == '\n')  //判断数据是否为换行
            return cnt;  //换行则停止计数,返回当前接收的字符个数
        else
            p ++ ;  //接收指针加 1
    }
}


int main(int argc, char * * argv) {

    int fd;
    int virtual_base = 0;  //虚拟基地址

    //完成 FPGA 侧外设虚拟地址映射
    fd = fpga_init(&virtual_base);

    //设置 uart_0 的波特率为 9 600 bps
    * (uart_0_virtual_base + 4) = (int) (UART_0_FREQ / 9600 + 0.5);

    uart_printf("Hello World!\n");  //打印 Hello World! 字符串
    uart_printf("Hello SoC FPGA!\n");  //打印 Hello SoC FPGA! 字符串
    uart_printf("www.corecourse.cn\n");  //打印 www.corecourse.cn 字符串

    char rx_buf[128] = { 0 };  //定义一个 128 字节的接收数组
    memset(rx_buf, 0, 128);  //清除数组中的内容
    uart_scanf(&rx_buf);  //接收一行数据到 rx_buf 中
    printf(rx_buf);  //打印当前接收到的字符串内容

    //程序退出前,取消虚拟地址映射
    if (munmap(virtual_base, HW_REGS_SPAN) != 0) {
        printf("ERROR: munmap() failed...\n");
        close(fd);
        return (1);
    }

    close(fd);  //关闭 MMU
    return 0;
}
```

6.4.4 UART IP 核板级调试

在进行实验时，由于 AC501_SoC_GHRD 中 uart_0 外设的引脚是分配到了 GPIO0 上的 FPGA_GPIO0_D6 和 FPGA_GPIO0_D7，为了能够看到串口调试对应的现象，需要使用串口调试模块来配合调试，如常见的 USB 转 TTL 串口模块。对于一个常见的基于 CH340 的 USB 转 TTL 串口模块，可按照如图 6.4.1 所示的连接方式进行连接。

图 6.4.1 USB 转串口模块和 AC501-SoC 开发板的连接

实验时，将该 USB 转串口模块连接到 PC 的 USB 端口，通过设备管理器查看到准确的串口号之后，打开串口调试助手，设置发送和接收均为 ASCII 格式，波特率为 9 600，然后打开该端口号。将 DS-5 中编译好的 fpga_uart 可执行文件使用 DS-5 中的 SSH 工具或者 WinSCP 工具将其复制到开发板中，使用"chmod ＋x fpga_uart"命令为其添加可执行权限后，在开发板的终端窗口中输入"./fpga_uart"命令运行该程序，就可以在串口调试软件中看到以下内容：

```
Hello World!
Hello SoC FPGA!
www.corecourse.cn
```

在串口调试助手的发送窗口中输入一串字符串并发送，例如输入"Hello, AC501-SoC"，按回车键发送。在开发板的终端窗口中就可以看到系统接收到的数据内容了，也为"Hello, AC501-SoC"，如图 6.4.2 所示。需要注意的是，输入完字符串后一定得加入换行后再发送，不然程序将无法正确识别字符串的结束。

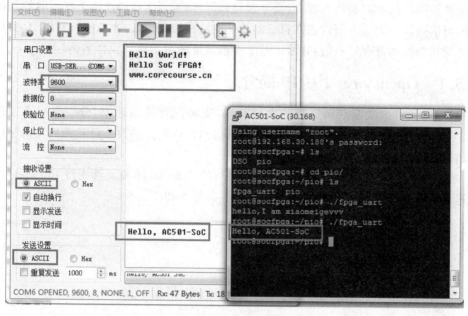

图 6.4.2　UART 收发实验结果

6.4.5　小　结

本节实验通过 uart_0 外设的编程实验,进一步复习了基于虚拟地址方式操作外设寄存器的方法,同时给出了简单的 uart 串口编程实例。由于无法使用中断,因此在同时兼顾发送和接收上存在一定的难点,本节并未针对该内容进行探讨。本节实验中的代码适合点对点一主一从式的简单数据收发,如需完整的串口应用功能,建议使用 Linux 提供的该 IP 核的内核驱动来实现。使用内核驱动程序控制该串口的相关内容,将在本书的后续章节进行讲解。

6.5　基于虚拟地址映射的 I²C 编程应用

在前面两节的内容中,通过虚拟地址映射的形式,已经完成了基于虚拟地址映射的 PIO、UART IP 核的使用。这些 IP 核对于使用过基于 NIOS Ⅱ 的 SOPC 技术开发的读者来说应该十分熟悉。而这个 oc_i2c 核,则是一个第三方开源的 IP 核,不仅提供了完整的 IP 手册,而且 Linux 系统中也有对该 IP 核的驱动支持,使用起来非常方便。而 Intel 在 Platform Designer 中提供的 Avalon I²C(Master) IP 核,由于 Linux 系统源码中没有针对该 IP 核的驱动源码,网络上也暂无相关资料,所以本书选择使用 oc_i2c 核作为系统的 I²C 控制器。

I²C 协议在基于 FPGA 的系统中应用非常广泛,从简单的 EEPROM 存储器,到各种视频图像收发器和传感器,以及电容触摸屏等,都以 I²C 协议作为基本的控制接口的通信协议。为了方便读者在自己的系统中应用该 IP 核。本节将针对该 IP 核详细介绍其功能和寄存器映射,并给出基于虚拟地址映射的驱动设计实例。

6.5.1　OpenCores I²C IP 简介

I²C 是一种两线制双向通行的串行总线,支持三种通行速率,分别为标准速度(100 kbps)、快速(400 kbps)和高速(3.5 Mbps),高速模式需要 I/O 口能够支持相应的通信速率。

OpenCores I²C IP 核实现了 I²C 协议主机的功能,该 IP 核能够支持 400 kbps 的快速通信模式和 100 kbps 的标准通信模式。其特性如下:

> 兼容飞利浦公司的 I²C 协议标准;
> 支持多主机操作控制;
> 支持软件可编程的时钟频率;
> 支持时钟拉伸和等待状态的生成;
> 软件可编程的应答位;
> 中断或查询方式的字节数据传输;
> 仲裁丢失中断并自动取消传输;
> 支持产生起始位、停止位、重复起始位和应答位;
> 支持检测起始位、停止位、重复起始位;
> 总线忙状态检测;
> 支持 7 位和 10 位地址模式;
> 支持较宽范围的输入时钟频率;
> 支持 3.5 Mbps 高速模式、400 kbps 的快速通信模式和 100 kbps 的标准通信模式。

在 OpenCores 网站上下载的原版 IP 核使用的是 Wishbone 总线,没有默认对 Avalon-MM 总线提供支持。但实际上 Wishbone 总线的 Slave 接口可以直接与 Avalon-MM Slave 接口兼容,因此只需在 IP 封装时进行简单的映射即可实现。本书不对如何进行 Wishbone 总线到 Avalon-MM 总线的映射进行讲解,仅提供一个映射好的 oc_i2c IP 核。使用时,只需将整个文件夹复制到用户当前的工程目录下,就可以在打开 Platform Designer 时自动识别到该 IP。接下来用户就可以直接像添加 UART 或 PIO 核一样添加该 IP 了。

6.5.2　OpenCores I²C IP 寄存器映射

OpenCores I²C IP 内部提供了 7 个 8 位的寄存器,但是实际占用的地址空间仅为 5 个,其中发送寄存器和接收寄存器使用同一个地址,状态寄存器和命令寄存器使用同一个地址,如表 6.5.1 所列。

表 6.5.1　OpenCores I^{2}C IP 寄存器功能描述表

名　称	地址偏移	读/写属性	寄存器描述
PRERlo	0x0	可读可写	时钟频率预分频寄存器低字节
PRERhi	0x1	可读可写	时钟频率预分频寄存器高字节
CTR	0x2	可读可写	控制寄存器
TXR	0x3	仅写	发送寄存器
RXR	0x3	仅读	接收寄存器
CR	0x4	仅写	命令寄存器
SR	0x4	仅读	状态寄存器

1. PRER——时钟频率预分频寄存器

PRER 寄存器用来设置 SCL 信号的频率,该 I^{2}C 控制器内部使用 5 倍的 SCL 时钟频率作为基本时钟,因此,预分频寄存器需要配置 5 倍的预期 SCL 信号的频率。当控制寄存器中的 EN 位为 0 时,可以通过软件编程修改该寄存器的值。

例如,如果 IP 核的输入时钟频率为 50 MHz,期望的 SCL 频率为 100 kHz,那么

$$\text{prescale} = \frac{50 \text{ MHz}}{5 \times 100 \text{ kHz}} - 1 = 99(十进制) = 63(十六进制)$$

因此需向 PRERlo 寄存器中写入 0x63,向 PRERhi 寄存器中写入 0x00。

2. CTRL——控制寄存器

CTRL 寄存器中的各个位设定了 I^{2}C IP 核工作时的各种属性,包括工作使能开关、中断使能开关。控制寄存器数据位的意义和功能描述如表 6.5.2 所列。

表 6.5.2　控制寄存器

数据位	意　义	功能描述
bit7	EN	IP 核工作使能位。 1:I^{2}C IP 核工作使能; 0:I^{2}C IP 核工作禁止
bit6	IEN	IP 核中断使能位。 1:使能 I^{2}C IP 核产生中断; 0:禁止 I^{2}C IP 核产生中断
bit[5:0]	保留	保留位,未使用

该 IP 核仅在控制寄存器中的 EN 位为 1 时才响应新的命令,只有当 IP 核没有进行数据传输时才能清零该位。如果在一个传输过程中清零该位,则 IP 核会将 I^{2}C 总线挂起。

3. TXR——发送数据寄存器

TXR 寄存器中的有效数据位分成两个部分,用以产生起始位和结束位的 STA(bit9)、STO(bit8)位。发送数据寄存器数据位的意义和功能描述如表 6.5.3 所列。

表 6.5.3　发送数据寄存器

数据位	意　义	功能描述
bit[7:1]	AD	下一个需要通过 I^2C 传输的字节数据
bit0	RW_D	当该次传输处于 I^2C 协议中的地址相时,该位数据位指定了 I^2C 传输的方向,0 表示 I^2C 写从机传输,1 表示 I^2C 读传输。当该次传输处于 I^2C 协议中的数据相时,该位数据代表了需要发送的数据的 bit[0]

4. RXR——接收数据寄存器

RXR 寄存器存储了 I^2C 控制器最新一次接收到的数据。

5. CR——命令寄存器

CR 寄存器中的各个位设置了 I^2C IP 在进行传输时的各项功能,例如是否产生起始位、应答位、结束位等。命令寄存器数据位的意义和功能描述如表 6.5.4 所列。

表 6.5.4　命令寄存器

数据位	意　义	功能描述
bit7	STA	起始位,当该位为 1 时,在本次的字符数据传输前会先产生一个起始位
bit6	STO	停止位,当该位为 1 时,在本次的字符数据传输结束后会产生一个停止位
bit5	RD	从从机读数据
bit4	WR	向从机写数据
bit3	ACK	应答位,作为接收方时,发送 ACK(ACK=0)或 NACK(ACK=1)
bit[2:1]	保留位	保留位
bit0	IACK	中断响应,当向该位写 1 时,清除中断

注意：该寄存器为只写型寄存器,只能向其中写入数据,读取该寄存器读到的永远是 0。

6. SR——状态寄存器

状态寄存器数据位的意义和功能描述如表 6.5.5 所列。

表 6.5.5　状态寄存器

数据位	意　义	功能描述
bit7	RxACK	从机应答位状态,该位指示了是否从从机接收到了应答位。1:接收到了 NACK;2:接收到了有效的 ACK

数据位	意　义	功能描述
bit6	BUSY	总线忙状态标志,当该位为 1 时,表明 I^2C 控制器正忙。检测到起始位,该位变为 1;检测到结束位,该位变为 0
bit5	AL	失去总线仲裁,检测到结束位,但是并没有读/写请求,或者 I^2C 控制器设置 SDA 信号为高,但是 SDA 信号却是低电平。此时 AL 位会置 1,指示 I^2C 控制器获取仲裁失败
bit[4:2]	保留位	保留位
bit1	TIP	当前正在传输数据,当该位为 1 时,表明 I^2C 控制器正在传输(接收或发送)数据;当该位为 0 时,表明传输完成
bit0	IF	中断标志,当有中断条件发生时,该位变为 1,在 IEN 位为 1 的情况下,会产生中断信号。以下两种情况会使中断标志位置 1: ➤ 一个字节的传输结束; ➤ 仲裁丢失

6.5.3　I^2C IP 核应用实例

在了解了 I^2C IP 核的寄存器映射之后,就可以根据寄存器功能编写简单的 I^2C 控制器驱动程序了。

1. 在 DS-5 中建立 I^2C 应用工程

要设计 I^2C IP 应用工程,第一步是在 DS-5 软件中创建工程。在 DS-5 软件中选择上一节创建的 fpga_uart 工程,复制并粘贴为新的工程,命名为 fpga_i2c,以建立好基本的工程。在复制完成之后,仍然先将新工程下的 Debug 目录删除,这样就完成了 I^2C 应用工程的创建。

2. 虚拟地址映射

第二步还是完成虚拟地址映射。映射方式和 led_pio、uart_0 外设一致,可以直接在 fpga_uart 实验中已有代码的基础上添加 i2c_0 的部分,代码如下:

```
static volatile unsigned long * led_pio_virtual_base = NULL;    //led_pio 虚拟地址
static volatile unsigned long * button_pio_virtual_base = NULL;//button_pio 虚拟地址
static volatile unsigned long * uart_0_virtual_base = NULL;    //uart_0 虚拟地址
static volatile unsigned char * i2c_0_virtual_base = NULL;    //i2c_0 虚拟地址

int fpga_init(long int * virtual_base) {
    int fd;
    void * periph_virtual_base;    //外设空间虚拟地址

    //打开 MMU
```

```
if ((fd = open("/dev/mem", ( O_RDWR | O_SYNC))) == - 1) {
    printf("ERROR: could not open \"/dev/mem\"...\n");
    return (1);
}

//将外设地址段映射到用户空间
periph_virtual_base = mmap( NULL, HW_REGS_SPAN, ( PROT_READ | PROT_WRITE),
MAP_SHARED, fd, HW_REGS_BASE);
if (periph_virtual_base == MAP_FAILED) {
    printf("ERROR: mmap() failed...\n");
    close(fd);
    return (1);
}

//映射得到 led_pio 外设虚拟地址
led_pio_virtual_base = periph_virtual_base
        + ((unsigned long) ( ALT_LWFPGASLVS_OFST + LED_PIO_BASE)
            & (unsigned long) ( HW_REGS_MASK));
//映射得到 button_pio 外设虚拟地址
......
//映射得到 uart_0 外设虚拟地址
......
//映射得到 i2c_0 外设虚拟地址
i2c_0_virtual_base = (unsigned char)(periph_virtual_base
        + ((unsigned long) ( ALT_LWFPGASLVS_OFST + I2C_0_BASE)
            & (unsigned long) ( HW_REGS_MASK)));
* virtual_base = periph_virtual_base;
//将外设虚拟地址保存,用于释放时使用
return fd;
}
```

　　虚拟地址映射的格式,相信读者经过前面两节实验的学习,已经非常地熟悉了,本节就不再赘述。只不过,与之前的 UART 和 PIO 核不同的是,本 I²C IP 核,是一个总线位宽为 8 位的 IP 核,寄存器是按照字节为单位进行编址的,因此,在定义该 IP 的虚拟地址指针时,需要定义为 8 位的 char 型,而不是之前的 PIO 和 UART 核的 long 型。同时,在最后得到 i2c_0_virtual_base 值时,使用了类型转换将 long 型的虚拟地址转换为了 char 型。

　　经过虚拟地址映射,在程序中得到了一个名为 i2c_0_virtual_base 的地址,使用该地址就能够读/写 I²C IP 核的各个寄存器了。

　　对于该 I²C 控制器,在下载的源码中提供了一个寄存器描述文件,名为"oc_i2c_master.h",在该文件中,详细描述了每个寄存器的偏移地址,以及各个功能位的掩码。该文件内容如下：

```
/* --- I²C master's 寄存器偏移地址 ---*/
/* ----- 可读可写型寄存器 */
#define OC_I2C_PRER_LO 0x00    /* 时钟频率预分频寄存器低字节偏移地址 */
#define OC_I2C_PRER_HI 0x01    /* 时钟频率预分频寄存器高字节偏移地址 */
#define OC_I2C_CTR     0x02    /* 控制寄存器偏移地址 */

/* -----只写型寄存器 */

#define OC_I2C_TXR     0x03    /* 发送寄存器偏移地址 */
#define OC_I2C_CR      0x04    /* 命令寄存器偏移地址 */

/* -----只读性寄存器 */

#define OC_I2C_RXR     0x03    /* 接收寄存器偏移地址 */
#define OC_I2C_SR      0x04    /* 状态寄存器偏移地址 */

/* -----位定义 */

/* -----控制寄存器 */
#define OC_I2C_EN (1 << 7)     /* IP 核使能位，为 1 使能，为 0 禁止 */
#define OC_I2C_IEN (1 << 6)    /* 中断使能位，为 1 使能中断，为 0 禁止中断 */

/* -----命令寄存器 */

#define OC_I2C_STA (1 << 7)    /* 产生起始位 */
#define OC_I2C_STO (1 << 6)    /* 产生结束位 */
#define OC_I2C_RD  (1 << 5)    /* 从从机读 */
#define OC_I2C_WR  (1 << 4)    /* 向从机写 */
#define OC_I2C_ACK (1 << 3)    /* 作为接收方,给从机产生应答,1:ACK;0:NACK */
#define OC_I2C_IACK (1 << 0)   /* 中断响应位 */

/* -----状态寄存器 */

#define OC_I2C_RXACK (1 << 7)  /* 来自从机的应答,1:ACK;0:NACK */
#define OC_I2C_BUSY  (1 << 6)  /* I²C 传输忙标志位 */
#define OC_I2C_TIP   (1 << 1)  /* I²C 传输过程标志位 */
#define OC_I2C_IF    (1 << 0)  /* 中断标志位 */

/* 位置位和清除宏函数定义 */
```

使用这些定义,就可以在程序中使用定义来代表具体的数值了,方便程序和阅读的维护。例如要想往该 I²C IP 核的预分频寄存器的高低字节中分别写入 0x00,0x63,就可以使用下面的代码:

```
*(i2c_0_virtual_base + OC_I2C_PRER_HI) = 0x00;    //写预分频寄存器高字节
*(i2c_0_virtual_base + OC_I2C_PRER_LO) = 0x63;    //写预分频寄存器低字节
```

而无需再使用下面的直接写偏移地址值的方式。

```
*(i2c_0_virtual_base + 1) = 0x00;  //写预分频寄存器高字节
*(i2c_0_virtual_base + 0) = 0x63;  //写预分频寄存器低字节
```

3. I²C IP 核基本寄存器配置

在使用 I²C IP 核进行基本的数据传输之前,先要对其中的一些寄存器进行合理配置,例如分频寄存器、控制寄存器。

另外,由于本例是基于虚拟地址操作的,在用户空间无法使用中断,因此开启中断没有什么意义,所以 CTR 寄存器的值全写 0。编程时,使用查询的方式来获知当前的各种状态。

另外,需要设置 I²C 控制器的预分频寄存器,例如设置 I²C 总线通信速率为 100 kbps,则

$$prescale = \frac{50\ MHz}{5 \times 100\ kHz} - 1 = 99(十进制) = 63(十六进制)$$

因此使用下面的代码来设置分频寄存器:

```
uint32_t prescale;  //预分频值
prescale = 50000000/(speed * 5) - 1;  //计算得到预分频值,speed 为期望速率
*(i2c_0_virtual_base + OC_I2C_PRER_HI) = prescale >> 8;    //写预分频寄存器高字节
*(i2c_0_virtual_base + OC_I2C_PRER_LO) = prescale & 0xff;  //写预分频寄存器低字节
```

完整的 I²C 控制器初始化代码如下:

```
int i2c_init(int speed)
{
    uint32_t prescale;  //预分频值
    prescale = 50000000/(speed * 5) - 1;
    //计算得到预分频值,speed 为期望速率
    *(i2c_0_virtual_base + OC_I2C_PRER_HI) = prescale >> 8;
    //写预分频寄存器高字节
    *(i2c_0_virtual_base + OC_I2C_PRER_LO) = prescale & 0xff;
    //写预分频寄存器低字节
    *(i2c_0_virtual_base + OC_I2C_CTR) = 0x00;   //控制寄存器
    return 0;
}
```

其中,函数的传入参数 speed 是 I^2C 总线速率。

完成设置后,就可以通过读状态寄存器来判断当前的工作状态,写发送数据寄存器来指定下一个要传输的字节内容,写命令寄存器来指定下一次传输的属性。

4. 使用 I^2C IP 读/写图像传感器寄存器

前文提到,I^2C 总线多用于各种视频图像收发器和传感器的控制接口,包括常见的图像传感器如 OV5640、OV7670,HDMI 收发器 ADV7513,PAL 视频解码器 ADV7180 等。对于图像传感器的控制接口,图像传感器厂家一般将其称为 SCCB 接口,不过这是一种兼容 I^2C 接口的协议,可以直接使用 I^2C 控制器来进行通信。接下来本节将针对 OV5640 CMOS 摄像头的 I^2C 接口协议,编写该 I^2C 控制器的应用代码。

使用 SCCB 接口与传感器通信,包含了两种情况,分别为 1 字节存储器地址和 2 字节存储器地址。如图 6.5.1 和图 6.5.2 所示为 OV7670(1 字节存储器地址)和 OV5640(2 字节存储器地址)的写 1 字节数据到指定存储单元的传输时序图。

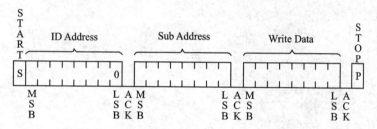

图 6.5.1　写 1 字节数据到 OV7670 的时序图

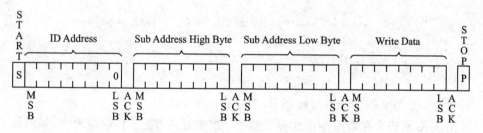

图 6.5.2　写 1 字节数据到 OV5640 的时序图

可以看到,对于 OV7670,I^2C 主机写 1 字节的数据需要在一次传输中发送 3 个字节,3 个字节的意义分别为器件地址(ID Address,OV7670 的器件地址为 0x42)、寄存器地址(Sub Address)、写入数据(Write Data)。而对于 OV5640,I^2C 主机写 1 字节的数据需要在一次传输中发送 4 个字节,4 个字节的意义分别为器件地址(ID Address,OV5640 的器件地址为 0x78)、寄存器地址高字节(Sub Address High Byte)、寄存器地址低字节(Sub Address Low Byte)、写入数据(Write Data)。

每次传输时,都会在第一个字节之前附加起始位,最后一个字节结尾之后附加上停止位。据此,就可以编写基本的 I^2C 主机向图像传感器写入 1 字节数据的函数了,代码清单如下：

```
//使用 I²C 控制以写方式传输 1 字节数据
void i2c_wr_1byte(unsigned char data, unsigned char cmd)
{
    int I2C_SR;   //状态变量

    do{
        I2C_SR = *(i2c_0_virtual_base + OC_I2C_SR);   //读取状态寄存器
    }while(I2C_SR & OC_I2C_TIP);   //判断 TIP 位是否为 0

    *(i2c_0_virtual_base + OC_I2C_TXR) = data;
    //将需要发送的内容写入发送寄存器
    *(i2c_0_virtual_base + OC_I2C_CR) = cmd;   //写命令寄存器
}

//使用 I²C 控制器写一个值到寄存器中
void i2c_wr_reg(unsigned char dev_id, unsigned short sub_addr, bool mode, unsigned char
data)
{
    i2c_wr_1byte(dev_id, OC_I2C_STA | OC_I2C_WR);
    //产生起始地址并发送器件地址
    if(mode)   //若模式为 1,则为 2 字节寄存器地址模式,
        i2c_wr_1byte(sub_addr >> 8, OC_I2C_WR);   //发送寄存器地址高字节

    i2c_wr_1byte(sub_addr & 0xff, OC_I2C_WR);   //发送寄存器地址低字节
    i2c_wr_1byte(data, OC_I2C_STO | OC_I2C_WR);
    //发送需要写的数据,并同时产生结束位
}
```

发送一字节数据的基本流程如下：

① 读取状态寄存器的 bit1 位以检测 I²C 控制器是否处于传输过程中，如果处于传输过程，则需等待传输完成。

② 向发送寄存器中写入 1 字节的待发送数据。

③ 写命令寄存器，根据是否需要产生起始位、应答位或结束位设置对应位的值，并置 WR 位为 1 来使能本次写操作。

i2c_wr_1byte(unsigned char data, unsigned char cmd)函数包含了两个参数，如下：

➢ data 为此次需要传输的字节内容；

➢ cmd 为配合此次传输所需的命令寄存器的值，例如需要同时产生起始位并写数据，则可以使 cmd=OC_I2C_STA | OC_I2C_WR，如果需要同时产生结束

位并写数据,则可以使 cmd＝OC_I2C_STO │ OC_I2C_WR。

i2c_wr_reg(unsigned char dev_id, unsigned short sub_addr, bool mode, unsigned char data)为写 1 字节数据到指定设备的指定寄存器的函数,其包含的函数说明如下:

> dev_id 参数为设备的 ID,例如对于 OV7670,该设备地址值为 0x42,而对于 OV5640,该设备地址值为 0x78;
> sub_addr 参数为存储器地址,这是一个 16 位的变量,因此可以兼容单字节和双字节寄存器地址的设备;
> mode 参数用于指定存储器地址模式,1 表示 2 字节寄存器地址模式,0 表示字节地址模式;
> data 为要写入到寄存器中的数据。

当需要对 OV5640 摄像头的某个寄存器写入确定的数据时,仅需调用该函数并传入指定的参数即可,例如,向 OV5640 的 0x3622 寄存器写入数据 1 的代码如下:

```
i2c_wr_reg(0x78, 0x3622, 1, 1);  //写 OV5640 的 0x3622 寄存器的值为 1
```

使用 SCCB 接口与传感器通信,读取一个存储器中的数据,与读取传统的 EEPROM 存储器存在一些差别。读取同样也包含了两种情况,分别为 1 字节存储器地址和 2 字节存储器地址。例如,图 6.5.3 为从 OV7670(1 字节存储器地址)的寄存器中读取一个数据的传输时序图。

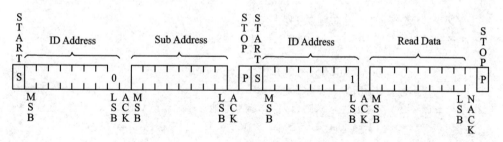

图 6.5.3 从 OV7670 读取 1 字节数据的时序图

可以看到,对于 OV7670,I²C 主机读 1 字节的数据需要一次写和一次读操作组合完成。在第一次传输中发送 2 字节,分别为器件地址写传输和 Sub Address,第二次传输发送 1 字节,读取 1 字节,发送的内容为器件地址读传输,读取到的字节为寄存器中的值。其与典型的 EEPROM 存储器不同的地方在于,在第一次传输的第二个字节发送完成并得到 ACK 信号之后,对于 EEPROM,无需产生停止位,只需重新产生起始位并传输器件地址,即可读取到数据,而对于 OV7670,在第一次传输的第二个字节发送完成并得到 ACK 信号之后,必须先发送停止位,然后再发送新的起始位和器件地址,才能读到新的数据。

对于 OV5640 其与 OV7670 的读操作本质上相同,区别仅在于 Sub Address 是

1 字节还是 2 字节,这里不再赘述。据此就可以编写基本的 I²C 主机从图像传感器读取 1 字节数据的函数了。代码清单如下:

```
//使用 I²C 控制器读 1 字节数据
unsigned char i2c_rd_1byte(unsigned char cmd)
{
    int I2C_SR;    //状态变量

    do{
        I2C_SR = * (i2c_0_virtual_base + OC_I2C_SR);    //读取状态寄存器
    }while(I2C_SR & OC_I2C_TIP);    //判断 TIP 位是否为 0

    * (i2c_0_virtual_base + OC_I2C_CR) = cmd;    //写命令寄存器

    do{
        I2C_SR = * (i2c_0_virtual_base + OC_I2C_SR);    //读取状态寄存器
    }while(I2C_SR & OC_I2C_TIP);    //判断 TIP 位是否为 0

    //从 RX 寄存器读取 1 字节的数据并返回
    return * (i2c_0_virtual_base + OC_I2C_RXR);
}


//使用 I²C 控制器写一个值到寄存器中
unsigned char i2c_rd_reg(unsigned char dev_id, unsigned short sub_addr, bool mode)
{
    i2c_wr_1byte(dev_id, OC_I2C_STA | OC_I2C_WR);
    //产生起始地址并发送器件地址
    if(mode)    //若模式为 1,则为 2 字节寄存器地址模式
        i2c_wr_1byte(sub_addr >> 8, OC_I2C_WR);    //发送寄存器地址高字节

    //发送寄存器地址低字节并产生结束位
    i2c_wr_1byte(sub_addr & 0xff, OC_I2C_STO | OC_I2C_WR);

    //产生起始地址并发送器件地址,读操作
    i2c_wr_1byte(dev_id | 0x1, OC_I2C_STA | OC_I2C_WR);

    //返回读取到的一个字节数据
    return i2c_rd_1byte(OC_I2C_STO | OC_I2C_RD | OC_I2C_ACK);
}
```

当需要从 OV5640 摄像头的某个寄存器读取一个数据时,仅需调用该函数并传入指定的参数即可,其返回值即为读取到的数据。例如,从 OV5640 的 0x3622 寄存

器读取一个数据的代码如下：

```
unsigned char reg;   //定义数据临时变量
reg = i2c_rd_reg(0x78, 0x3622, 1);   //读取 OV5640 的 0x3622 寄存器的值
printf("reg is % x\n",reg);   //打印读取到的内容
```

5. I²C IP 读/写 OV5640 摄像头板级调试

通过上述内容，完成了基于虚拟地址映射的 OpenCores I²C IP 核的控制。这里设计一个简单的测试程序，程序会首先读取摄像头的 ID 并打印，正常情况下读取到的值应该为 0x5640，然后向 0x3622 寄存器写入一个值"1"，再读回并打印。程序清单如下：

```
//gcc 标准头文件
# include <stdio.h>
# include <unistd.h>
# include <fcntl.h>
# include <sys/mman.h>
# include <string.h>
# include <stdbool.h>

//HPS 厂家提供的底层定义头文件
# define soc_cv_av   //定义使用 soc_cv_av 硬件平台

# include "hwlib.h"
# include "socal/socal.h"
# include "socal/hps.h"

//与用户具体 HPS 应用系统相关的硬件描述头文件
# include "hps_0.h"

# include "oc_i2c_master.h"

# define HW_REGS_BASE (ALT_STM_OFST )   //HPS 外设地址段基地址
# define HW_REGS_SPAN (0x04000000 )     //HPS 外设地址段地址空间
# define HW_REGS_MASK (HW_REGS_SPAN - 1 )   //HPS 外设地址段地址掩码

static volatile unsigned char * i2c_0_virtual_base = NULL;   //i2c_0 虚拟地址

int fpga_init(long int * virtual_base) {
    int fd;
    void * periph_virtual_base;   //外设空间虚拟地址
```

```c
    //打开 MMU
    if ((fd = open("/dev/mem", ( O_RDWR | O_SYNC))) == -1) {
        printf("ERROR: could not open \"/dev/mem\"...\n");
        return (1);
    }


    //将外设地址段映射到用户空间
    periph_virtual_base = mmap( NULL, HW_REGS_SPAN, ( PROT_READ | PROT_WRITE),
    MAP_SHARED, fd, HW_REGS_BASE);
    if (periph_virtual_base == MAP_FAILED) {
        printf("ERROR: mmap() failed...\n");
        close(fd);
        return (1);
    }
    //映射得到 i2c_0 外设虚拟地址
    i2c_0_virtual_base = (unsigned char * )(periph_virtual_base
        + ((unsigned long) ( ALT_LWFPGASLVS_OFST + I2C_0_BASE)
            & (unsigned long) ( HW_REGS_MASK)));
    * virtual_base = periph_virtual_base;    //将外设虚拟地址保存,用于释放时使用
    return fd;
}


int i2c_init(int speed)
{
    uint32_t prescale;    //预分频值
    prescale = 50000000/(speed * 5) - 1;    //计算得到预分频值,speed 为期望速率
    * (i2c_0_virtual_base + OC_I2C_PRER_HI) = prescale >> 8;
    //写预分频寄存器高字节
    * (i2c_0_virtual_base + OC_I2C_PRER_LO) = prescale & 0xff;
    //写预分频寄存器低字节
    * (i2c_0_virtual_base + OC_I2C_CTR) = OC_I2C_EN;    //控制寄存器
    return 0;
}


//使用 I²C 控制以写方式传输 1 字节数据
void i2c_wr_1byte(unsigned char data, unsigned char cmd)
{
    int I2C_SR;    //状态变量

    do{
        I2C_SR = * (i2c_0_virtual_base + OC_I2C_SR);    //读取状态寄存器
    }while(I2C_SR & OC_I2C_TIP);    //判断 TIP 位是否为 0
```

```
    * (i2c_0_virtual_base + OC_I2C_TXR) = data;   //将需要发送的内容写入发送寄存器
    * (i2c_0_virtual_base + OC_I2C_CR) = cmd;   //写命令寄存器
}
```

```
//使用 I²C 控制器写一个值到寄存器中
void i2c_wr_reg(unsigned char dev_id, unsigned short sub_addr, bool mode, unsigned char
data)
{
    i2c_wr_1byte(dev_id, OC_I2C_STA | OC_I2C_WR);
    //产生起始地址并发送器件地址
    if(mode)   //若模式为 1,则为 2 字节寄存器地址模式
        i2c_wr_1byte(sub_addr >> 8, OC_I2C_WR);   //发送寄存器地址高字节

    i2c_wr_1byte(sub_addr & 0xff, OC_I2C_WR);   //发送寄存器地址低字节
    i2c_wr_1byte(data, OC_I2C_STO | OC_I2C_WR);
    //发送需要写的数据,并同时产生结束位
}
```

```
//使用 I²C 控制器读 1 字节数据
unsigned char i2c_rd_1byte(unsigned char cmd)
{
    int I2C_SR;   //状态变量

    do{
        I2C_SR = * (i2c_0_virtual_base + OC_I2C_SR);   //读取状态寄存器
    }while(I2C_SR & OC_I2C_TIP);   //判断 TIP 位是否为 0

    * (i2c_0_virtual_base + OC_I2C_CR) = cmd;   //写命令寄存器

    do{
        I2C_SR = * (i2c_0_virtual_base + OC_I2C_SR);   //读取状态寄存器
    }while(I2C_SR & OC_I2C_TIP);   //判断 TIP 位是否为 0

    //从 RX 寄存器读取 1 字节的数据并返回
    return * (i2c_0_virtual_base + OC_I2C_RXR);
}
```

```
//使用 I²C 控制器写一个值到寄存器中
unsigned char i2c_rd_reg(unsigned char dev_id, unsigned short sub_addr, bool mode)
{
    i2c_wr_1byte(dev_id, OC_I2C_STA | OC_I2C_WR);
```

```
    //产生起始地址并发送器件地址
    if(mode)   //若模式为 1,则为 2 字节寄存器地址模式
        i2c_wr_1byte(sub_addr >> 8, OC_I2C_WR);   //发送寄存器地址高字节

    //发送寄存器地址低字节并产生结束位
    i2c_wr_1byte(sub_addr & 0xff, OC_I2C_STO | OC_I2C_WR);

    //产生起始地址并发送器件地址,读操作
    i2c_wr_1byte(dev_id | 0x1, OC_I2C_STA | OC_I2C_WR);

    //返回读取到的 1 字节数据
    return i2c_rd_1byte(OC_I2C_STO | OC_I2C_RD | OC_I2C_ACK);
}


int main(int argc, char * * argv) {

    int fd;
    int virtual_base = 0;   //虚拟基地址

    unsigned short  VER;   //摄像头 VID
    unsigned char  PID;   //摄像头 PID
    unsigned short CMOS_ID;   //摄像头型号

    //完成 FPGA 侧外设虚拟地址映射
    fd = fpga_init(&virtual_base);
    i2c_init(200000);

    VER = i2c_rd_reg(0x78, 0x300a, 1);   //读取 OV5640 的 0x300a 寄存器的值
    PID = i2c_rd_reg(0x78, 0x300b, 1);   //读取 OV5640 的 0x300b 寄存器的值
    CMOS_ID = (VER << 8)|PID;   //得到摄像头型号
    printf("CMOS MODE is %x\n",CMOS_ID);   //打印读取到的内容
    if(CMOS_ID == 0x5640)
    {
        i2c_wr_reg(0x78, 0x3622, 1, 1);   //写 OV5640 的 0x3622 寄存器的值为 1
        unsigned char reg;   //定义数据临时变量
        reg = i2c_rd_reg(0x78, 0x3622, 1);   //读取 OV5640 的 0x3622 寄存器的值
        printf("reg is %x\n",reg);   //打印读取到的内容
    }

    //程序退出前,取消虚拟地址映射
    if (munmap(virtual_base, HW_REGS_SPAN) != 0) {
        printf("ERROR: munmap() failed...\n");
```

```
            close(fd);
            return (1);
        }


        close(fd);   //关闭 MMU
        return 0;
    }
```

程序运行结果如图 6.5.4 所示。

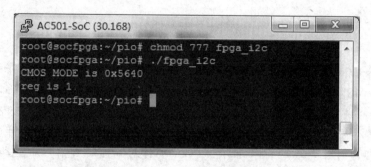

图 6.5.4　I²C 测试程序运行结果

可以看到,程序正确地读取到了摄像头的 ID,并从 0x3622 寄存器中读取到了写入的 1。因此基本的 CMOS 读/写函数就编写完成了。

6.5.4　小　结

本节针对开源的第三方 I²C IP 核进行了寄存器映射讲解,并编写了基于虚拟地址映射的读/写函数,最后使用了一个具体的 CMOS 图像传感器 OV5640 作为例子,进行了基本的板级验证,经过验证,证明该驱动确实能够正确地读/写 OV5640 摄像头的寄存器。

6.6　本章小结

本章首先介绍了什么是 Linux 系统下的虚拟地址映射;然后给出了 Linux 应用程序中实现虚拟地址映射的基本方法;并以 3 个具体的 IP 实例为基础,讲解了使用虚拟地址映射的方式进行读/写的基本思路;最后都通过具体的应用实例验证了基于虚拟地址映射方式编写的驱动函数。通过本章的学习,不仅能熟悉和掌握基于虚拟地址映射的硬件外设编程方式,还能熟悉各种外设 IP 寄存器结构和编程思路,希望读者能够基于这 3 个示例,举一反三,掌握其他 IP 核的基于虚拟地址编程的方法。

第 **7** 章

基于 Linux 应用程序的 HPS 配置 FPGA

在众多的嵌入式系统应用中,有一类应用可能需要根据不同的应用场景,动态地更改 FPGA 内部的逻辑设计,以适配不同的工作环境。例如在一个数据采集系统中,连接不同型号的模拟数据采集卡,其所需要的 FPGA 接口逻辑以及内部的数据变换处理逻辑都有可能不同。不同性能的 ADC 芯片其所能工作的采样率不一样,即所需的接口时钟频率不一样,而在 FPGA 中针对高速时钟信号希望动态修改频率,传统的方案只能使用多路时钟切换电路,或者使用 PLL 动态重配置方案。而基于 SoC FPGA 的在系统重配置 FPGA 解决方案,可以通过识别不同的 ADC 型号,选择对应的 FPGA 驱动和应用逻辑的配置数据配置到 FPGA 中,从而实现对不同硬件的匹配。而另外一个更加能够体现这种在系统重配置方案的优势情景是,如果不同的硬件,其与 FPGA 连接时同一功能属性的引脚可能分布在不同的位置,例如对于 AC501-SoC 开发板上的通用显示扩展接口,其能够连接 8080 接口的 LCD 液晶屏,也能连接 RGB 接口的 TFT 显示屏,还能够连接 VGA 输出模块,实现 VGA 视频的输出,而这三种外设的功能引脚定义都有差异,则直接连接到开发板上很难通过同一个逻辑驱动电路实现自动兼容。此时,如果系统希望能够根据连接的是 LCD、RGB-TFT 或者 VGA 来适配相应的逻辑驱动和 I/O 映射,就可以使用基于 Linux 应用程序的 HPS 在系统重配置 FPGA 方案。首先,FPGA 中可能会配置一个基本的逻辑系统,以支持 Linux 系统通过读取某些特定 I/O 的高低电平来识别连接的是 LCD 液晶屏,或是 RGB-TFT 显示屏,或是 VGA 输出电路。然后,Linux 系统再根据识别结果将支持对应硬件外设的 FPGA 配置数据流配置到 FPGA 中,这样 FPGA 中就拥有了正确兼容所连接硬件外设的驱动逻辑,Linux 也能够正常地对其实现操作了。

本章将详细讲解基于 Linux 应用程序的 HPS 在系统重配置 FPGA 的操作过程。包括制作 FPGA 逻辑部分有差异的两个 Quartus 工程,生成 Quartus 工程编译结果的可支持 Linux 应用程序配置 FPGA 的 rbf 格式文件,编译进行 FPGA 配置的 Linux 应用程序,以及最终的在系统配置 FPGA 实验操作实例。

7.1 制作 Quartus 工程

为了通过明显的实验现象展示通过 Linux 系统在线配置 FPGA 的效果,这里使用 AC501_SoC_GHRD 工程进行简单的修改,得到另一个工程。为了避免大家在刚开始接触 SoC FPGA 的时候因为操作不熟练出现低级错误耽误时间,这里提供了一种最简单的修改方式,就是交换两个 FPGA 侧 LED 灯的引脚分配,例如工程中默认 fpga_led[1]分配在 PIN_V9 上,fpga_led[0]分配在 PIN_V10 上,就可以将 AC501_SoC_GHRD 工程复制并打开,将 fpga_led[1]分配在 PIN_V10 上,而将 fpga_led[0]分配在 PIN_V9 上,然后重新编译得到 sof 文件。由于没有修改任何的逻辑设计和 Qsys 系统内容,因此无需重新生成设备树,也无需重新更新 U-Boot。例如,在本书配套的工程源码中,修改后的工程文件夹名为 AC501_SoC_GHRD_ExPin。

7.2 生成 rbf 格式配置数据

rbf 文件是 Quartus 编译生成的 FPGA 配置文件的二进制数据格式文件,主要用于外部主机通过 PS 方式配置 FPGA。

在含有 ARM 硬核的 SoC FPGA 中,可以通过 HPS 配置 FPGA,配置时分为两种情况:一种是在 HPS 处于 U-Boot 启动阶段时通过 U-Boot 配置;另一种是 Linux 启动之后通过应用程序配置。这两种配置方式都需要用到 rbf 格式的配置文件,但是这两种方式所需的 rbf 格式的配置文件又存在着差异。其中,U-Boot 阶段配置 FPGA 需要使用未经压缩的 rbf 格式文件,而在 Linux 应用程序中配置 FPGA 时,需要使用经过压缩了的 rbf 文件。默认情况下,Quartus 软件不能自动生成 rbf 文件,需要在设置中开启生成 rbf 文件选项。另外,也可以直接通过命令行的方式,从 Quartus 编译得到的 sof 文件转换得到 rbf 文件。图 7.2.1 所示为在 Quartus 中直接选中生成 rbf 文件的复选框。

需要注意的是,以这种方式生成的 rbf 文件是经过压缩的,可以支持 Linux 中使用应用程序直接配置 FPGA,但不支持 U-Boot 阶段配置 FPGA。

除了使能 Quartus 软件在编译时自动生成 rbf 文件外,用户还可以在编译结束后通过脚本命令手动实现 sof 文件到 rbf 文件的转换。

使用 sof 文件直接转换得到未经压缩的 rbf 文件的命令格式如下:

```
quartus_cpf - c my_input_file.sof my_output_file.rbf
```

使用 sof 文件直接转换得到经过压缩的 rbf 文件的命令格式如下:

```
quartus_cpf - c - o bitstream_compression = on my_input_file.sof my_output_file.rbf
```

其中,my_input_file.sof 是工程编译得到的 sof 文件,作为转换输入文件,my_

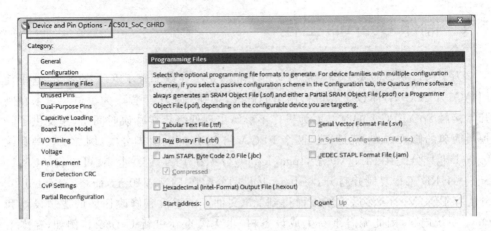

图 7.2.1　使能 Quartus 编译自动生成 rbf 文件

output_file. rbf 为转换得到的 rbf 文件,可以用来通过 HPS 配置 FPGA。

　　使用时,可以直接在 SoC EDS 软件中输入上述命令生成 rbf 文件,也可以将上述命令做成脚本,然后一键运行。这里作者倾向于直接将上述命令做成脚本,然后双击运行生成 rbf 文件。

　　打开记事本,将下列命令粘贴到记事本中,然后保存为 bat 格式。例如,保存为"sof2rbf_dc. bat"文件。

```
% QUARTUS_ROOTDIR % \\bin64\\quartus_cpf   - c   - o
bitstream_compression = on   AC501_SoC_GHRD.sof   soc_system_dc.rbf
pause
```

　　然后,将 sof2rbf_dc. bat 文件复制到工程中 sof 文件所在的目录下,直接双击运行该 bat 文件,就能生成名为 soc_system_dc. rbf 的文件了,该文件是经过压缩的 rbf 文件。

　　同样的,再打开记事本,将下列命令粘贴到记事本中,然后保存为 bat 格式。例如,保存为"sof2rbf. bat"文件。

```
% QUARTUS_ROOTDIR % \\bin64\\quartus_cpf   - c   AC501_SoC_GHRD.sof   soc_system.rbf
pause
```

　　然后,将 sof2rbf. bat 文件复制到工程中 sof 文件所在的目录下,直接双击运行该 bat 文件,就能生成名为 soc_system. rbf 的文件了,该文件是未经压缩的 rbf 文件。

　　注意:在上述命令内容中,AC501_SoC_GHRD. sof 名字需要换成读者工程中实际的 sof 文件的名字。

　　图 7.2.2 所示为分别使用 sof2rbf. bat 和 sof2rbf_dc. bat 脚本生成的 rbf 文件,可以看到,两者大小差距较大,soc_system. rbf 为 4 146 KB,而 soc_system_dc. rbf 仅为 1 270 KB。

名称	修改日期	类型	大小
soc_system_dc.rbf	2018-07-30 11:35	RBF 文件	1,270 KB
sof2rbf_dc.bat	2018-07-30 11:35	Windows 批处理...	1 KB
soc_system.rbf	2018-07-30 11:34	RBF 文件	4,146 KB
sof2rbf.bat	2018-07-30 11:33	Windows 批处理...	1 KB
AC501_SoC_GHRD.rbf	2018-07-30 9:07	RBF 文件	1,270 KB
AC501_SoC_GHRD.sof	2018-07-30 9:07	SOF 文件	4,586 KB

图 7.2.2　使用脚本生成的 rbf 文件

另外,图 7.2.2 中还有一个名为 AC501_SoC_GHRD.rbf 的文件,该文件是选中 Quartus 自动生成 rbf 复选框后生成的 rbf 文件,可以看到,其与使用命令方式生成的压缩后的 rbf 文件大小一致。

7.3　编译 Linux 配置 FPGA 应用程序

如果要在 Linux 运行时配置 FPGA,则需要有一个 Linux 应用程序来完成此操作。该应用程序会读取指定的 rbf 文件并通过 HPS 的 FPGA 管理器外设将数据流配置到 FPGA 中。在 AC501-SoC 开发板的配套光盘资料中,提供了一个名为 hps_config_fpga 的 Linux 应用工程源码,使用时仅需导入到 DS-5 中,就可以进行编译调试了,如图 7.3.1 所示。

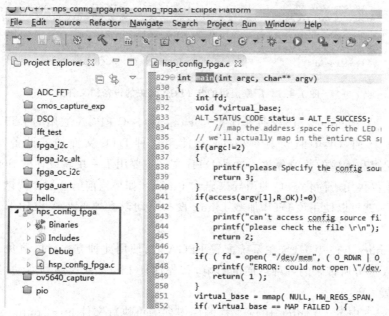

图 7.3.1　基于 Linux 的 hps_config_fpga 工程

该程序实际上和之前介绍的基于虚拟地址映射的外设编程方式一致,将 HPS 中的 FPGA 管理器外设通过虚拟地址映射的方式得到每个寄存器的虚拟地址,然后通过直接读/写寄存器的方式完成 FPGA 的配置。

7.4 在系统重配置 FPGA 实验

要进行在系统重新配置 FPGA 的实验,首先要获得希望配置进入 FPGA 的 rbf 格式的配置数据流文件。在前面,已经介绍了如何一键生成 rbf 文件的脚本,这里仅需将带压缩属性的生成脚本分别复制到 AC501_SoC_GHRD 和 AC501_SoC_GHRD_ExPin 工程的 output_files 目录下并运行,即可得到对应的 rbf 文件,为了以示区分,将 AC501_SoC_GHRD_ExPin 工程生成的 rbf 文件手动重命名为 soc_system_expin_dc.rbf,然后将这两个 rbf 文件都复制到 soc 开发板的 SD 卡中。

从 x:\intelFPGA\17.1\embedded\embeddedsw\socfpga\prebuilt_images 路径中复制 socfpga_cyclone5.dtb 到 SD 卡中,并重新命名为 socfpga.dtb,替换 SD 卡中已有的 socfpga.dtb 文件,如图 7.4.1 所示。

本地磁盘 (D:) ▶ intelFPGA ▶ 17.1 ▶ embedded ▶ embeddedsw ▶ socfpga ▶ prebuilt_images ▶

新建文件夹

名称	修改日期	类型	大小
CycloneV_Linux_SDCard.tar.gz	2017 10 28 0:09	WinRAR 压缩文件	233,189 KB
socfpga arria5.dtb	2017-10-20 2:33	DTB 文件	30 KB
socfpga_cyclone5.dtb	2017-10-20 2:33	DTB 文件	31 KB
linux-cyclone5.ds	2017-10-20 2:33	DS 文件	1 KB
Arria10_Linux_SDCard.tar.gz	2017-10-20 2:32	WinRAR 压缩文件	228,690 KB
kernel.config	2017-10-20 2:30	XML Configurati...	81 KB

图 7.4.1 厂家提供的与 FPGA 无关的设备树文件

socfpga_cyclone5.dtb 文件是所有 Cyclone V SoC FPGA 通用的 DTB 文件,它们不依赖于 FPGA 中的软 IP。Linux 在使用这种 DTB 文件加载设备时不需要 FPGA 配置和桥接的复位释放。这种 DTB 文件主要用于一块新设计的 SoC 板卡的启动或是仅仅用于简化 SoC 的引导来启动 Linux。如果当前的开发和调试与 FPGA 部分无关,就可以使用该 DTB 加载 Linux 设备驱动以去掉 FPGA 设计带来的复杂部分。

在 Linux 下使用 HPS 在系统配置 FPGA 时,使用此种方式可以避免 Linux 加载 FPGA 部分所带来的各种可能的影响,首先保证 Linux 系统顺利启动,然后再由 HPS 配置 FPGA。

将 DS-5 中 hps_config_fpga 工程编译得到的可执行文件 hps_config_fpga 复制到 SD 卡中。

将"第 6 章　基于虚拟地址映射的 Linux 硬件编程"中 PIO 核驱动 LED 和按键的 DS-5 实验代码编译得到的可执行文件 pio 复制到 SD 卡中,此文件用于完成 FPGA 配置后测试 FPGA 部分的逻辑外设功能。

复制完所有文件的 SD 卡根目录中的文件列表如图 7.4.2 所示。

SD Card (F:)			
建文件夹			
名称	修改日期	类型	大小
soc_system_expin_dc.rbf	2018-07-30 20:17	RBF 文件	1,260 KB
hps_config_fpga	2018-07-30 17:02	文件	20 KB
soc_system_dc.rbf	2018-07-30 11:35	RBF 文件	1,270 KB
zImage	2018-07-10 10:26	文件	4,010 KB
pio	2018-07-09 13:03	文件	9 KB
socfpga.dtb	2017-10-20 2:33	DTB 文件	31 KB
u-boot.scr	2017-09-14 3:45	屏幕保护程序	1 KB

图 7.4.2　复制好重配置所需文件的 SD 卡根目录

设置 AC501-SoC 开发板的 MSEL 拨码开关值为 4'b01110 或 4'b01010,然后使用复制好文件的 SD 卡启动 AC501-SoC 开发板。

启动完成后,由于上述执行重配置相关的文件都是存放在 SD 卡的 FAT 分区中的,所以需要先挂载到 Linux 系统下。使用下述命令完成 FAT 分区在 Linux 系统中的挂载:

```
mount - t vfat /dev/mmcblk0p1 /mnt
```

然后使用 cd 命令切换到 mnt 路径下。

```
cd /mnt
```

输入 ls 命令就能看到该目录下存在的所有文件了。新复制的文件可能没有可执行权限,使用"chmod 777 ∗"命令可以一次性为所有文件增加可执行权限。

添加好可执行权限后,首先使用未做修改的 AC501_SoC_GHRD 工程的配置数据 soc_system_dc.rbf 来配置 FPGA,然后输入以下命令即可。

```
./hps_config_fpga soc_system_dc.rbf
```

程序完成 FPGA 配置之后,可以看到 AC501-SoC 开发板上的两个 LED 灯被点亮了,同时在串口终端上显示如图 7.4.3 所示的内容。

可以看到,串口终端提示 FPGA 已经配置成功。此时输入"./pio"执行编译好的按键控制 LED 程序"pio",然后按下开发板上的 S7 键,可以看到 LED 灯 D8 随着 S7 的每次按下发生亮灭状态的切换,按下开发板上的 S8 键,可以看到 LED 灯 D9 随着

```
COM3 - PuTTY                                                          □ ▣ ✕
root@socfpga: # mount -t vfat /dev/mmcblk0p1 /mnt
[  53.710351] FAT-fs (mmcblk0p1): Volume was not properly unmounted. Some data
may be corrupt. Please run fsck.
root@socfpga: # cd /mnt
root@socfpga:/mnt# ls
hps_config_fpga         soc_system_expin_dc.rbf   zImage
pio                     socfpga.dtb
soc_system_dc.rbf       u-boot.scr
root@socfpga:/mnt# chmod 777 *
root@socfpga:/mnt# ./hps_config_fpga soc
soc_system_dc.rbf       soc_system_expin_dc.rbf   socfpga.dtb
root@socfpga:/mnt# ./hps_config_fpga soc_system_dc.rbf
INFO: alt_fpga_control_enable().
INFO: alt_fpga_control_enable OK.
alt_fpga_control_enable OK  next config the fpga
INFO: MSEL configured correctly for FPGA image.
soc_system_dc.rbf file.file open success
INFO: FPGA Image binary at 0xb2c89008.
INFO: FPGA Image size is 1299736 bytes.
INFO: alt_fpga_configure() successful on the 1 of 5 retry(s).
INFO: alt_fpga_control_disable().
root@socfpga:/mnt#
```

图 7.4.3　Linux 配置 FPGA 终端显示信息

S8 的每次按下发生亮灭状态的切换。

按下 Ctrl＋Z 或 Ctrl＋C 键结束 pio 程序的运行。然后使用交换了 LED0 和 LED1 引脚的 AC501_SoC_GHRD_ExPin 工程的配置数据 soc_system_expin_dc.rbf 来配置 FPGA，输入以下命令即可。

```
./hps_config_fpga soc_system_expin_dc.rbf
```

程序完成 FPGA 配置之后，可以看到串口终端上再次提示 FPGA 配置成功的信息。此时，再次执行编译好的按键控制 LED 程序"pio"，然后按下开发板上的 S7 键，可以看到 LED 灯 D9 随着 S7 键的每次按下发生亮灭状态的切换，按下开发板上的 S8 键，可以看到 LED 灯 D9 随着 S8 键的每次按下发生亮灭状态的切换，这就验证了 FPGA 中确实被配置进入了另一个 FPGA 配置数据。

7.5　本章小结

本章通过详细的示例，介绍了如何在 Linux 运行起来后使用 Linux 应用程序来完成 FPGA 部分的重配置过程，并提供了使用配置 FPGA 的 Linux 应用程序源码，方便读者加深对 HPS 配置 FPGA 原理的理解。读者可以直接使用本书提供的该应用程序的可执行文件，应用到自己板卡的 Linux 在线配置 FPGA 应用中。

第 **8** 章

编译嵌入式 **Linux** 系统内核

SoC FPGA 上的 HPS 能够运行标准的 Linux 系统。而 Linux 系统是一个高度可裁剪的系统，支持用户根据自己实际的硬件平台选择需要的驱动和功能，并编译得到 Linux 系统镜像。通过这种方式，可以使编译得到的 Linux 系统镜像文件非常小，以便于部署到各种嵌入式硬件板卡上。

开发基于 SoC FPGA 的嵌入式系统应用，如果仅仅使用基于虚拟地址映射的方式开发 Linux 应用程序，则无需开发 Linux 内核驱动和修改 Linux 内核配置，实际上是可以不用安装 Linux 操作系统作为主机环境的。按照本书前面讲解的基于虚拟地址映射的方式，可直接在 Windows 系统中使用 DS-5 开发软件进行 Linux 应用程序的编写和编译。但是，如果需要编写 Linux 内核驱动，或者修改 Linux 内核的配置，则必须先获得一个 Linux 主机环境。通常情况下，可以通过以下 3 种方式获得 Linux 环境。

1. 双系统安装

如果没有闲置的计算机，或者现有 Windows 系统的计算机有足够的硬盘空间，则可以考虑划分一部分硬盘空间，用于安装 Linux 操作系统，最终形成双系统的计算机。此种方式经济实惠，且对计算机硬件要求不太高。但是安装双系统有一定的风险，一不小心就有可能造成整个硬盘数据的丢失。而且在开发过程中使用到 Windows 工具时，需进行系统切换，这不是很方便的。

2. 全新硬盘安装

如果有足够的计算机可用，则可以选择一台计算机安装 Linux 操作系统。这种方式不用考虑多系统并存的问题，且对计算机硬件要求不太高，但是也存在无法方便地使用 Windows 系统的问题。

3. 安装虚拟机

如果计算机配置较高，则可以考虑虚拟机方案。在 Windows 下安装虚拟机软件，然后通过虚拟机软件创建一台虚拟计算机，最后在虚拟计算机中安装 Linux 操作系统；当然也可以先安装 Linux，然后在 Linux 中安装虚拟机再安装 Windows 操作系统。

常用的虚拟机软件有 VMware、Virtual Box 和 Virtual PC 等，不同虚拟机软件的使用方法稍有不同。下面以 VMware 为例进行介绍。

➤ 优点：安装和使用 Linux 都很方便，还可同时使用 Windows 系统。

➤ 缺点：对计算机硬件要求高，特别是内存，推荐 4 GB 及以上。

在 Windows 下使用虚拟机，除了可以继续使用 Windows 下的工具之外，还有下列好处：

➤ 一台计算机可以同时创建多台虚拟机，这样就可以存在多个不同版本的 Linux 系统；

➤ 在硬件允许的情况下，甚至可以同时运行多台虚拟机；

➤ 安装好的虚拟机可以任意复制，方便在不同计算机之间迁移和扩散。

鉴于使用虚拟机方式存在的众多便利，且如今大部分计算机的性能也已足够支持虚拟机的运行，因此笔者推荐大家在做开发时使用虚拟机的方式。接下来本章将讲解虚拟机以及虚拟机中 Linux 发行版系统的安装。

8.1 安装 VMware

VMware 软件可以从 VMware 官网下载，其地址为 www.vmware.com，VMware 分为免费和收费两种。由于 Ubuntu16.04 版本在免费版本上安装时会有一些小问题，因此本书选择使用 VMware Workstation Pro 版本。VMware Workstation Pro 为收费版本，但是该版本支持 30 天免费试用，用户可以在前期评估时使用其功能。

用户可以自行从 www.vmware.com 网站上下载 VMware Workstation Pro，或者使用 AC501-SoC FPGA 开发板资料包中提供的 VMware-workstation-full-12.5.2-4638234.exe 安装包。安装过程非常简单，每一步都按照默认选项直接单击"下一步"按钮，在最后的激活页面中选择 30 天免费试用并输入自己的邮箱即可，如图 8.1.1 所示。

图 8.1.1 选择 30 天免费试用

安装完成后,软件界面如图 8.1.2 所示。

图 8.1.2　VMware Workstation Pro 主界面

8.2　安装 Ubuntu 系统

通过安装 VMware Workstation Pro 软件,获得了安装 Linux 系统的基本软硬件。安装好虚拟机后,就可以在该虚拟机中安装 Linux 操作系统了。Linux 有众多发行版,就算是常用的发行版也有十几种,不同的发行版之间在安装和使用上也都有所差异。选择一个合适的发行版,首先,要考虑该发行版的流行度,发行版越流行,其使用的用户越多,遇到问题时寻求技术支持就越方便,如果选择小众的发行版,那么寻求技术支持就不那么方便了。其次,要考虑该发行版使用的难易程度,通常来说,发行版越简单易用越流行。

进行嵌入式 Linux 开发还必须考虑嵌入式 Linux 开发工具的问题。最好选择处理器半导体厂商以及开发平台厂商所选择的发行版,这样能够直接使用半导体或者开发平台原厂提供的各种工具,以减少开发过程中的障碍。

Intel 公司推荐开发 Intel SoC FPGA 的版本为 Ubuntu,因此本书就选择了 Ubuntu 发行版来作为 AC501-SoC 开发板的开发编译环境,下面的安装和使用都以 Ubuntu 为例进行介绍。Ubuntu 本身有很多版本,我们选择的版本是 Ubuntu 16.04.3 LTS。

8.2.1　使用现成的 Ubuntu 系统镜像

要得到一个能够作为 SoC FPGA 嵌入式编程环境的 Ubuntu 宿主机,有两种方式:第一种是直接使用板卡商提供的现成的系统镜像;第二种是完全从零开始安装配置系统。

AC501-SoC 开发板资料包中已经提供了现成的虚拟机镜像文件,名为 Ubuntu-16.04_xmg。该虚拟机已经配置好了各种环境变量,安装好了各种所需的支持库,并下载好了 Linux 系统源码。用户在使用时无需做任何配置修改,即可用来编译 Linux 内核和驱动程序,使用起来非常方便。

该镜像文件需占用 6.8 GB 的存储空间。使用时先将该镜像文件解压到硬盘,存放在本地的路径,如图 8.2.1 所示。

名称	修改日期	类型	大小
soc-cl1.vmdk	2018/7/25 10:12	360压缩	21,408,76...
Ubuntu16.04_xmg.nvram	2018/7/25 10:08	VMware 虚拟机...	9 KB
Ubuntu16.04_xmg.vmsd	2018/7/25 10:08	VMware 快照元...	0 KB
Ubuntu16.04_xmg.vmx	2018/7/25 10:12	VMware 虚拟机...	4 KB
Ubuntu16.04_xmg.vmxf	2018/7/25 10:12	VMware 组成员	1 KB

图 8.2.1　解压虚拟机镜像文件到硬盘

然后打开 VMware Workstation Pro 软件,在软件主界面中单击"打开虚拟机",如图 8.2.2 所示。

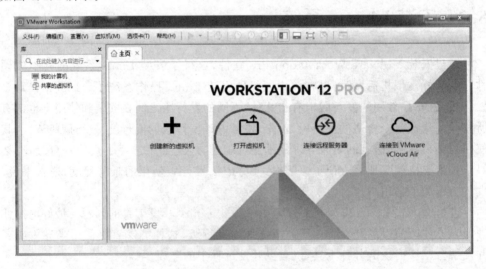

图 8.2.2　打开虚拟机镜像

定位到 Ubuntu16.04_xmg.vmx 系统镜像的路径,选择 Ubuntu16.04_xmg.vmx,即可在 VMware 中打开该虚拟机,如图 8.2.3 所示。

虚拟机加载成功后,VMware 软件界面的内容如图 8.2.4 所示。在直接开启此虚拟机之前,还需要根据实际的 PC 硬件性能和所工作的网络环境更改相应的设置。

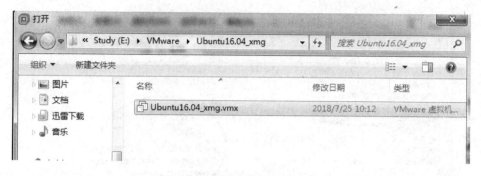

图 8.2.3　选择虚拟机镜像文件

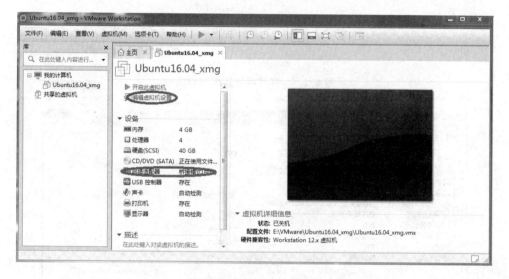

图 8.2.4　编辑虚拟机设置

单击"编辑虚拟机设置",弹出如图 8.2.5 所示的对话框,这里主要对内存和网卡两个硬件进行配置。

单击"网络适配器",右边将显示当前对应的网络设置,虚拟机默认使用的是桥接模式,在此种模式下虚拟机和 Windows 系统各自使用自己独立的 IP 地址,该模式适用于家庭宽带网络环境。而对于高校和企业,可能每台计算机的 IP 地址都是固定分配的,那么使用桥接模式虚拟机将无法联网。此时选中"NAT 模式(N):用于共享主机的 IP 地址"单选按钮,即可实现虚拟机和 Windows 系统共享网络地址,这样虚拟机就能够正常联网了。

单击"内存",在右侧的"内存"选项组中根据自己计算机的实际物理内存大小,合理设置分配给虚拟机的内存空间,如图 8.2.6 所示。一般推荐分配非虚拟机的内存空间不低于 1 GB,对于内存空间充足的计算机,适当加大虚拟机内存占用空间能够提升虚拟机的运行速度。

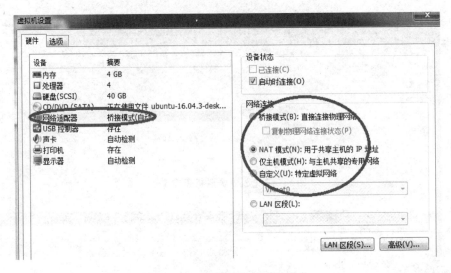

图 8.2.5　修改网络适配器模式

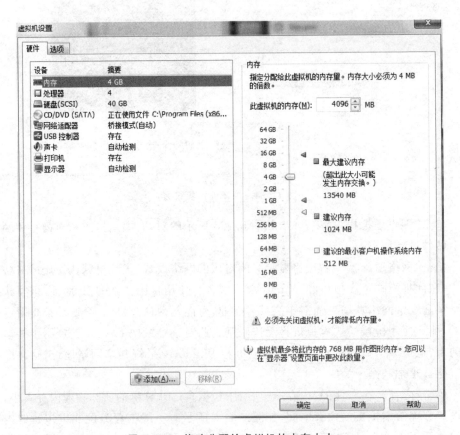

图 8.2.6　修改分配给虚拟机的内存大小

全部都修改完成后,单击"开启此虚拟机"即可启动该虚拟机,然后使用系统密码"xiaomeige"即可登录系统。

8.2.2 安装全新的 Ubuntu 系统

如果读者有兴趣、有能力,也可以直接使用系统原版镜像文件自行安装配置虚拟机。下面将介绍安装全新 Ubuntu 系统的方法。

Ubuntu 16.04 下载地址:www.ubuntu.com/download/alternative-downloads。

由于安装包文件的大小约为 1.5 GB,所以下载时需要一定的时间。在 AC501-SoC FPGA 开发板资料包中也提供了 Ubuntu 16.04.3 软件安装包,名为"ubuntu-16.04.3-desktop-amd64.iso",用户安装时可以直接选中资料包中提供的离线安装包。接下来就介绍如何通过 Vmware Workstation 安装 Ubuntu 16.04 系统。

第一步,打开 VMware Workstation Pro 软件,选择"文件"→"新建虚拟机"菜单项,打开一个新建虚拟机向导,如图 8.2.7 所示。

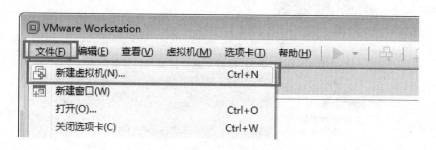

图 8.2.7 打开新建虚拟机向导

在打开的新建虚拟机向导中,选中"典型(推荐)"单选按钮并单击"下一步"按钮,如图 8.2.8 所示。

第二步,选择需要安装的客户机操作系统,这里的安装来源有 3 种模式,分别为从"安装程序光盘"中安装,从"安装程序光盘映像文件(iso)"安装和"稍后安装操作系统"(创建空白硬盘,暂不安装)。其中,最方便的方式是直接使用"安装程序光盘映像文件(iso)"安装。使用"安装程序光盘映像文件(iso)"安装并不需要将镜像文件刻录到光盘中,只需将镜像文件存放在计算机硬盘或 U 盘中,即可像使用光盘镜像一样使用。这里,我们通过单击"浏览"按钮选择 AC501-SoC FPGA 开发板资料包中提供的 Ubuntu 16.04 系统的映像文件,来指定所需安装的操作系统。选择完毕之后,单击"下一步"按钮,如图 8.2.9 所示。

第三步,设置 Linux 系统的名称和用户名。例如在本例中,选择的系统名称为"soc",用户名为"fpgaer",为了便于记忆,用户名和密码保持一致,也为 fpgaer。设定完成之后,单击"下一步"按钮,如图 8.2.10 所示。

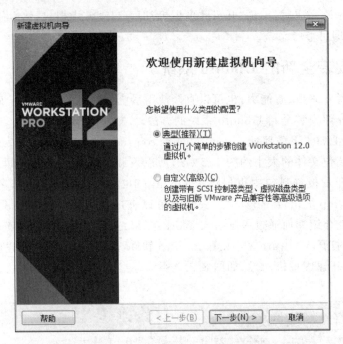

图 8.2.8　选中"典型(推荐)"单选按钮进行安装配置

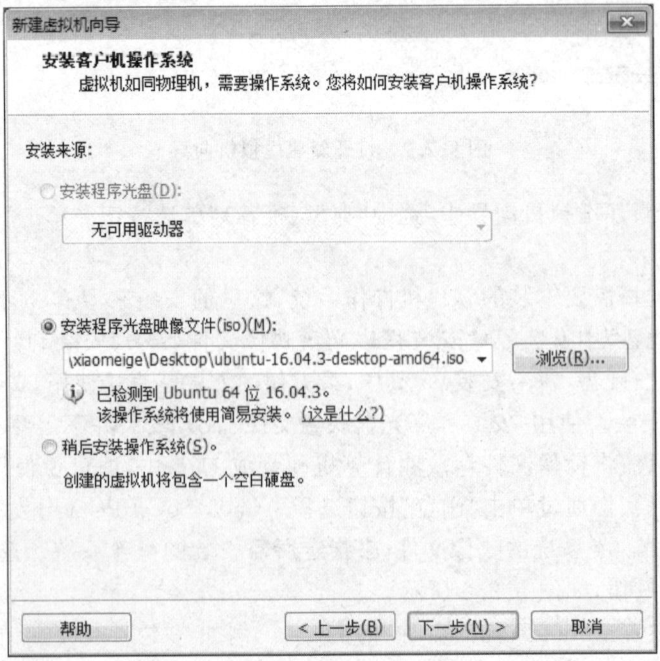

图 8.2.9　选择所需安装的操作系统

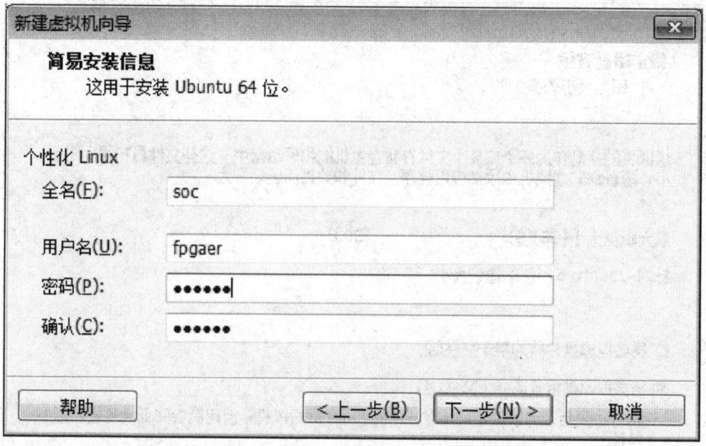

图 8.2.10 设置用户名和密码

第四步,设定虚拟机名称。本虚拟机主要用于 soc 系统的开发,因此命名为 soc_ubuntu。同时指定系统的安装目标位置,这里手动修改为 D:\soc_ubuntu。然后单击"下一步"按钮,如图 8.2.11 所示。

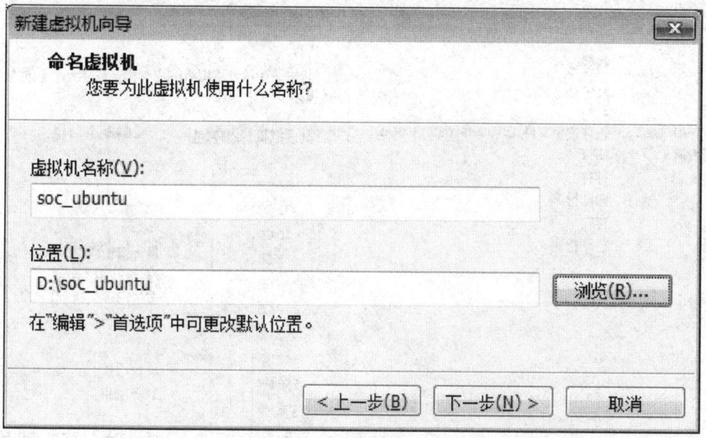

图 8.2.11 命名虚拟机

第五步,指定虚拟机占用磁盘大小。这里需要用户根据自己 PC 硬盘可用空间的大小进行设置,建议不低于 20 GB。同时选择虚拟机的存储模式为多文件模式,然后单击"下一步"按钮,如图 8.2.12 所示。

第六步,指定硬件。该选项对虚拟机的运行功能和性能有较大影响,尤其是第一项:内存大小。该选项需要用户根据自己 PC 的内存容量进行合理设置,内存太小,会影响虚拟机运行性能;内存太大,又会导致 Windows 系统可用内存减小,影响 Windows 系统性能。推荐 8 GB 或 8 GB 以上内存的 PC,内存大小设置为 2 048 MB 或更大。设置完成后,单击"关闭"按钮,如图 8.2.13 所示。

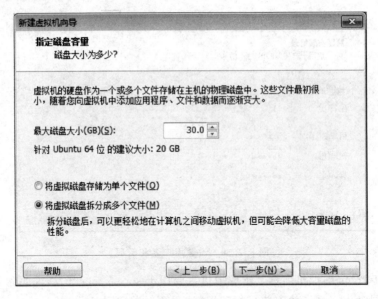

图 8.2.12　设置磁盘容量和存储方式

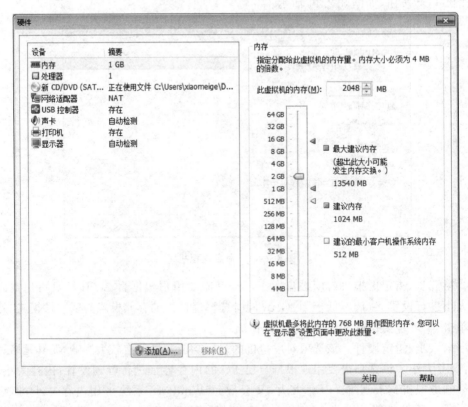

图 8.2.13　设置虚拟机内存大小

以上步骤都执行完成后,单击"完成"按钮,即可开始安装 Ubuntu 系统,如图 8.2.14 所示。

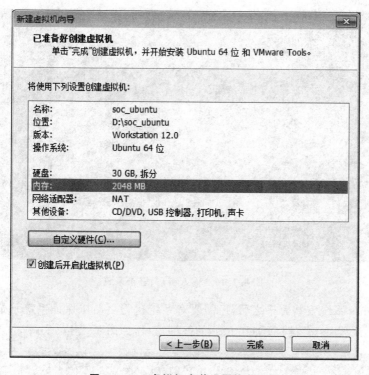

图 8.2.14　虚拟机安装设置信息汇总

安装过程中,会弹出可移动设备的连接提示信息,这里选中"不再显示此提示"复选框,并单击"确定"按钮,如图 8.2.15 所示。

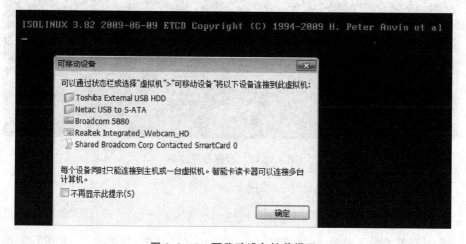

图 8.2.15　可移动设备挂载提示

安装完成后,会弹出用户登录界面,输入之前设置好的密码"fpgaer",即可登录系统,如图 8.2.16 所示。

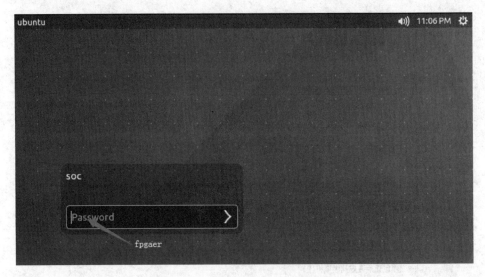

图 8.2.16　输入密码,登录系统

当 Linux 系统安装完毕之后,还需要对系统执行更新以保证系统是最新的。按下 Ctrl+Alt+T 组合键打开 Ubuntu 的终端窗口,如图 8.2.17 所示。

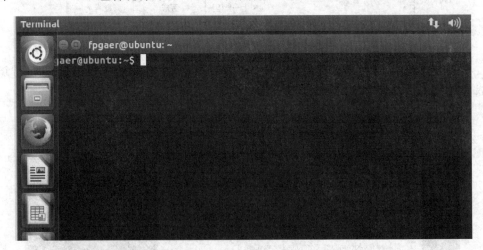

图 8.2.17　打开命令终端

在终端窗口中执行以下命令并按回车键。

```
sudo apt update
```

系统会要求输入密码,输入安装系统时设置好的密码,如图 8.2.18 所示。本机的密码为"fpgaer"。

注意：输入密码的过程中窗口不会有任何信息展示，输入完成后直接回车即可。然后系统会启动更新过程。

图 8.2.18　输入密码

更新过程中命令行窗口会弹出各种更新信息，更新完成后的界面如图 8.2.19 所示。

图 8.2.19　更新完毕

接下来更新关联库。在命令窗口中输入以下命令，该操作会耗时 15～20 min，视用户具体网速而有所不同。

```
sudo apt dist - upgrade  - y
```

由于安装的是 64 位系统，因此在编译 32 位系统程序时，还需要安装 32 位支持库，否则会编译出错，例如提示"error while loading shared libraries：libstdc++. so. 6"的错误。

安装 32 位支持库的方法很简单，直接输入以下命令即可。

```
sudo apt install libstdc + + 6
sudo apt install lib32stdc + + 6
sudo apt install lib32z1
```

至此,Ubuntu 虚拟机就安装好了。

8.3 下载 Linux 系统源码

要编译嵌入式 Linux 系统,需要有相应的 Linux 系统源码文件。Intel 会将支持的 Linux 操作系统源码上传到 github 上。使用时,用户可以登录 github 网站,下载相应的源码包。Intel SoC FPGA 的 Linux 源码包为 linux-socfpga,可在网址 https:// github. com/altera-opensource/linux-socfpga 上下载得到。

图 8.3.1 打开 firefox 浏览器

在 Ubuntu 中,打开 firefox 浏览器,如图 8.3.1 所示,在地址栏中输入上述地址,如图 8.3.2 所示。

> ⓘ 🔒 GitHub, Inc. (US) | https://github.com/altera-opensource/linux-socfpga
>
> and review coo

图 8.3.2 输入内核源码下载地址

在该网址中上传了较多版本的内核,选择一个版本的内核源码包,例如本书选择了 socfpga-4.5 版本,如图 8.3.3 所示。如果读者已经有能力进行开发,或者需要用

图 8.3.3 选择 4.5 版本的内核源码

最新的版本内核,则可以考虑下载其他版本的内核;如果是跟着本书内容学习,则强烈建议选择 4.5 版本,否则由于内核版本的差异化可能会导致一些自己编写的驱动程序无法正常加载的问题。

　　单击 Clone or download 按钮,选择 Download ZIP 文件,如图 8.3.4 所示。

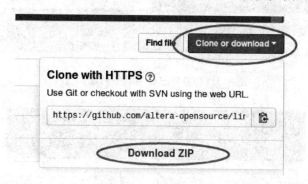

图 8.3.4　下载系统源码

　　在弹出的系统文件保存对话框中,选中 Save File 单选按钮并单击 OK 按钮,即可开始下载源码,如图 8.3.5 所示。

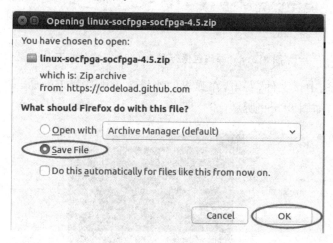

图 8.3.5　保存源码包

　　单击浏览器右上角的下载图标可以查看当前正在下载的任务,如图 8.3.6 所示。

图 8.3.6　查看正在下载的内容

下载完成后,单击文件名右侧的文件夹图标,即可打开下载好的文件所在位置,如图 8.3.7 所示,文件默认保存在 Downloads 文件夹下,如图 8.3.8 所示。

图 8.3.7　查看已经下载好的源码包

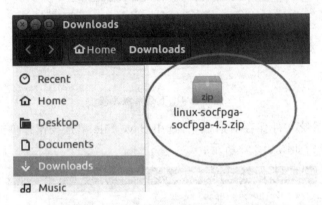

图 8.3.8　源码包保存在 Downloads 文件夹下

使用鼠标选中该文件,右击,在弹出的快捷菜单中选择 Extract Here,即可将压缩包解压出来,如图 8.3.9 所示。

图 8.3.9　解压源码包

为了方便后续使用,可以将解压后的文件目录移动到一个方便操作的地方。例如,在命令终端下输入下述命令,将该目录移动到用户的 home 目录下并改名为 linux-socfpga。

```
mv ~/Downloads/linux - socfpga - socfpga - 4.5 ~/linux - socfpga
```

8.4　设置交叉编译环境

由于嵌入式系统资源匮乏,一般不能像 PC 一样安装本地编译器和调试器,也不能在本地编写、编译和调试自身运行的程序,而需要借助其他系统如 PC 来完成这些工作,这样的系统通常称为宿主机。

宿主机通常是 Linux 系统,并安装交叉编译器、调试器等工具;宿主机也可以是 Windows 系统,安装嵌入式 Linux 集成开发环境。在宿主机上编写和编译代码,通过串口、网口或者硬件调试器将程序下载到目标系统运行,嵌入式 Linux 开发系统示意图如图 8.4.1 所示。

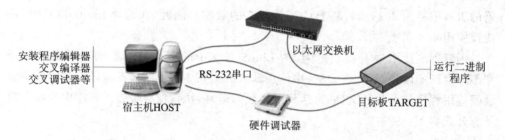

图 8.4.1　嵌入式 Linux 开发系统示意图

所谓的交叉编译,就是在宿主机平台上使用某种特定的交叉编译器,为某种与宿主机不同平台的目标系统编译程序,得到的程序在目标系统上运行而非在宿主机本地运行。这里的平台包含两层含义:一是核心处理器的架构,二是所运行的系统。这样,交叉编译有以下 3 种情形:

① 目标系统与宿主机处理器相同,运行不同的系统;

② 目标系统与宿主机处理器不同,运行相同的系统;

③ 目标系统与宿主机处理器不同,运行不同的系统。

实际上,在 PC 上进行非 Linux 的嵌入式开发,哪怕使用 IDE 集成环境如 Keil、ADS、Realview,都是交叉编译和调试的过程,只是 IDE 工具隐藏了细节,没有明确提出这个概念而已。

交叉编译器是在宿主机上运行的编译器,但是编译后得到的二进制程序却不能在宿主机上运行,而只能在目标机上运行。交叉编译器命名方式一般遵循"处理器-系统-gcc"这样的规则,通过名称便可以知道交叉编译器的功能。例如下列交叉编译器：

> arm-none-eabi-gcc,表示目标处理器是 ARM,不运行操作系统,仅运行前后台程序；
> arm-uclinuxeabi-gcc,表示目标处理器是 ARM,运行 uClinux 操作系统；
> arm-none-linux-gnueabi-gcc,表示目标处理器是 ARM,运行 Linux 操作系统；
> mips-linux-gnu-gcc,表示目标处理器是 MIPS,运行 Linux 操作系统。

进行 ARM Linux 开发,通常选择 arm-linux-gcc 交叉编译器。ARM-Linux 交叉编译器可以自行从源代码编译,也可以从第三方获取。对于 Intel 的 SoC FPGA,厂家推荐使用的是 Linaro 编译器,该编译器可以从 launchpad 网站或者 Linaro 官网下载得到。由于本书之前已经讲解了在 Windows 系统中使用 DS-5 中集成的 Linaro 交叉编译器编译 Linux 应用程序,此时又需要在 Linux 系统中编译 Linux 内核,因此需保证两者所使用的交叉编译器版本相同。

在前面讲解基于虚拟地址映射的 Linux 应用程序编程时,使用的是 17.1 版本 Quartus 软件配套的 DS-5 软件中自带的 arm-linux-gnueabihf 工具链。在软件安装目录下(D:\intelFPGA\17.1\embedded\ds-5\sw\gcc)有一个说明文件,说明该编译器的版本编号为 2014.04,基于 GCC 4.8.3 的版本。因此,在编译 Linux 内核时,也应该使用 4.8.3 版本。

笔者曾经使用过 4.7.3 版本作为 Linux 系统中的交叉编译器,使用该版本编译器编译得到的内核,运行在 DS-5 中使用默认的 4.8.3 版本编译器编译得到的数字示波器应用程序的可执行文件时,遇到浮点数的运算,执行便会报错。程序中的浮点数计算公式如下：

```
gird_time = x/sample_rate = 1 * 10^11 / sample_rate;
```

当程序运行到该算式时,系统运行会报"Floating point exception"的错误,如图 8.4.2 所示。该错误正是由于不同版本的编译器对浮点数计算的差异化处理造成的。

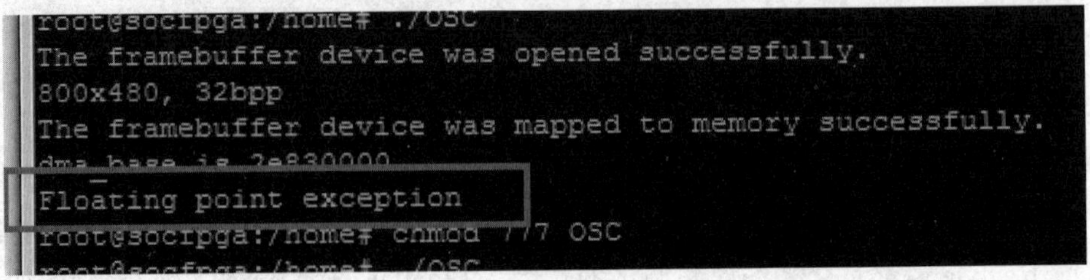

图 8.4.2 编译器版本差异导致程序运行出错

要解决这个问题,只能统一编译器版本,所以选择将 Ubuntu 中的编译器更新到 4.8.3。之前提到,Intel 会在 launchpad 网站更新编译器和源码,但是现在 launchpad 网站上没有 4.8.3 版本,launchpad 网站上对应的最新版本是 4.8.2。但是该版本的软件 bug 较多,在编译 Linux 内核时会报"error: ♯error Your compiler is too buggy"的错误。新版本的编译器需要到 linaro 官网下载,不过 Linaro 官网上最旧的版本都是 4.9-2016.02 了,无法直接下载得到。所以,如果需要使用 Quartus Prime 17.1 版本软件中自带的编译器,请直接从 AC501-SoC 开发板资料包中复制该版本编译器到 Ubuntu 系统中,再解压安装即可。

在 Ubuntu 系统中,使用 mkdir 命令在用户 home 目录下新建一个名为 tools 的目录,命令如下:

```
mkdir ~/tools
```

使用 WinSCP 工具复制 AC501-SoC 开发板资料包中的"gcc-linaro-arm-linux-gnueabihf-4.8-2014.04_linux.tar.xz"文件到 Ubuntu 系统中的 tools 目录下。然后使用解压命令解压到当前目录,命令如下:

```
cd  ~/tools
tar  xvf  gcc-linaro-arm-linux-gnueabihf-4.8-2014.04_linux.tar.xz
```

解压完成后,在 tools 目录下就能看到工具链了,如图 8.4.3 所示。

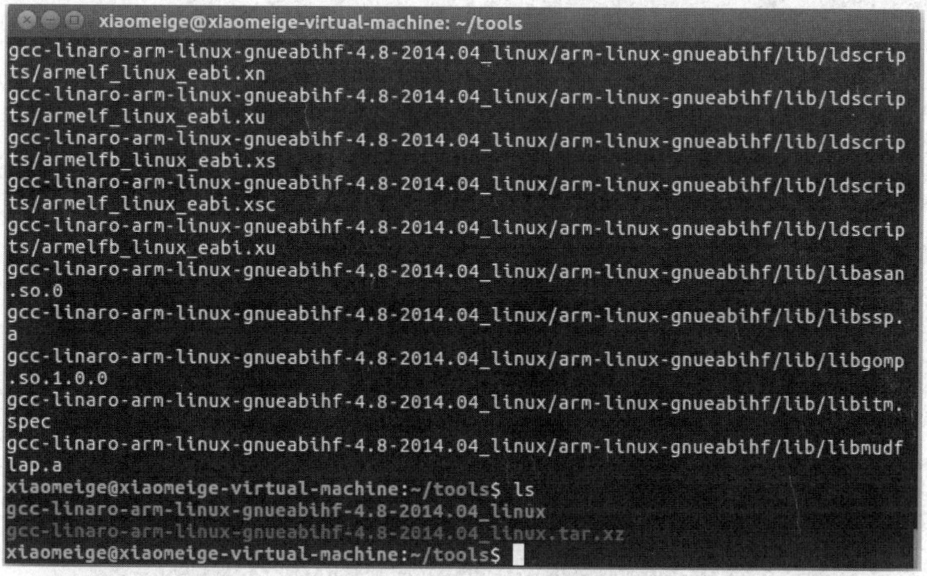

图 8.4.3 解压交叉编译工具链

打开命令终端,使用下述命令打开用户初始化文件"~/.profile"。

```
gedit ~/.profile
```

该文件会在 gedit 软件中打开,在文件的末尾添加编译器的路径,如图 8.4.4 所示。

```
Open ▾  ⊞

# ~/.profile: executed by the command interpreter for login shells.
# This file is not read by bash(1), if ~/.bash_profile or ~/.bash_login
# exists.
# see /usr/share/doc/bash/examples/startup-files for examples.
# the files are located in the bash-doc package.

# the default umask is set in /etc/profile; for setting the umask
# for ssh logins, install and configure the libpam-umask package.
#umask 022

# if running bash
if [ -n "$BASH_VERSION" ]; then
    # include .bashrc if it exists
    if [ -f "$HOME/.bashrc" ]; then
        . "$HOME/.bashrc"
    fi
fi

# set PATH so it includes user's private bin directories
PATH="$HOME/bin:$HOME/.local/bin:$PATH"

export PATH=/home/xiaomeige/tools/gcc-linaro-arm-linux-gnueabihf-4.8-2014.04_linux/bin:$PATH
```

图 8.4.4   添加环境变量

添加的路径内容如下：

export PATH = /home/xiaomeige/tools/gcc - linaro - arm - linux - gnueabihf - 4.8 - 2014. 04_linux/bin: $ PATH

注意：路径中 xiaomeige 段需要改为用户自己的实际用户名。

添加完毕后保存并关闭文件，此时交叉编译工具设置项还并未生效，为了使交叉工具立即生效，可以通过执行 source /home/xiaomeige/. profile 命令来立即使该设置生效。上述命令执行完成后，在终端中输入"arm"然后连续按 2 次 Tab 键，就能自动列出所有的可用命令了，如图 8.4.5 所示。

```
●●●  xiaomeige@xiaomeige-virtual-machine: ~/tools/gcc-linaro-arm-linux-gnueabihf-4.8-2014.0

014.04_linux$ gedit /home/xiaomeige/.profile
xiaomeige@xiaomeige-virtual-machine:~/tools/gcc-linaro-arm-linux-gnueabihf-4.8-2
014.04_linux$ source /home/xiaomeige/.profile
xiaomeige@xiaomeige-virtual-machine:~/tools/gcc-linaro-arm-linux-gnueabihf-4.8-2
014.04_linux$ arm
arm2hpdl                             arm-linux-gnueabihf-gfortran
arm-linux-gnueabihf-addr2line        arm-linux-gnueabihf-gprof
arm-linux-gnueabihf-ar               arm-linux-gnueabihf-ld
arm-linux-gnueabihf-as               arm-linux-gnueabihf-ld.bfd
arm-linux-gnueabihf-c++              arm-linux-gnueabihf-ldd
arm-linux-gnueabihf-c++filt          arm-linux-gnueabihf-ld.gold
arm-linux-gnueabihf-cpp              arm-linux-gnueabihf-nm
arm-linux-gnueabihf-dwp              arm-linux-gnueabihf-objcopy
arm-linux-gnueabihf-elfedit          arm-linux-gnueabihf-objdump
arm-linux-gnueabihf-g++              arm-linux-gnueabihf-pkg-config
arm-linux-gnueabihf-gcc              arm-linux-gnueabihf-pkg-config-real
arm-linux-gnueabihf-gcc-4.8.3        arm-linux-gnueabihf-ranlib
arm-linux-gnueabihf-gcc-ar           arm-linux-gnueabihf-readelf
arm-linux-gnueabihf-gcc-nm           arm-linux-gnueabihf-size
arm-linux-gnueabihf-gcc-ranlib       arm-linux-gnueabihf-strings
arm-linux-gnueabihf-gcov             arm-linux-gnueabihf-strip
arm-linux-gnueabihf-gdb
xiaomeige@xiaomeige-virtual-machine:~/tools/gcc-linaro-arm-linux-gnueabihf-4.8-2
014.04_linux$ arm
```

图 8.4.5   查看编译器是否设置成功

8.5 配置和编译内核

对内核进行正确配置后才能进行编译,如果配置不当,则有可能编译出错,或者不能正确运行。

8.5.1 快速配置内核

输入"cd/home/xiaomeige/linux-socfpga"命令进入 Linux 内核源码顶层目录,然后输入"make menuconfig"命令,进入基于 Ncurses 的 Linux 内核配置主界面。**注意**:主机须安装 Ncurses 相关库才能正确运行该命令并出现配置界面。如果没有安装 Ncurses 相关库,请在命令行中输入以下命令完成 Ncurses 库的安装。

```
sudo apt install build - essential
sudo apt install libncurses5
sudo apt install libncurses5 - dev
```

如果没有在 Makefile 中指定 ARCH,则须在命令行中指定,如下:

```
make ARCH = arm menuconfig
```

基于 Ncurses 的 Linux 内核配置界面不支持鼠标操作,必须用键盘操作,基本操作方法如下:

- ➤ 通过键盘的方向键移动光标,选中的子菜单或者菜单项高亮显示;
- ➤ 按 Tab 键实现光标在菜单区和功能区切换;
- ➤ 子菜单或者选项高亮,将光标移到功能区选中<Select>并按回车键;
- ➤ 如果是子菜单,则按回车键进入子菜单;
- ➤ 如果是菜单选项,则按空格键可以改变选项的值;
- ➤ 对于 bool 型选项,[*]表示选中,[ ]表示未选中;
- ➤ 对于 tristate 型选项,< * >表示静态编译,<M>表示编译为模块,< >表示未选中;
- ➤ 对于 int、hex 和 string 类型选项,按回车键进入编辑菜单;
- ➤ 连续按两次 ESC 键或者选中<Exit>回车,将退回到上一级菜单;
- ➤ 按斜线(/)键可启用搜索功能,输入关键字后可搜索全部菜单内容;
- ➤ 配置完毕,将光标移动到配置界面末尾,选中"Save an Alternate Configuration File"后回车,保存当前内核配置,默认配置文件名为.config,如图 8.5.1 所示。

在 Linux 系统源码的 arch/arm/configs 目录下,存放着很多处理器的内核配置文件,这些一般由处理器厂家提供,方便用户根据自己的需求在对应的配置文件上进行简单的修改,以得到用户自定义的系统,因为从零开始配置一个适用的内核不仅工作量巨大,而且很容易出错。

对于 Intel 的 SoC FPGA 芯片,Linux 源码中已经提供好了一个名为 socfpga_defconfig 的配置文件,我们对内核的配置和修改,建议基于此配置文件进行。因此,在进行配置前,需要先将该配置文件导入默认配置文件.config 中,操作方法很简单。

第一步,还是指定硬件架构,输入"export ARCH＝arm"命令来指定处理器架构为 ARM。如果不指定硬件架构,系统就会默认使用 x86 架构的处理器,从而导致无法成功开启配置界面,如图 8.5.1 所示。

第二步,使用 make socfpga_defconfig 命令选择厂家提供的基本配置设置。

```
xiaomeige@xiaomeige-virtual-machine: ~/linux-socfpga
xiaomeige@xiaomeige-virtual-machine:~$ ls
code          Downloads      linux-socfpga   Public      Templates  zip
Desktop       examples.desktop  Music        snap        tools
Documents     home           Pictures        software    Videos
xiaomeige@xiaomeige-virtual-machine:~$ cd linux-socfpga/
xiaomeige@xiaomeige-virtual-machine:~/linux-socfpga$ make socfpga_defconfig
  HOSTCC   scripts/basic/fixdep
  HOSTCC   scripts/basic/bin2c
  HOSTCC   scripts/kconfig/conf.o
  HOSTCC   scripts/kconfig/zconf.tab.o
  HOSTLD   scripts/kconfig/conf
***
*** Can't find default configuration "arch/x86/configs/socfpga_defconfig"!
***
scripts/kconfig/Makefile:108: recipe for target 'socfpga_defconfig' failed
make[1]: *** [socfpga_defconfig] Error 1
Makefile:537: recipe for target 'socfpga_defconfig' failed
make: *** [socfpga_defconfig] Error 2
xiaomeige@xiaomeige-virtual-machine:~/linux-socfpga$ export ARCH=arm
xiaomeige@xiaomeige-virtual-machine:~/linux-socfpga$ make socfpga_defconfig
#
# configuration written to .config
#
xiaomeige@xiaomeige-virtual-machine:~/linux-socfpga$
```

图 8.5.1　设定处理器架构

第三步,使用 menuconfig 命令打开内核配置界面,输入"make ARCH＝arm menuconfig"命令打开内核配置界面,如图 8.5.2 所示。

关于内核的详细配置内容,本书不做介绍,这里仅选择几个与 AC501_SoC_GHRD 工程相关的设备驱动的使能方式进行介绍。

1. 使能 Altera UART 驱动

在 AC501_SoC_GHRD 工程中,添加 UART 串口外设,而 Linux 系统的驱动源码中已经有了对该串口控制器的驱动支持,因此可以通过使能 Linux 系统中的该驱动支持来快速实现对 FPGA 侧添加的 UART IP 的驱动。

另外,Linux 系统还支持 Altera JTAG UART。为了后面万一用到时不用再重新配置内核,这里也一并使能。

选择 Device Drivers → Character devices → Serial drivers 菜单项,在 Altera

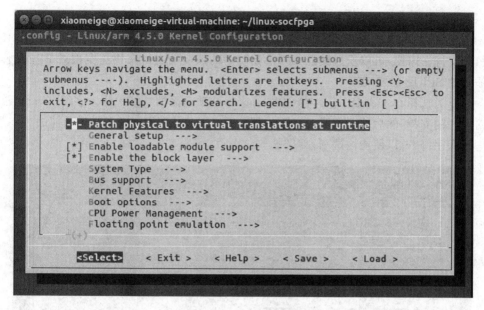

图 8.5.2　内核配置界面

JTAG UART support、Altera UART support 和 Altera UART console support 选项前的"< >"中输入字符"y"以使能该选项，如图 8.5.3 所示。

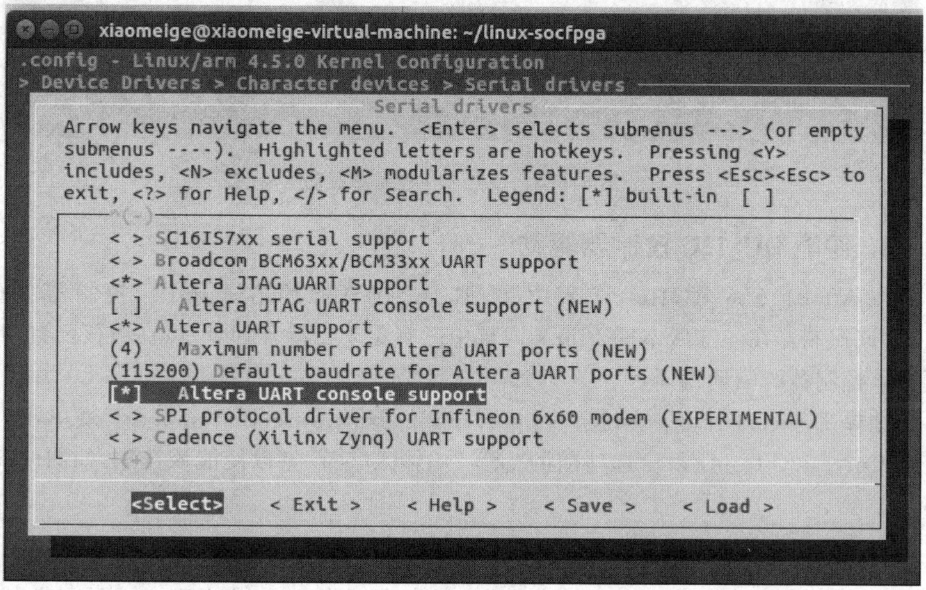

图 8.5.3　使能 UART 控制器驱动

按 Esc 键可以返回上一层。

2. 使能 Altera SPI 驱动

除了对 UART IP 核的驱动支持外,4.5 版本的 Linux 源码中还提供了对 SPI IP 核的支持。因此,可以通过使能 Linux 系统中的该驱动支持来快速实现对 FPGA 侧添加的 SPI IP 的驱动。

首先选择 Device Drivers,在 SPI support 选项前面的"[ ]"中输入字符"y"以使能对 SPI 的支持,然后按回车键进入下一层。在 Altera SPI Contorller 选项前的"< >"中输入字符"y"以使能该选项,如图 8.5.4 所示。

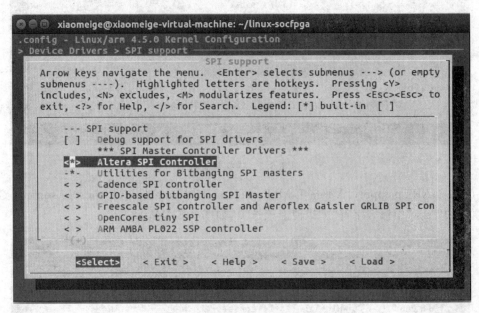

图 8.5.4 使能 SPI 控制器驱动

3. 使能 OC_I2C 控制器驱动

在 AC501_SoC_GHRD 工程中,添加了一个开源的第三方 I^{2}C 控制器"OC_I2C",该控制器在 4.5 版本的 Linux 内核中已有驱动支持,因此可以在内核配置中打开对该控制器的驱动编译。

选择 Device Drivers→I2C Support→I2C Hardware Bus support 菜单项,在 OpenCores I2C Controller 选项前的"< >"中输入字符"y"以使能该选项,如图 8.5.5 所示。

4. 使能 Framereader 驱动

在 AC501_SoC_GHRD 工程中,添加了用于图形显示用的 FrameReader 控制器,该控制器对应到 Linux 系统中应该为 Framebuffer 属性。4.5 版本的 Linux 源码中已经提供了对该 FremeReader 控制器的驱动支持,通过使能该驱动,就可以在 AC501-SoC 开发板配套的 5 in 显示屏上显示图形和文字了。

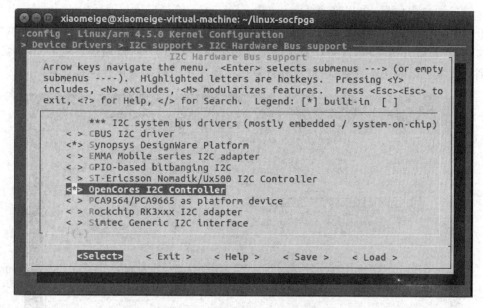

图 8.5.5　使能 OC_I2C 控制器驱动

选择 Device Drivers→Graphics support→Frame buffer Devices 菜单项，在 Altera VIP Frame Reader framebuffer support 选项前的"< >"中输入字符"y"以使能该选项，如图 8.5.6 所示。

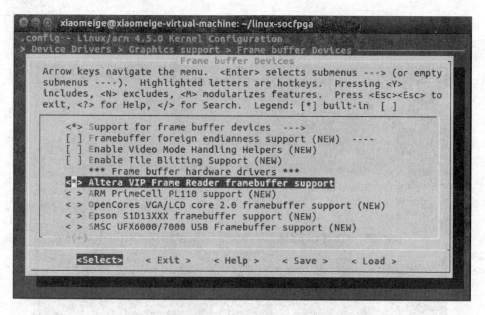

图 8.5.6　使能 Altera VIP Frame Reader 驱动

另外，为了支持使用显示屏作为 console 终端，能在显示屏上直接登录并输入和反馈各种命令信息,可以选择 Device Drivers→Graphics support→Console display driver support 菜单项,使能 Framebuffer Console support 选项,如图 8.5.7 所示。这样,在系统开机之后,就会在显示屏上显示登录界面,用户可以通过连接 USB 键盘到开发板上以输入各种命令,就像在计算机上使用串口终端操作开发板一样。

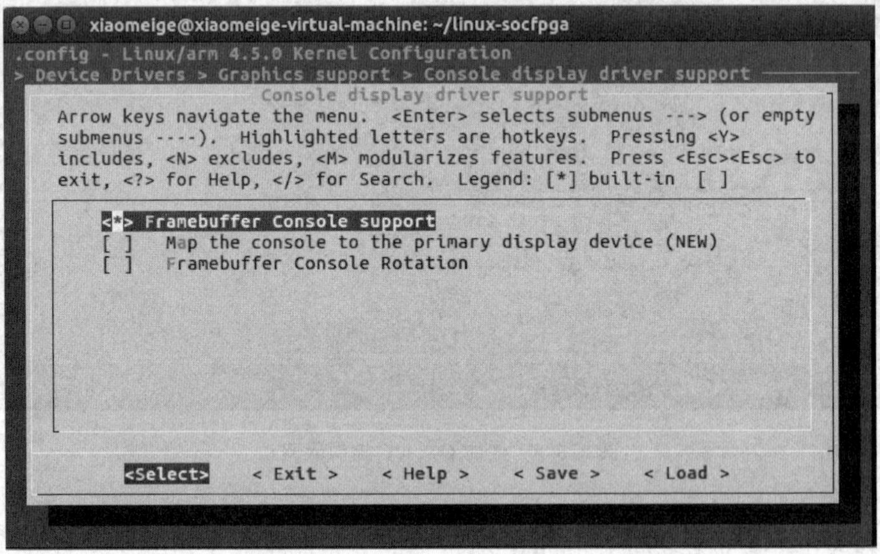

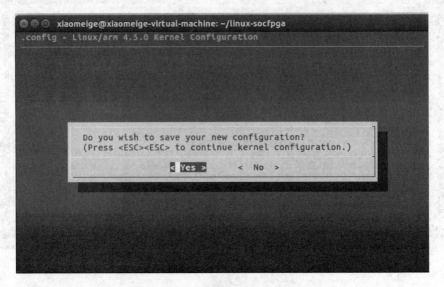

图 8.5.7 使能 Framebuffer Console support

至此,针对 AC501_SoC_GHRD 工程的 Linux 内核配置就完成了。连续按下 Esc 键直到弹出保存对话框,选择 Yes 保存该配置,如图 8.5.8 所示。

图 8.5.8 保存当前配置内容

8.5.2 保存内核配置文件

配置完成后会将当前配置暂存在 .config 文件中，这是个临时文件。为了将当前配置保存，以便日后再次编译内核时能直接使用本次配置好的内容，可以使用 savedefconfig 命令将当前配置信息存储起来，下次再需要按照此配置编译内核时，就可以直接使用该配置文件了。例如将该配置存储为 ac501_defconfig，命令如下：

```
make savedefconfig && mv defconfig arch/arm/configs/ac501_defconfig
```

保存完成后，会在 arch/arm/configs/路径下存在一个名为 ac501_defconfig 的文件，如图 8.5.9 所示。

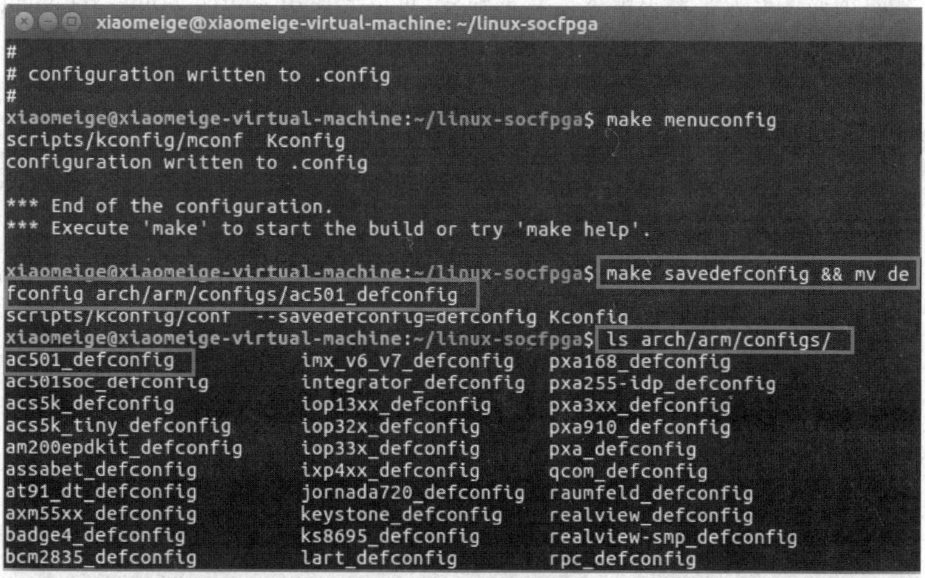

图 8.5.9 保存配置文件

这样，当下次需要对 AC501 开发板的内核配置进行编译时，使用 make ac501_defconfig 命令，将该配置文件的内容更新到源码根目录的 .config 文件中，就可以使用 make 命令按照此配置编译内核了。当然，也可以使用 make menuconfig 命令来打开配置界面重新修改配置。

8.5.3 编译内核

通过上述配置，得到了一个名为 ac501_defconfig 的配置文件，存放于 arch/arm/configs/目录下，当需要使用该配置编译内核时，需要按照以下步骤进行：

① 输入 su 命令，切换到 root 用户。

② 输入 root 用户的密码，如果 root 账户还未设置密码，则需要使用 passwd 命

令先设置 root 账户密码。

③ 使用 cd/home/xiaomeige/linux-socfpga 命令切换到 linux-socfpga 目录下。

④ 执行下列命令以设置处理器架构和交叉编译工具。

注意：对于编译环境的路径，每个用户可能都不一样，需要用户根据自己计算机的路径进行修改。

```
export ARCH = arm
export CROSS_COMPILE = /home/xiaomeige/mysoftware/gcc - linaro - arm - linux - gnueabihf
- 4.8 - 2014.04_linux/bin/arm - linux - gnueabihf -
```

另外，由于在之前设置交叉编译环境时已经通过修改. profile 文件设置好了环境变量，因此这里为了避免输入太长的命令，可以先使用 source/home/xiaomeige/. profile 命令将 xiaomeige 用户的环境变量更新到 root 用户环境变量中，然后就可以直接使用下面的命令来指定处理器架构和交叉编译工具了。

```
export ARCH = arm
export CROSS_COMPILE = arm - linux - gnueabihf -
```

如果是在 root 账户下，则命令前面的 sudo 可以省略。

⑤ 使用 make ac501_defconfig 命令加载配置好的针对 AC501 开发板的 linux 内核配置。

⑥ 输入 make 命令开始编译内核，编译过程视用户的 PC 性能，耗时 5～20 min。

⑦ 编译完成之后，会生成内核的 zImage 镜像文件，该文件默认存放在 linux-socfpga/arch/arm/boot 目录下，如图 8.5.10 所示。

```
 LD [M]  crypto/sha256_generic.ko
 CC      drivers/char/hw_random/rng-core.mod.o
 LD [M]  drivers/char/hw_random/rng-core.ko
 CC      drivers/misc/altera_sysid.mod.o
 LD [M]  drivers/misc/altera_sysid.ko
 CC      drivers/usb/gadget/function/usb_f_mass_storage.mod.o
 LD [M]  drivers/usb/gadget/function/usb_f_mass_storage.ko
 CC      drivers/usb/gadget/legacy/g_mass_storage.mod.o
 LD [M]  drivers/usb/gadget/legacy/g_mass_storage.ko
 CC      drivers/usb/gadget/libcomposite.mod.o
 LD [M]  drivers/usb/gadget/libcomposite.ko
root@xiaomeige-virtual-machine:/home/xiaomeige/linux-socfpga# ls arch/arm/boot
bootp  compressed  dts  Image  install.sh  Makefile  zImage
root@xiaomeige-virtual-machine:/home/xiaomeige/linux-socfpga# ls -l  arch/arm/bo
ot
total 12704
drwxrwxr-x 2 xiaomeige xiaomeige    4096 8月  22  2016 bootp
drwxrwxr-x 2 xiaomeige xiaomeige    4096 8月   4 20:36 compressed
drwxrwxr-x 3 xiaomeige xiaomeige   69632 8月   4 20:36 dts
-rwxr-xr-x 1 root      root      8849340 8月   4 20:35 Image
-rw-rw-r-- 1 xiaomeige xiaomeige    1648 8月  22  2016 install.sh
-rw-rw-r-- 1 xiaomeige xiaomeige    3190 8月  22  2016 Makefile
-rwxr-xr-x 1 root      root      4071008 8月   4 20:36 zImage
root@xiaomeige-virtual-machine:/home/xiaomeige/linux-socfpga#
```

图 8.5.10　编译生成的 zImage 内核

8.5.4 使用内核启动开发板

将 zImage 文件复制到 AC501-SoC 开发板的 SD 卡中,复制 AC501_SoC_GHRD 工程生成的.dtb 文件和.rbf 文件到启动 SD 卡中,设置 MSEL[4:0]=5'b00000,然后启动 AC501-SoC 开发板,PuTTY 中开始显示启动信息。在众多的启动信息中,以下几条较为重要。

① 内核信息,在显示 Starting kernel 信息之后的第二行,开始显示内核的详细信息,包括内核版本、编译主机、编译器版本、编译时间,如图 8.5.11 所示。可以看到,该内核版本为 4.5,编译主机正是笔者所用 Ubuntu 系统的 root 账户,gcc 交叉编译器版本为 4.8.3,最能证明该内核就是我们刚刚编译出来的信息就是时间,显示该内核编译时间为 Aug 4 20:35:49 CST 2018,与图 8.5.11 中显示的内核编译时间相同。

图 8.5.11 内核版本信息

② 设备驱动加载,在众多的启动信息之中,下面 3 条设备驱动加载信息值得关注,如图 8.5.12 所示。这 3 条信息详细内容分别为:

➢ "[0.163868] altvipfb ff200100.vip:fb0:altvipfb frame buffer device at 0x1ee00000+0x177000"。

➢ "[0.740348] ff200060.serial:ttyAL0 at MMIO 0xff200060(irq=20,base_baud=3125000) is a Altera UART"。

➢ "[0.756011] spi_altera ff200040.spi:base e0a56040,irq 21"。

第一条,表明识别到了 altvipfb 设备并加载了驱动,创建的设备名称为 fb0;

第二条,表明识别到了 Altera UART 设备并加载了驱动,创建的设备名称为 ttyAL0;

第三条,表明识别到了 spi_altera 控制器,由于 SPI 的属性是总线而非设备,因此没有创建设备节点。

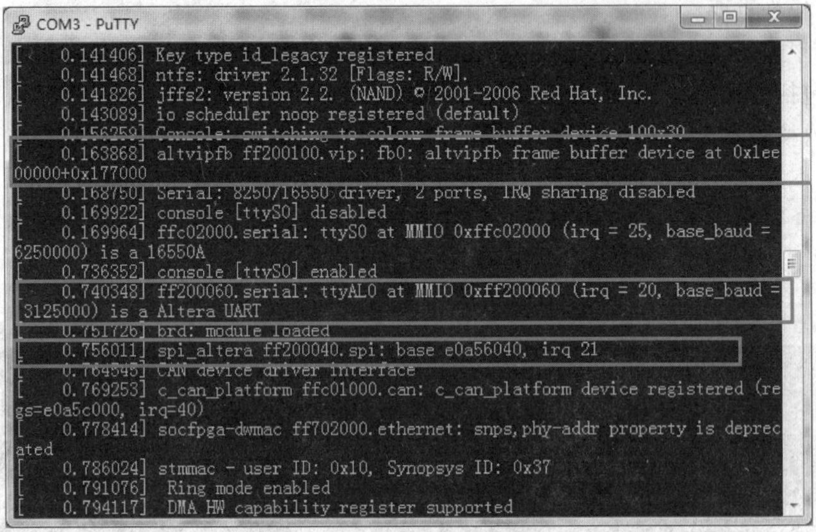

```
COM3 - PuTTY
[    0.141406] Key type id_legacy registered
[    0.141468] ntfs: driver 2.1.32 [Flags: R/W].
[    0.141826] jffs2: version 2.2. (NAND) © 2001-2006 Red Hat, Inc.
[    0.143089] io scheduler noop registered (default)
[    0.156259] Console: switching to colour frame buffer device 100x30
[    0.163868] altvipfb ff200100.vip: fb0: altvipfb frame buffer device at 0x1ee
00000+0x177000
[    0.168750] Serial: 8250/16550 driver, 2 ports, IRQ sharing disabled
[    0.169922] console [ttyS0] disabled
[    0.169964] ffc02000.serial: ttyS0 at MMIO 0xffc02000 (irq = 25, base_baud =
6250000) is a 16550A
[    0.736352] console [ttyS0] enabled
[    0.740348] ff200060.serial: ttyAL0 at MMIO 0xff200060 (irq = 20, base_baud =
3125000) is a Altera UART
[    0.751726] brd: module loaded
[    0.756011] spi_altera ff200040.spi: base e0a56040, irq 21
[    0.764545] CAN device driver interface
[    0.769253] c_can_platform ffc01000.can: c_can_platform device registered (re
gs=e0a5c000, irq=40)
[    0.778414] socfpga-dwmac ff702000.ethernet: snps,phy-addr property is deprec
ated
[    0.786024] stmmac - user ID: 0x10, Synopsys ID: 0x37
[    0.791076]  Ring mode enabled
[    0.794117]  DMA HW capability register supported
```

图 8.5.12　设备驱动加载信息

使用 ls 命令查看 dev 目录中的文件,可以看到存在 fb0 设备和 ttyAL0 设备,如图 8.5.13 所示。

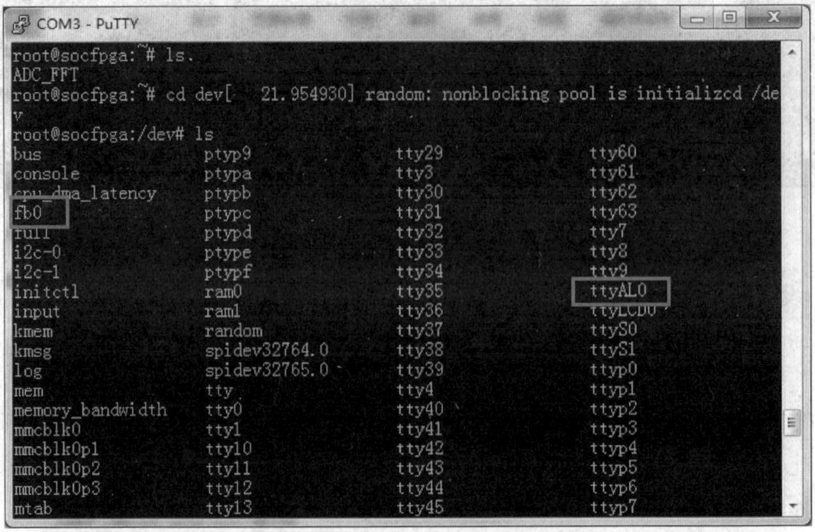

```
COM3 - PuTTY
root@socfpga:~# ls.
ADC_FFT
root@socfpga:~# cd dev[   21.954930] random: nonblocking pool is initialized /de
v
root@socfpga:/dev# ls
bus                 ptyp9               tty29               tty60
console             ptypa               tty3                tty61
cpu_dma_latency     ptypb               tty30               tty62
fb0                 ptypc               tty31               tty63
full                ptypd               tty32               tty7
i2c-0               ptype               tty33               tty8
i2c-1               ptypf               tty34               tty9
initctl             ram0                tty35               ttyAL0
input               ram1                tty36               ttyLCD0
kmem                random              tty37               ttyS0
kmsg                spidev32764.0       tty38               ttyS1
log                 spidev32765.0       tty39               ttyp0
mem                 tty                 tty4                ttyp1
memory_bandwidth    tty0                tty40               ttyp2
mmcblk0             tty1                tty41               ttyp3
mmcblk0p1           tty10               tty42               ttyp4
mmcblk0p2           tty11               tty43               ttyp5
mmcblk0p3           tty12               tty44               ttyp6
mtab                tty13               tty45               ttyp7
```

图 8.5.13　查看系统加载的设备

连接好 5 in 显示屏后，可以看到在显示屏上也会显示登录信息，如图 8.5.14 所示。

图 8.5.14   系统驱动显示屏显示登录信息

如果使用厂家提供的 socfpga_defconfig 配置文件编译得到的内核（AC501-SoC 开发板光盘中已经提供了该内核镜像），由于没有使能上述驱动，则不会打印这些设备驱动加载信息，也不会在/dev 目录下创建设备节点，更不会点亮液晶显示屏。

8.6   本章小结

本章针对编译 SoC FPGA 开发板适配的 Linux 内核镜像所需的条件，讲述了虚拟机软件的安装、虚拟机中 Ubuntu 系统的安装、Linux 内核源码下载、交叉编译器的下载安装、内核配置和编译、使用编译好的内核启动开发板并查看相关启动信息等内容，便于读者跟随书中内容快速搭建自己的嵌入式 Linux 内核编译环境。

第 **9** 章

Linux 设备树的原理与应用实例

在"第 4 章 手把手修改 GHRD 系统"中,我们讲解了如何使用 SoC EDS 软件为创建好的包含 HPS 的 Qsys 系统添加 UART 外设并生成相应的设备树(dts)文件。在"第 7 章 基于 Linux 应用程序的 HPS 配置 FPGA"中,我们提到了使用开发软件安装包提供的不含 FPGA 逻辑部分的设备树文件来配合启动 Linux 系统。那么什么是设备树? 如何得到适配硬件系统的设备树? Linux 系统又是如何使用设备树信息来加载各种设备驱动的呢? 本章将针对上述问题,以一个具体的实例,讲解设备树的运用。

9.1 什么是设备树

在讲设备树之前,先看一个具体的应用场景。对于一个 ARM 处理器,一般其片上都会集成有较多的外设接口,包括 I^2C、SPI、UART 等。而 I^2C、SPI 都属于总线属性,在这些总线上又会连接其他的外部器件。例如在 I^2C 总线上,又会连接 EEPROM、I^2C 接口的各种传感器、LCD 显示屏、RTC 等。那么 Linux 系统如何能够知道 I^2C 总线上连接了哪些设备? 又如何知道这些设备的具体信息呢?

在早期的 Linux 系统中,使用的是硬件描述文件的形式实现该功能。每一个具体的硬件平台都会在 Linux 系统源码包的 arch/arm/mach-xxx/目录下存在一个硬件信息描述的源码包,在该源码包中定义了 GPIO 的使用、外设、I^2C 总线等系统信息。如果对某个硬件平台进行了修改,例如将 EEPROM 的容量从 16 Kbit 更换为 64 Kbit,或者在 I^2C 总线上新增了一个从机,则需要修改对应的硬件描述文件,然后重新编译内核。

在 arch/arm/下定义了很多 mach-xxx 的文件夹,一般是按照厂商或者平台命名,例如高通的平台为 mach-msm,marvell 的为 mach-mmp、mach-pxa。

随着新的硬件平台不断产生,为了支持这些硬件平台,Linux 系统中会增加越来越多的板级描述文件,从而导致系统中的冗杂文件越来越多。

为了解决这个问题,Linux 内核从 3.x 开始引入了设备树的概念,用于实现驱动代码与设备信息相分离。在设备树出现以前,所有关于设备的具体信息都要写在驱动里,一旦外围设备变化,驱动代码就要重写。引入了设备树之后,驱动代码只负责处理驱动的逻辑,而设备的具体信息则存放到设备树文件中。这样,如果只是硬件接口信息的变化而没有驱动逻辑的变化,则驱动开发者只需要修改设备树文件信息,而不需要改写驱动代码。

比如在 ARM Linux 内,一个 .dts(device tree source)文件对应一个 ARM 的 machine,一般放置在内核的"arch/arm/boot/dts/"目录内,比如友晶的 DE0-nano-SoC 开发板就是"arch/arm/boot/dts/ socfpga_cyclone5_de0_sockit.dts"。这个文件可以通过"$make dtbs"命令编译成二进制的 .dtb 文件供内核驱动使用。

基于同样的软件分层设计的思想,由于一个 SoC 可能对应多个 machine,如果每个 machine 的设备树都写成一个完全独立的 .dts 文件,那么势必有相当一些 .dts 文件会有重复的部分,为了解决这个问题,Linux 设备树目录把一个 SoC 公用的部分或者多个 machine 共同的部分提炼为相应的 .dtsi 文件。这样每个 .dts 就只有自己差异的部分,公共的部分只需要包含相应的 .dtsi 文件,这样就使整个设备树的管理更加有序。例如,对于 Intel 的 SoC FPGA 器件,其包括 Cyclone V、Arria V、Arria 10 三个系列,这三个系列中,有很多内容是相同的,可以作为公共部分,因此在 Linux 源码中,使用了 socfpga.dtsi 文件来描述所有 SoC FPGA 器件通用的部分,然后针对 Cyclone V、Arria V、Arria 10 这三个系列,又分别使用了 socfpga_cyclone5.dtsi、socfpga_arria5.dtsi、socfpga_arria10.dtsi 三个文件来描述各个系列硬件中公共的部分。当具体到某个特定的硬件板卡时,如 DE0-nano-SoC 开发,其设备树文件 socfpga_cyclone5_de0_sockit.dts 正文的第一行就是使用了"#include "socfpga_cyclone5.dtsi"" 来包含 Cyclone V 器件的通用部分,而在 socfpga_cyclone5.dtsi 文件中,正文的第一行又是使用了"#include "socfpga.dtsi""来包含所有 SoC FPGA 器件的通用部分。通过这种方式,简化了设备树的构成。

9.2 设备树的基本格式

设备树用树状结构描述设备信息,它有以下几种特性:

① 每个设备树文件都有一个根节点,每个设备都是一个节点。

② 节点间可以嵌套,形成父子关系,这样就可以方便地描述设备间的关系。

③ 每个设备的属性都用一组 key-value 对(键值对)来描述。

④ 每个属性的描述用";"结束

为了方便分析,这里以"第 4 章 手把手修改 GHRD 系统"中生成的 soc_system.dts 文件的内容为例,介绍设备树文件的基本格式。

soc_system.dts 文件中开头部分的内容如下:

```
0008   / {
0009       model = "Altera SOCFPGA Cyclone V";
0010       compatible = "altr,socfpga - cyclone5", "altr,socfpga";
```

```
0011        # address - cells = <1> ;
0012        # size - cells = <1> ;
0013        height = <2> ;    /* appended from boardinfo */
0014        width = <16> ;    /* appended from boardinfo */
0015        brightness = <8> ;    /* appended from boardinfo */
0016        pagesize = <32> ;    /* appended from boardinfo */
0017
0018        aliases {
0019            ethernet0 = "/sopc@0/ethernet@0xff702000";
0020        }; //end aliases
0021
0022        cpus {
0023            # address - cells = <1> ;
0024            # size - cells = <0> ;
0025            enable - method = "altr,socfpga - smp";
0026
0027            hps_0_arm_a9_0: cpu@0x0 {
0028                device_type = "cpu";
0029                compatible = "arm,cortex - a9 - 17.1", "arm,cortex - a9";
0030                reg = <0x00000000> ;
0031                next - level - cache = <&hps_0_L2> ;
0032            }; //end cpu@0x0 (hps_0_arm_a9_0)
0033
0034            hps_0_arm_a9_1: cpu@0x1 {
0035                device_type = "cpu";
0036                compatible = "arm,cortex - a9 - 17.1", "arm,cortex - a9";
0037                reg = <0x00000001> ;
0038                next - level - cache = <&hps_0_L2> ;
0039            }; //end cpu@0x1 (hps_0_arm_a9_1)
0040        }; //end cpus
0041
0042        memory {
0043            device_type = "memory";
0044            reg = <0xffff0000 0x00010000> ,
0045                  <0x00000000 0x80000000> ;
0046        }; //end memory
```

第 8 行，一个"/"表示一个硬件平台，该硬件平台有以下属性：

➤ model：产品型号，为 Altera SOCFPGA Cyclone V。

➤ compatible：兼容属性，用来描述产品与 Linux 系统中支持的哪个平台兼容。

➤ height、width、brightness：这些属性用于描述板上某些专用硬件的一些物理信息,例如这里的 height 为 2、width 为 16,实际上描述了 Intel 原厂开发板上提供的 LCD 显示屏的显示高度和宽度,AC501-SoC 开发板上并未设置该 LCD 显示屏,但是该部分硬件我们依旧保留在了 hps_common_board_info. xml 文件中,方便读者参考学习。

第 18~20 行,描述了一个基本的以太网节点信息,ethernet@0xff702000 表示该以太网位于绝对地址为 0xff702000 的位置,而根据 Cyclone V 器件手册,0xff702000 这个地址正是 EMAC1 的绝对地址。

第 22~40 行,cpus 节点,描述了该开发板上的 CPU 节点信息。在 SoC FPGA 器件中,包含了两个 Cortex-A9 的 CPU,因此在 cpus 节点中又包含了两个子节点,分别名为 hps_0_arm_a9_0 和 hps_0_arm_a9_1。

再如第 88~195 行代码:

```
0088    sopc0: sopc@0 {
0089        device_type = "soc";
0090        ranges;
0091        #address-cells = <1>;
0092        #size-cells = <1>;
0093        compatible = "ALTR,avalon", "simple-bus";
0094        bus-frequency = <0>;
0095
0096        hps_0_bridges: bridge@0xc0000000 {
0097            compatible = "altr,bridge-17.1", "simple-bus";
0098            reg = <0xc0000000 0x20000000>,
0099                  <0xff200000 0x00200000>;
0100            reg-names = "axi_h2f", "axi_h2f_lw";
0101            clocks = <&clk_0 &clk_0>;
0102            clock-names = "h2f_axi_clock", "h2f_lw_axi_clock";
0103            #address-cells = <2>;
0104            #size-cells = <1>;
0105            ranges = <0x00000001 0x00000000 0xff200000 0x00000008>,
0106                <0x00000001 0x00000100 0xff200100 0x00000080>,
0107                <0x00000001 0x00010000 0xff210000 0x00000008>,
0108                <0x00000001 0x00010040 0xff210040 0x00000020>,
0109                <0x00000001 0x000100c0 0xff2100c0 0x00000010>,
0110                <0x00000001 0x00000060 0xff200060 0x00000020>,
0111                <0x00000001 0x00000020 0xff200020 0x00000020>,
0112                <0x00000001 0x00000040 0xff200040 0x00000020>;
0113
0114            i2c_0: unknown@0x100000000 {
0115                compatible = "unknown,unknown-1.0";
```

```
0116              reg = <0x00000001 0x00000000 0x00000008> ;
0117              interrupt - parent = <&hps_0_arm_gic_0> ;
0118              interrupts = <0 41 4> ;
0119              clocks = <&clk_0> ;
0120          }; //end unknown@0x100000000 (i2c_0)
0121
0122          alt_vip_vfr_tft: vip@0x100000100 {
0123              compatible = "ALTR,vip - frame - reader - 14.0", "ALTR,vip - frame -
                  reader - 9.1";
0124              reg = <0x00000001 0x00000100 0x00000080> ;
0125              clocks = <&clk_0> ;
0126              max - width = <800> ; /
0127              max - height = <480> ;
0128              bits - per - color = <8> ; /*
0129              colors - per - beat = <4> ; /*
0130              beats - per - pixel = <1> ;
0131              mem - word - width = <128> ;
0132          }; //end vip@0x100000100 (alt_vip_vfr_tft)
0133
0134          sysid_qsys: sysid@0x100010000 {
0135              compatible = "altr,sysid - 17.1", "altr,sysid - 1.0";
0136              reg = <0x00000001 0x00010000 0x00000008> ;
0137              clocks = <&clk_0> ;
0138              id = <2899645186> ;
0139              timestamp = <1532912636> ; /*
0140          }; //end sysid@0x100010000 (sysid_qsys)
0141
0142          led_pio: gpio@0x100010040 {
0143              compatible = "altr,pio - 17.1", "altr,pio - 1.0";
0144              reg = <0x00000001 0x00010040 0x00000020> ;
0145              clocks = <&clk_0> ;
0146              altr,gpio - bank - width = <2> ; /*
0147              resetvalue = <0> ; /*
0148              #gpio - cells = <2> ;
0149              gpio - controller;
0150          }; //end gpio@0x100010040 (led_pio)
0151
0152          button_pio: gpio@0x1000100c0 {
0153              compatible = "altr,pio - 17.1", "altr,pio - 1.0";
0154              reg = <0x00000001 0x000100c0 0x00000010> ;
0155              interrupt - parent = <&hps_0_arm_gic_0> ;
0156              interrupts = <0 43 1> ;
```

```
0157                clocks = <&clk_0>;
0158                altr,gpio-bank-width = <2>; /*
0159                altr,interrupt-type = <2>; /*
0160                altr,interrupt_type = <2>; /*
0161                edge_type = <1>; /*
0162                level_trigger = <0>; /*
0163                resetvalue = <0>; /*
0164                #gpio-cells = <2>;
0165                gpio-controller;
0166            }; //end gpio@0x1000100c0 (button_pio)
0167
0168            uart_0: serial@0x100000060 {
0169                compatible = "altr,uart-17.1", "altr,uart-1.0";
0170                reg = <0x00000001 0x00000060 0x00000020>;
0171                interrupt-parent = <&hps_0_arm_gic_0>;
0172                interrupts = <0 44 4>;
0173                clocks = <&clk_0>;
0174                clock-frequency = <50000000>; /*
0175                current-speed = <115200>; /*
0176            }; //end serial@0x100000060 (uart_0)
0177
0178            uart_1: serial@0x100000020 {
0179                compatible = "altr,uart-17.1", "altr,uart-1.0";
0180                reg = <0x00000001 0x00000020 0x00000020>;
0181                interrupt-parent = <&hps_0_arm_gic_0>;
0182                interrupts = <0 42 4>;
0183                clocks = <&clk_0>;
0184                clock-frequency = <50000000>; /*
0185                current-speed = <115200>; /*
0186            }; //end serial@0x100000020 (uart_1)
0187
0188            spi_0: spi@0x100000040 {
0189                compatible = "altr,spi-17.1", "altr,spi-1.0";
0190                reg = <0x00000001 0x00000040 0x00000020>;
0191                interrupt-parent = <&hps_0_arm_gic_0>;
0192                interrupts = <0 40 4>;
0193                clocks = <&clk_0>;
0194            }; //end spi@0x100000040 (spi_0)
0195        }; //end bridge@0xc0000000 (hps_0_bridges)
```

该部分首先是在第 88 行描述了一个名为 sopc 的节点,而在该节点下,又包含了一个名为 hps_0_bridges 的子节点,该节点表示了"axi_h2f"和"axi_h2f_lw"两个

HPS 到 FPGA 的通信桥。在该通信桥节点上,又描述了 I²C 控制器(i2c_0)、FrameReader 控制器(alt_vip_vfr_tft)、设备 ID(sysid_qsys)、基于 PIO 的 LED 控制器(led_pio)、基于 PIO 的按键控制器(button_pio)、串口控制器(uart_0、uart_1)、SPI 控制器(spi_0)。这些节点所代表的设备正是我们在 Platform Designer 中添加的 FPGA 侧的 IP。因此,如果我们在 FPGA 侧增加、删除、修改了某些 IP,然后使用 SoC EDS 软件重新生成 dts 文件,这些变化也都会体现在 hps_0_bridges 节点下。例如我们修改添加的 uart_1 控制器的默认波特率为 9 600 bps,然后重新生成 dts 文件,则可以看到 dts 文件中 uart_1 节点下的 current-speed 属性值会从 115 200 变为 9 600。用户也可以对比 AC501_SoC_GHRD 工程生成的 dts 文件,是没有 uart_1 这个节点的,只有在经过了"第 4 章 手把手修改 GHRD 系统"实验后得到的新工程生成的 dts 文件,才有 uart_1 节点。

9.3 设备树加载设备驱动原理

对于一个特定的设备节点,例如 alt_vip_vfr_tft,又有众多的属性来描述该节点的详细信息,用于提供给 Linux 系统用作设备驱动中需要根据硬件具体设置而修改的一些可变信息。

对于 alt_vip_vfr_tft 节点,其最重要的一条属性是设备兼容属性,即"compatible= "altr,vip-frame-reader-14.0", compatible="altr,vip-frame-reader-9.1";",该属性指明了节点所描述设备匹配 Linux 系统中的哪一个驱动。以下为 Linux 系统源码中针对该控制器的驱动源码节选内容,该源码位于 inux-socfpga-socfpga-4.5\drivers\video\fbdev 目录下,名为 altvipfb.c。

```
283 static struct of_device_id altvipfb_match[] = {
284     { .compatible = "altr,vip - frame - reader - 1.0" },
285     { .compatible = "altr,vip - frame - reader - 9.1" },
286     {},
287 };
288 MODULE_DEVICE_TABLE(of, altvipfb_match);
289
290 static struct platform_driver altvipfb_driver = {
291     .probe = altvipfb_probe,
292     .remove = altvipfb_remove,
293     .driver = {
294         .owner = THIS_MODULE,
295         .name = DRIVER_NAME,
296         .of_match_table = altvipfb_match,
297     },
298 };
299 module_platform_driver(altvipfb_driver);
```

在该文件的第 283～287 行，创建了一个数组，在该数组中列出了该驱动程序兼容的设备属性为"altr，vip-frame-reader-1.0"和"altr，vip-frame-reader-9.1"，因此，当 Linux 驱动程序在加载该设备驱动时，就会读取设备树中是否存在兼容属性为"altr，vip-frame-reader-1.0"或"altr，vip-frame-reader-9.1"的节点，如果存在，就会调用设备驱动加载程序来加载该设备驱动；如果没有找到兼容节点，就会跳过该设备驱动程序的安装。读者可以自行实验，例如在使用 SoC EDS 软件生成 dts 文件后，手动修改 alt_vip_vfr_tft 节点的 compatible 值为其他内容，然后再编译得到 dtb 文件，使用新的 dtb 文件启动 SoC 开发板，则系统将无法正常加载 FrameReader 控制器的驱动，显示屏也不会正常显示。

对于 alt_vip_vfr_tft 节点，还有一些其他的属性描述，如显示最大宽度（max-width）、显示最大高度（max-height）、每个元色的数据位宽（bits-per-color）、每个颜色由多少个元色组成（colors-per-beat）等，这些信息在该驱动程序正式加载时会读取，并用作驱动程序中的相关参数。例如在 altvipfb.c 文件的第 84 行，有一个名为 altvipfb_of_setup() 函数，该函数中第 90 行就读取了设备树该节点中的"max-width"属性并存储到了 fb 设备的 xres 参数中。同样，第 98 行读取了设备树该节点中的"max-height"属性并存储到了 fb 设备的 yres 参数中。实际运行时，fb 设备的驱动程序使用 xres 和 yres 参数来支持图像的正常显示。

```
084 static int altvipfb_of_setup(struct altvipfb_dev * fbdev)
085 {
086     struct device_node * np = fbdev-> pdev-> dev.of_node;
087     int ret;
088     u32 bits_per_color;
089
090     ret = of_property_read_u32(np, "max-width", &fbdev-> info.var.xres);
091     if (ret) {
092         dev_err(&fbdev-> pdev-> dev,
093             "Missing required parameter 'max-width'");
094         return ret;
095     }
096     fbdev-> info.var.xres_virtual = fbdev-> info.var.xres,
097
098     ret = of_property_read_u32(np, "max-height", &fbdev-> info.var.yres);
099     if (ret) {
100         dev_err(&fbdev-> pdev-> dev,
101             "Missing required parameter 'max-height'");
102         return ret;
103     }
104     fbdev-> info.var.yres_virtual = fbdev-> info.var.yres;
```

```
105
106        ret = of_property_read_u32(np, "bits - per - color", &bits_per_color);
......
```

可以看到,通过使用设备树,Linux 系统实现了硬件描述和软件编程的分离。使用通用的软件程序,然后通过读取设备树中的各种节点信息来完成驱动的加载以及驱动中参数的初始化,最终实现 Linux 系统启动时,能正确加载各个设备的驱动程序。

9.4 编写 I²C 控制器设备节点

在"第 4 章　手把手修改 GHRD 系统"实验中,针对 Platform Designer 中添加的 OC_I2C 控制器,由于 soc_system. sopcinfo 文件中没有对该控制器的各种属性进行描述,因此实验生成的 soc_system. dts 文件中 i2c_0 节点的 compatible 属性值为 unknown,导致 Linux 系统无法正确识别并加载该设备驱动。程序清单如下:

```
i2c_0: unknown@0x100000000 {
    compatible = "unknown,unknown - 1.0";
    reg = <0x00000001 0x00000000 0x00000008>;
    interrupt - parent = <&hps_0_arm_gic_0>;
    interrupts = <0 41 4>;
    clocks = <&clk_0>;
}; //end unknown@0x100000000 (i2c_0)
```

所以在开发板的串口终端中查看 dev 目录下面的内容时,只能看到 2 个 I²C 控制器,分别为 i2c-0 和 i2c-1,如图 9.4.1 所示。

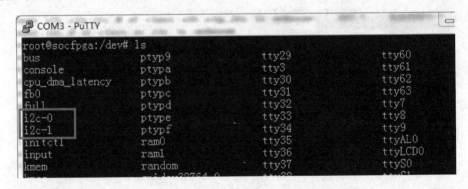

图 9.4.1　查看 i2c 控制器

那么如何才能让 Linux 系统能够正确识别该 I²C 控制器并成功加载驱动呢？由于 SoC EDS 无法正确地生成第三方 IP 核的设备树节点信息,所以我们需要手动修改 dts 文件,补充这些控制器的设备树节点信息。

在 linux-socfpga-socfpga-4.5\Documentation\devicetree\bindings 目录下,对每一个 Linux 系统源码中已经支持的设备驱动程序,都提供了一个设备树节点编写的说明文件,例如在 Documentation\devicetree\bindings\i2c 目录下,有一个名为"i2c-ocores. txt"的文件,该文件就是 OC_I2C 控制器的设备树节点编写指导文件。该文件内容如下:

```
Device tree configuration for i2c - ocores


Required properties:
 - compatible        : "opencores,i2c - ocores" or "aeroflexgaisler,i2cmst"
 - reg               : bus address start and address range size of device
 - interrupts        : interrupt number
 - clocks            : handle to the controller clock; see the note below.
                       Mutually exclusive with opencores,ip - clock - frequency
 - opencores,ip - clock - frequency: frequency of the controller clock in Hz;
                                 see the note below. Mutually exclusive with clocks
 - #address - cells: should be <1>
 - #size - cells     : should be <0>


Optional properties:
 - clock - frequency: frequency of bus clock in Hz; see the note below.
                      Defaults to 100 KHz when the property is not specified
 - reg - shift       : device register offsets are shifted by this value
 - reg - io - width  : io register width in bytes (1, 2 or 4)
 - regstep           : deprecated, use reg - shift above


Note
clock - frequency property is meant to control the bus frequency for i2c bus
drivers, but it was incorrectly used to specify i2c controller input clock
frequency. So the following rules are set to fix this situation:
 - if clock - frequency is present and neither opencores,ip - clock - frequency nor
   clocks are, then clock - frequency specifies i2c controller clock frequency.
   This is to keep backwards compatibility with setups using old DTB. i2c bus
   frequency is fixed at 100 KHz.
 - if clocks is present it specifies i2c controller clock. clock - frequency
   property specifies i2c bus frequency.
 - if opencores,ip - clock - frequency is present it specifies i2c controller
   clock frequency. clock - frequency property specifies i2c bus frequency.


Examples:
```

```
i2c0: ocores@a0000000 {
    #address-cells = <1>;
    #size-cells = <0>;
    compatible = "opencores,i2c-ocores";
    reg = <0xa0000000 0x8>;
    interrupts = <10>;
    opencores,ip-clock-frequency = <20000000>;

    reg-shift = <0>;    /* 8 bit registers */
    reg-io-width = <1>;   /* 8 bit read/write */

    dummy@60 {
        compatible = "dummy";
        reg = <0x60>;
    };
};
or
i2c0: ocores@a0000000 {
    #address-cells = <1>;
    #size-cells = <0>;
    compatible = "opencores,i2c-ocores";
    reg = <0xa0000000 0x8>;
    interrupts = <10>;
    clocks = <&osc>;
    clock-frequency = <400000>;  /* i2c bus frequency 400 kHz */

    reg-shift = <0>;    /* 8 bit registers */
    reg-io-width = <1>;   /* 8 bit read/write */

    dummy@60 {
        compatible = "dummy";
        reg = <0x60>;
    };
};
```

该文件首先说明了 Linux 系统识别该控制器时所需的必备属性，例如 compatible 属性必须为"opencores,i2c-ocores"或"aeroflexgaisler,i2cmst"，总线的起始和空间大小（reg 属性）、中断编号（interrupts）、时钟（clocks）等。然后列举了一些可选的属性，例如 I^2C 总线频率（clock-frequency）、寄存器移位值（reg-shift）、寄存器位宽（reg-io-width）等，然后给出了两个具体的节点描述内容编写示例。根据该示例，我们就可以修改 SoC EDS 软件生成的 dts 文件中 i2c_0 控制器的节点信息了。修改时主要修改以下内容：

> compatible：指定 compatible 的值为"opencores,i2c-ocores"；
> #address-cells：增加 #address-cells＝<1>属性；
> #size-cells：增加 #size-cells＝<0>属性；
> clock-frequency：增加 clock-frequency 属性并设置为 400 000 Hz；
> reg-shift：增加 reg-shift＝<0>属性；
> reg-io-width＝<1>：增加 reg-io-width＝<1>属性；
> 在 i2c 节点上添加了一个空设备节点。

修改完成的 i2c_0 节点的描述内容如下：

```
i2c_0: fpga_i2c@0x100000000 {
    compatible = "opencores,i2c-ocores";
    reg = <0x00000001 0x00000000 0x00000040>;
    interrupt-parent = <&hps_0_arm_gic_0>;
    interrupts = <0 41 4>;
    clocks = <&clk_0>;
    #address-cells = <1>;
    #size-cells = <0>;
    clock-frequency = <400000>; /* i2c bus frequency 400 kHz */
    reg-shift = <0>;   /* 8 bit registers */
    reg-io-width = <1>;   /* 8 bit read/write */
    dummy@60 {
        compatible = "dummy";
        reg = <0xA0>;
    };
}; //end fpga_i2c@0x100000000 (i2c_0)
```

修改完成后，在 SoC EDS 中输入以下命令生成新的设备树二进制文件：

```
dtc -I dts -o dtb -fo soc_system.dtb socfpga.dts
```

注意：不要使用"make dtb"命令，因为该命令会重新生成一遍 dts 文件，导致刚刚修改好的 dts 文件内容丢失。

9.5 加载 OC_I2C 驱动

将新生成的设备树二进制文件复制到开发板的 SD 卡中，然后启动开发板，在启动信息中会发现如图 9.5.1 所示的显示信息。

具体信息内容如下：

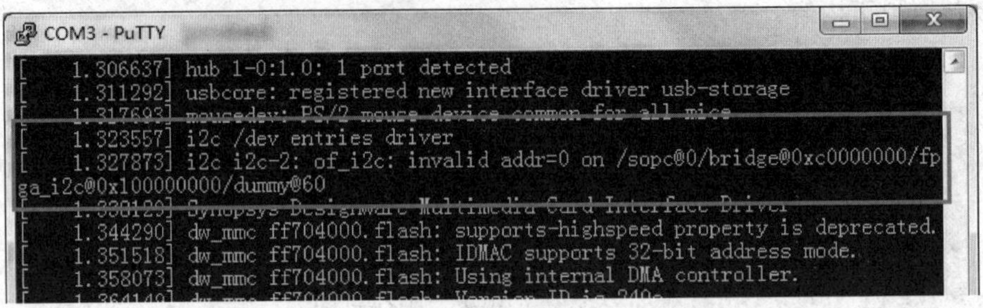

图 9.5.1　加载 OC_I2C 控制器驱动

```
[    1.323557] i2c /dev entries driver
[    1.327873] i2c i2c - 2: of_i2c: invalid addr = 0 on /sopc@0/bridge@0xc0000000/
fpga_i2c@0x100000000/dummy@60
```

从该信息可以知道我们所添加的 i2c_0 设备已经被成功识别,由于与 HPS 中的 i2c 硬 IP 控制器命名冲突,因此该控制器被重新命名为了 i2c-2,但是通过地址和 fpga_i2c 这个用户命名,我们仍然能够唯一确定 i2c-2 就是我们刚刚添加的 OC_I2C 设备。

登录系统之后,使用"ls/dev"命令查看当前系统已经加载的设备,可以看到已经有一个名为 i2c-2 的设备。然后我们就可以在 Linux 应用程序中使用文件 I/O 的方式来操作该控制器。

9.6　使用 RTC

在 Linux 系统中,内部的时间分为系统时间和硬件时间。系统时间一般是在系统启动时读一下 RTC,然后就依靠定时器维护时间,这个时间是掉电不保存的。而硬件时间通常指的就是 RTC,只要 RTC 有电池供电,其时间就可以掉电保存。

由于系统时间无法掉电保存,因此当系统断电后,系统时间也就随之丢失。当希望系统再次启动时能够基于准确的时间继续走时,则需要使用能够掉电持续走时的 RTC。RTC 的全称为实时时钟(Real-Time Clock),RTC 通常使用一个 32.768 kHz 的晶振作为时钟源,经过分频得到 1 s 的时钟信号,驱动计数器进行计数,从而实现实时时钟功能。常见的 RTC 芯片有 DS1302、DS1307、DS1339、PCF8563 等,这些 RTC 芯片都能够实现准确的年、月、日、时、分、秒计时功能,同时部分芯片还支持星期计数、闹钟功能。

RTC 芯片作为一种典型的数字电路,内部的 CMOS 电路在掉电后也会停止工作,为了实现系统断电后 RTC 能够持续计数的功能,RTC 芯片都支持使用后备电池供电,一旦 RTC 主供电断电,后备电池能够继续为芯片提供电源,从而保证时钟继续运行。

在上述提到的 RTC 芯片中,大多使用 I²C 总线与处理器进行通信。在 Linux 内核中,提供了对众多 RTC 芯片驱动的支持。当为 Linux 系统添加 RTC 时,仅需配置内核,使能对该 RTC 芯片驱动的支持,然后修改 DTS,在 I²C 控制器节点下添加该 RTC 的节点信息,再重新编译内核和设备树得到镜像文件,当 Linux 系统启动后,就能自动识别到 RTC 芯片并从 RTC 中读取时钟信息,并更新到 Linux 的系统时钟中。

本节以 Dallas 公司(现已被美信公司并购)出品的 I²C 接口的 RTC 芯片 DS1307 为例,讲解如何为 AC501-SoC 开发板添加 RTC 功能。DS1307 是一款十分常用的实时时钟芯片,它可以记录年、月、日、时、分、秒等信息,提供至 2100 年的记录。支持使用后备电池供电,即使在主机系统断电的状态下,只要有后备电池供电,DS1307 芯片就能正常运行,从而保证系统时间不会因为系统的断电而错乱。

依照本书"第 8 章 编译嵌入式 Linux 系统内核"一章中"8.5 配置和编译内核"的内容,打开 Linux 内核配置图形界面。基于之前已经配置好的内核进行修改,以减轻内核配置的工作量,可以加载之前保存的 ac501_defconfig 配置文件然后进行修改即可。

在内核配置界面中,选择 Device Drivers→Real Time Clock 菜单项,在"Dallas/Maxim DS1307/37/38/39/40,ST……"选项前的" < > "中输入字符"y"以使能该选项,如图 9.6.1 所示。

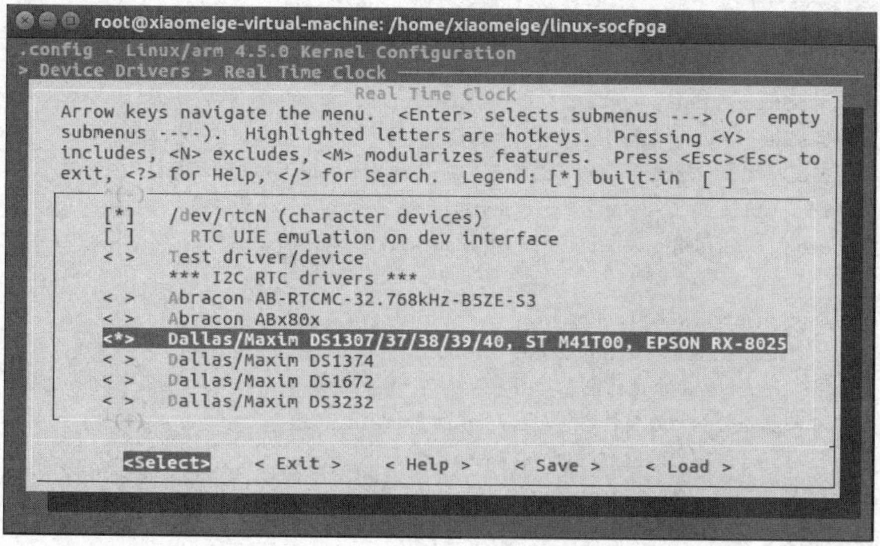

图 9.6.1 使能 DS1307 驱动

配置好后,保存并退出,使用 make 命令编译得到内核镜像文件并复制到开发板的 SD 卡中替换原有的 zImage 文件。

打开 AC501_SoC_GHRD 工程中已经生成好的 soc_system.dts 文件,在 FPGA

侧添加的 I²C 控制器节点下,添加如下内容:

```
rtc: dallas,ds1307@0x68 {
    compatible = "dallas,ds1307";
    reg = <0x00000068> ;
}; //end dallas,ds1307@0x68 (rtc)
```

同时,由于 I²C 总线是一个多主机多从机结构,因此可以在一个 I²C 总线上挂接多个 I²C 设备。这里,可以在 I²C 总线上再添加一个 AT24C02 型号的 EEPROM 存储器,添加该存储器,仅需在 I²C 控制器节点下添加如下代码:

```
eeprom: atmel,24c02@0x51 {
    compatible = "atmel,24c02";
    reg = <0x00000051> ;
    pagesize = <8> ;
}; //end atmel,24c02@0x51 (eeprom)
```

添加完成的 i2c_0 节点描述如下:

```
i2c_0: fpga_i2c@0x100000000 {
    compatible = "opencores,i2c-ocores";
    reg = <0x00000001 0x00000000 0x00000008> ;
    interrupt-parent = <&hps_0_arm_gic_0> ;
    interrupts = <0 41 4> ;
    clocks = <&clk_0> ;
    #address-cells = <1> ;
    #size-cells = <0> ;
    clock-frequency = <400000> ; /* i2c bus frequency 400 kHz */
    reg-shift = <0> ;    /* 8 bit registers */
    reg-io-width = <1> ;    /* 8bit read/write */

    eeprom: atmel,24c02@0x51 {
        compatible = "atmel,24c02";
        reg = <0x00000051> ;
        pagesize = <8> ;    /* appended from boardinfo */
    }; //end atmel,24c02@0x51 (eeprom)

    rtc: dallas,ds1307@0x68 {
        compatible = "dallas,ds1307";
        reg = <0x00000068> ;
    }; //end dallas,ds1307@0x68 (rtc)
}; //end fpga_i2c@0x100000000 (i2c_0)
```

修改完成后,编译得到设备树的二进制文件(.dtb),将该文件复制到 SD 卡中替代已有的 socfpga.dtb 文件,使用 AC501-SoC 教学扩展板插接到开发板的 GPIO0 上,然后启动开发板,即可在串口终端中看到如图 9.6.2 所示的启动信息。

图 9.6.2 系统识别到 I²C 总线上的 RTC 和 EEPROM 设备

同时,Linux 系统会从 DS1307 中读取时钟信息并更新到系统时间中,该部分信息如图 9.6.3 所示。

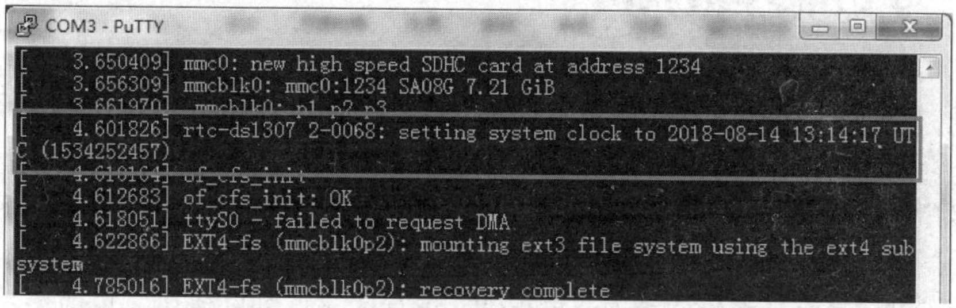

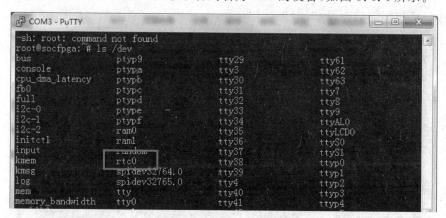

图 9.6.3 Linux 系统自动从 DS1307 中加载硬件时钟信息

加载完成后,可以在/dev 目录下看到名为 rtc0 的设备,如图 9.6.4 所示。

图 9.6.4 RTC 设备节点

使用时,输入 date 命令即可查看当前系统时间,输入"date -s 15:30:51"可以修改系统时间为 15 时 30 分 51 秒,输入"date -s "2018-08-15 15:32:00""可以同时设置日期和时间。但需要注意的是,使用 date 命令修改的只是系统时间,这些值是不会更新到 RTC 芯片里面的,如果需要将新设定的时间写进 RTC 芯片,则还需要使用

"hwclock -w"命令来完成系统时间到 RTC 时间的写入操作,如图 9.6.5 所示。

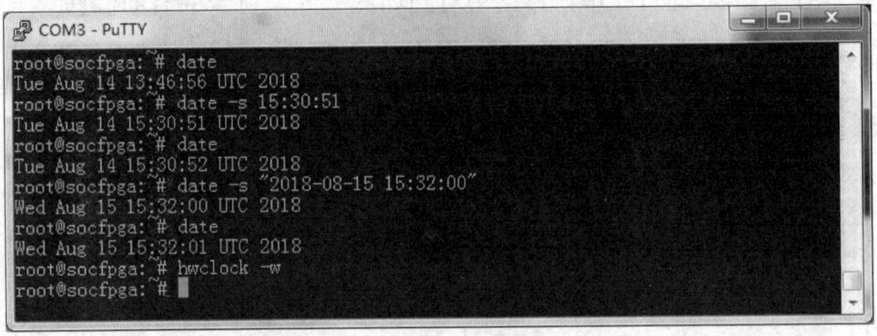

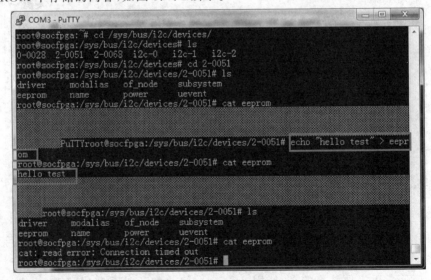

图 9.6.5　RTC 的相关操作

9.7　使用 EEPROM

对于 EEPROM,Linux 系统并未将其当作一个设备,因此在 dev 目录下是查看不到 EEPROM 的,EEPROM 的设备驱动在/sys/bus/i2c/devices/0-0051/目录下把 EEPROM 设备映射为一个二进制节点,文件名为 EEPROM,对这个 EEPROM 文件的读/写就是对 EEPROM 进行读/写。

为了测试是否能够正常地对 EEPROM 进行读/写,可以使用简单的 echo 命令来完成对 EEPROM 存储器的读/写。在命令行中输入"echo "hello test" >eeprom"即可将"hello test"字符串写入到 EEPROM 中,然后使用"cat eeprom"命令即可查看 EEPROM 中存储的内容,如图 9.7.1 所示。

图 9.7.1　EEPROM 读/写测试

9.8 编写 SPI 控制器设备节点

对于 Altera SPI 控制器,由于 SPI 是总线属性,本身并不是一个设备,因此设备树中虽然已经有了 spi-altera 的节点信息,但是在系统的 dev 目录下是不会创建 SPI 设备节点的,也就无法直接使用文件 I/O 的形式来进行 SPI 数据的传输。对于此种情况,一般通过在 SPI 总线上挂载一个通用设备来实现设备节点的创建。即在 SPI 节点上再挂载一个兼容属性为"rohm,dh2228fv"的设备,以向 Linux 系统中注册一个设备节点。

在 SoC EDS 软件生成的 soc_system.dts 文件中,spim0 和 spim1 就是采用这种方式实现设备节点的创建的。该部分内容在生成的 soc_system.dts 文件中的第 867～905 行。下述代码为 spim0 的节点信息:

```
hps_0_spim0: spi@0xfff00000 {
    compatible = "snps,dw-spi-mmio-17.1", "snps,dw-spi-mmio", "snps,dw-apb-ssi";
    reg = <0xfff00000 0x00000100>;
    interrupt-parent = <&hps_0_arm_gic_0>;
    interrupts = <0 154 4>;
    clocks = <&spi_m_clk>;
    #address-cells = <1>;
    #size-cells = <0>;
    bus-num = <0>;
    num-chipselect = <4>;
    status = "okay";    /* embeddedsw.dts.params.status type STRING */

    spidev0: spidev@0 {
        compatible = "rohm,dh2228fv";    /* appended from boardinfo */
        reg = <0>;    /* appended from boardinfo */
        spi-max-frequency = <100000000>;
        enable-dma = <1>;    /* appended from boardinfo */
    }; //end spidev@0 (spidev0)
}; //end spi@0xfff00000 (hps_0_spim0)
```

可以看到,在 hps_0_spim0 节点上,又添加了一个名为 spidev0 的设备,其兼容属性为"rohm,dh2228fv"。同时,其中一个非常重要的属性就是 spi-max-frequency,如果设备没有该属性描述,则在加载驱动时会加载失败。所以为了在 FPGA 侧添加的 SPI 控制器能够像 HPS 侧的 SPI 控制器一样直接使用 Linux 文件 I/O 操作,可以参照此段节点信息,对应完善 FPGA 侧添加的 SPI 控制器的设备节点描述。

下述代码为修改完善后的 FPGA 侧 SPI 控制器的节点描述:

```
spi_0: spi@0x100000040 {
    compatible = "altr,spi-17.1", "altr,spi-1.0";
    reg = <0x00000001 0x00000040 0x00000020>;
    interrupt-parent = <&hps_0_arm_gic_0>;
    interrupts = <0 40 4>;
    clocks = <&clk_0>;
    #address-cells = <1>;
    #size-cells = <0>;
    bus-num = <0>;
    num-chipselect = <1>;
    status = "okay";    /* embeddedsw.dts.params.status type STRING */

    spidev2: spidev@0 {
        compatible = "rohm,dh2228fv";    /* appended from boardinfo */
        reg = <0>;    /* appended from boardinfo */
        spi-max-frequency = <2000000>;
    }; //end spidev@0 (spidev2)
}; //end spi@0x100000040 (spi_0)
```

使用完善后的 soc_system.dts 文件生成 socfpga.dtb 文件并复制到 SD 卡中, 当开发板启动后, 在 dev 目录下可以看到 3 个 SPI 设备, 分别为 spi32764.0、spi32765.0 和 spi32766.0, 如图 9.8.1 所示。通过使用 "ls/sys/bus/spi/devices -l" 命令, 可以查看这 3 个设备的详细信息, 如图 9.8.2 所示。可以看到, spi32766.0 设备是位于 c0000000.bridge 上的, 也就是 FPGA 侧的 SPI 控制器。然后, 我们就可以在 Linux 应用程序中使用文件 I/O 的方式来操作该控制器了。

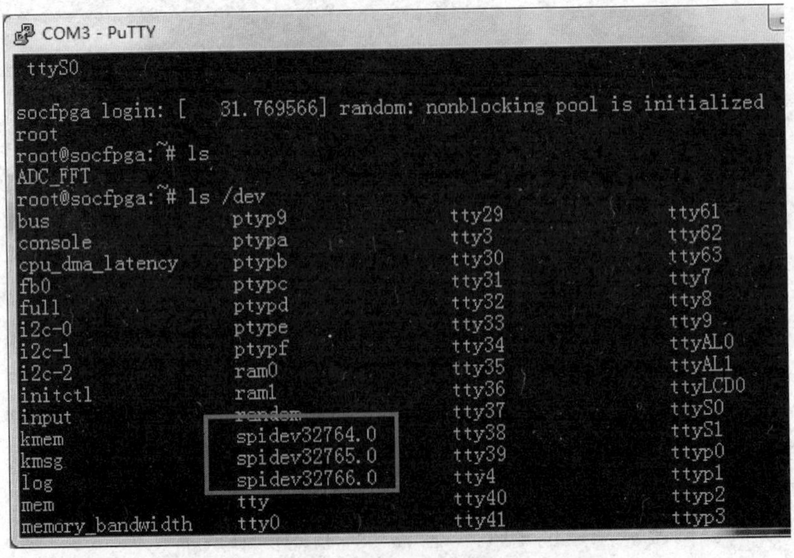

图 9.8.1 成功加载 FPGA 侧的 SPI 控制器驱动

图 9.8.2 查看 SPI 设备的详细信息

9.9 本章小结

本章介绍了设备树的原理以及如何编写 OC_I2C 控制器和 Altera SPI 控制器设备树节点的方法。在讲解编写一个具体设备的设备树节点信息时,还介绍了如何编写一个指定设备的设备树节点信息的一般方法,即通过查看 linux-socfpga-socfpga-4.5\Documentation\devicetree\bindings 目录下关于该设备驱动的设备树节点描述信息,获知 Linux 系统正确加载该设备驱动所需的节点属性,然后对应修改设备树中的节点内容。希望读者能够通过本章的内容举一反三,掌握其他设备驱动的设备树编写方法。

第 **10** 章

基于 Linux 标准文件 I/O 的设备读/写

10.1 什么是文件 I/O

　　Linux 下的输入/输出（I/O），设计为"一切皆文件"，把各种各样的输入/输出（I/O）当成文件来操作，统一用文件 I/O 函数的形式提供给应用程序调用。

　　Linux 下的文件概念不仅仅是我们日常所理解的文件例如 txt 文本、sh 脚本，Linux 系统下一个目录、一个设备也会被当做文件。尤其是字符设备，对一个设备的操作，就像是操作实际的文件一样方便。对于文件，可以执行打开（open）、读取（read）、写入（write）、关闭（close）等操作，而对于一个设备，也可以使用相同的方式进行操作。基于文件 I/O 的方式，用户在编写应用程序时，无需考虑底层硬件的差异，只需要使用系统提供的标准文件 I/O 操作函数进行读/写即可，从而保证用户编写的应用程序能够在不做修改或做较少修改的情况下适配到其他硬件平台上。本书的重点是讲解如何使用文件 I/O 的方式来使用 SoC FPGA 开发板上的外设，不对文件 I/O 的具体底层实现做过多的介绍，有兴趣的读者可以查阅专业的 Linux 系统编程的相关资料。

10.2 基于文件 I/O 操作的一般方法

　　使用文件 I/O 操作一个设备文件，基本的编程流程是打开、操作（读、写、ioctl）、关闭。

10.2.1 文件描述符

　　文件描述符 fd（file descriptor）是进程中代表某个文件的整数，有的文献资料中又称它为文件句柄（file handle）。

　　有效的文件描述符取值范围从 0 开始，直到系统定义的某个界限值。这些指定范围的整数，实际上是进程文件描述符表的索引。文件描述符表是进程用来保存它所打开的文件信息的,由操作系统维护的一个登记表,用户程序不能直接访问该表。

通俗一点解释,文件描述符的作用,类似于生活中排队取的号牌,业务员(进程)通过叫号(引用文件描述符)就能找到办事的人(打开的文件)。

10.2.2 打开设备(open)

在 Linux 中,使用 open 函数打开一个文件,打开成功会返回一个大于或等于 0 的数值,也就是文件描述符。在打开文件过程中,系统会将该文件的信息生成一个描述符内容,并存放到描述符索引表中,而该文件描述符就是文件信息在描述符索引表中的编号。例如,使用 open 函数打开 FPGA 侧添加的 I^2C 控制器代码如下:

```
int fd; //定义文件描述符
fd = open("/dev/i2c-2", O_RDWR); //打开 I2C-2 总线设备
if (fd < 0) {    //如果描述符小于 0,则证明打开失败
    printf("open % s failed\n", "/dev/i2c-2");
    return -1;
}
```

注意:打开设备文件时一定要检查函数的返回值,因为有效的设备描述符是从 0 开始的直到到系统定义的某个界限值,因此如果 open 函数的返回值小于 0,则表明设备文件打开失败。

10.2.3 向设备写入数据(write)

把数据写入文件,可调用 write()函数实现,write()的函数原型在<unistd. h>中定义:

```
ssize_t write(int fd, const void * buf, size_t count);
```

操作成功,返回实际写入的字节数,出错则返回-1,同时设置全局变量 errno 报告具体错误的原因,比如 errno=ENOSPC 表示磁盘满了。

参数 fd 是打开文件的描述符,buf 是数据缓冲区,存放着准备写入文件的数据,count 是请求写入的字节数。实际写入的字节数可以小于请求写的字节数。例如,使用 write()函数向已经打开的 FPGA 侧添加的 I^2C 控制器中写入 8 字节数据的代码如下:

```
for (i = 0; i < 8; i++) //初始化要写入的数据:0、1、…、7
    tx_buf[i] = i;
len = write(fd, tx_buf, 8); //向 I2C 设备写入 8 字节数据
if (len < 0) {
    printf("write data faile \n");
    return -1;
}
```

写完之后,需要检查返回值是否小于 0,如果小于 0 则表明写入失败。

10.2.4 读取设备数据(read)

从打开的文件读取数据,可调用 read()函数实现。read()函数原型在<unistd.h>中定义:

```
ssize_t read(int fd, void * buf, size_t count);
```

操作成功,返回实际读取的字节数,如果已到达文件结尾,则返回 0;否则返回 −1,表示出错,同时设置全局变量 errno 报告具体错误的原因。

实际读取的字节数,可以小于请求的字节数 count,比如下面两种情况:

➤ 文件长度小于请求的长度,即还没达到请求的字节数时,就已到达文件结尾。如果文件的长度是 50 字节,而 read 请求读 100 字节(count=100),则首次调用 read 时,它返回 50,紧接着的下次调用,它返回 0,表示已到达文件结尾。

➤ 读设备文件时,有些设备每次返回的数据长度小于请求的字节数,如终端设备一般按行返回,即每读到一行数据就返回。

参数 fd 是调用 open()函数时返回的文件描述符,buf 是用来接收所读数据的缓冲区,count 是请求读取的字节数。

例如,使用 read()函数从已经打开 FPGA 侧添加的 I^2C 控制器中读取 8 字节数据的代码如下:

```
char rx_buf[8];    /* 用于存储接收数据 */
len = read(fd, rx_buf, 8);    /* 在设置的数据地址连续读入数据 */
if (len < 0) {
    printf("read data faile \n");
    return − 1;
}
```

注意:读取数据完成后,需要检查实际读取到的数据大小,即 read()函数的返回值,如果小于 0 则表明读取失败。

10.2.5 杂项操作(ioctl)

文件 I/O 操作还有很多不好归到 read()/write()的,只好放到这个函数中。尤其是设备文件,比如修改设备寄存器的值等,使用 read()/write()函数会比较麻烦,因此通过 ioctl()函数提供设备特有的操作。ioctl()是文件 I/O 的杂项函数,其函数原型在<sys/ioctl.h>中定义:

```
int ioctl(int fd, int cmd, …);
```

一般情况下,操作成功返回 0,失败返回 −1,由 errno 报告具体的错误原因。但有的设备文件可能会返回一个正值表示输出参数,其含义取决于具体的设备文件。

参数 fd 是打开文件的描述符,参数 cmd 是文件的操作命令,这个参数的取值还决定后面参数的含义,"…"表示参数是可选的、类型不确定的。

ioctl()的 cmd 操作命令是文件专有的,不同的文件,cmd 往往是不同的,没有共用性,比如嵌入式系统中的设备文件,SPI 和 I²C 所支持的 ioctl()操作命令就不同。对于 SPI 设备,支持使用 ioctl()来设置 SPI 的工作模式,而 I²C 则不支持该命令。同时,I²C 设备支持通过 ioctl()指定 I²C 总线上的从设备地址,而 SPI 则没有此命令。以下为使用 ioctl()函数指定 SPI 工作模式和使用 ioctl()函数设定 I²C 总线上从设备地址的代码:

```
//设置 SPI 工作在模式 0
ret = ioctl(fd_spi, SPI_IOC_WR_MODE, 0);

//设置 I²C 从设备地址为 0x78
ret = ioctl(fd_i2c, I2C_SLAVE, 0x78 >> 1);
```

ioctl()函数在设备文件中应用非常广泛,在很多情况下,使用 ioctl()函数来操作硬件设备,会比直接使用 write()或 read()函数效率更高。

10.2.6 关闭设备(close)

文件 I/O 操作完成后,应该调用 close()函数关闭打开的文件,释放打开文件时所占用的系统资源。close()函数原型在<unistd.h>文件中定义:

```
int close(int fd);
```

如果文件顺利关闭,则返回 0;否则返回 -1,同时设置全局变量 errno 报告具体错误的原因。参数 fd 是打开文件时调用 open()或 creat()函数返回的文件描述符。

10.2.7 其他操作

关于文件 I/O,还有其他的一些常用函数,例如 fsync()、fseek()。在设备文件中,由于这两个函数不如前面讲的几个函数用得普遍,因此这里不做介绍。但需要说明的是,这两个函数虽然针对设备文件使用得不是很多,但是在普通文件的应用中,却有重要的功能价值。

10.3 使用文件 I/O 实现 I²C 编程

使用文件 I/O 来编程使用 I²C 控制器,比使用基于虚拟地址映射的方式要简单方便许多。不仅如此,由于基于文件 I/O 的操作使用的是 Linux 内核驱动的方式来获取 I²C 控制器中的寄存器数据的,而在 Linux 内核中,可以很方便地注册中断,使用中断的方式来完成数据的收发,因此能够提高程序的运行效率。

在基于虚拟地址映射的 Linux 硬件编程中,我们介绍了如何自己编写驱动程序,使用 I²C 控制器映射到 Linux 用户空间的虚拟地址来完成数据的传输。本节实验将使用文件 I/O 的方式,实现通过 I²C 控制器完成 EEPROM 存储器读/写的功能。

对于 I²C 总线上的每一个设备,都有一个器件地址,当访问该设备时必须先指定其器件地址,I²C 设备驱动提供了一个 ioctl 命令用来指定需要操作的设备地址,该命令的十六进制值为 0x0703,使用时,仅需在 ioctl 函数中传入该命令即可设置从设备地址,代码如下:

```
#define I2C_SLAVE 0x0703
#define I2C_ADDR 0xA2
ret = ioctl(fd, I2C_SLAVE, I2C_ADDR >> 1); /*设置从机地址*/
```

使用时,先向 EEPROM 的地址 0 中写入 7 字节的数据,然后再读取出来,将读出的数据与写入数据对比,如果相同则测试成功,如果不同则表明测试失败,测试程序如下:

```
#include <stdio.h>
#include <stdlib.h>
#include <unistd.h>
#include <sys/types.h>
#include <sys/stat.h>
#include <fcntl.h>
#include <termios.h>
#include <errno.h>

#define I2C_SLAVE 0x0703
#define I2C_TENBIT 0x0704
#define I2C_ADDR 0xA0
#define DATA_LEN 8

#define I2C_DEV_NAME "/dev/i2c-2"

int main(int arg, char * args[]) {
    int ret, len;
    int i, flag = 0;
    int fd;
    char tx_buf[DATA_LEN + 1]; /*用于储存数据地址和发送数据*/
    char rx_buf[DATA_LEN]; /*用于储存接收数据*/
    char addr[1]; /*用于储存读/写的数据地址*/
    addr[0] = 0; /*数据地址设置为 0*/
    fd = open(I2C_DEV_NAME, O_RDWR); /*打开 I²C 总线设备*/
```

```
if (fd < 0) {
    printf("open % s failed\n", I2C_DEV_NAME);
    return -1;
}
ret = ioctl(fd, I2C_SLAVE, I2C_ADDR >> 1); /* 设置从机地址 */
if (ret < 0) {
    printf("setenv address faile ret: % x \n", ret);
    return -1;
}
/* 由于没有设置从机地址长度,所以使用默认的地址长度为 8 */
tx_buf[0] = addr[0]; /* 发数据时,第一个发送的是数据地址 */
for (i = 1; i < DATA_LEN; i++) /* 初始化要写入的数据: 0、1、…、7 */
    tx_buf[i] = i;
len = write(fd, tx_buf, DATA_LEN + 1); /* 把数据写入到 AT24C02 */
if (len < 0) {
    printf("write data faile \n");
    return -1;
}
usleep(1000 * 100); /* 需要延迟一段时间才能完成写入 EEPROM */
len = write(fd, addr, 1); /* 设置数据地址 */
if (len < 0) {
    printf("write data addr faile \n");
    return -1;
}
len = read(fd, rx_buf, DATA_LEN); /* 在设置的数据地址连续读入数据 */
if (len < 0) {
    printf("read data faile \n");
    return -1;
}
printf("read from eeprom:");
for (i = 0; i < DATA_LEN - 1; i++) { /* 对比写入的数据和读取的数据 */
    printf(" % x", rx_buf[i]);

    if (rx_buf[i]! = tx_buf[i + 1])
        flag = 1;
}
printf("\n");
if (!flag) { /* 如果写入/读取数据一致,则打印测试成功 */
    printf("eeprom write and read test sussecced!\r\n");
} else { /* 如果写入/读取数据不一致,则打印测试失败 */
    printf("eeprom write and read test failed!\r\n");
```

```
        }
    return 0;
}
```

程序运行之后显示如图 10.3.1 所示的信息，EEPROM 读/写成功。

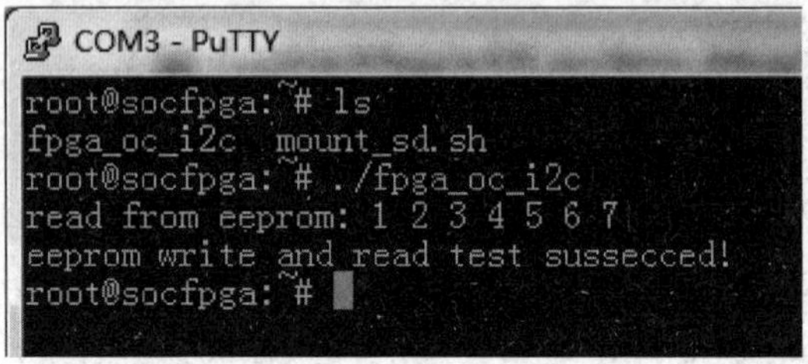

```
COM3 - PuTTY
root@socfpga:~# ls
fpga_oc_i2c  mount_sd.sh
root@socfpga:~# ./fpga_oc_i2c
read from eeprom: 1 2 3 4 5 6 7
eeprom write and read test sussecced!
root@socfpga:~#
```

图 10.3.1　EEPROM 测试

10.4　本章小结

本章通过简单的例子，介绍了使用文件 I/O 的方式操作 FPGA 侧添加的常见外设控制器的方法。相较于使用虚拟地址映射的方式实现 FPGA 侧设备驱动，使用 Linux 系统支持的驱动程序来完成这些外设的控制不仅简化了程序编写过程，提高了程序可移植性，而且以内核驱动方式实现的设备驱动，能够方便地实现中断功能，从而提高控制器的运行效率。

第 **11** 章

FPGA 与 HPS 高速数据交互应用

在前面的内容中,针对 SoC FPGA 的开发流程,从修改 Qsys 系统配置、更新 Quartus 工程,到生成对应的板级支持镜像(Preloader、U-Boot)、Linux 应用编程控制这些外设,编译 Linux 内核,修改板级设备树,使用 Linux 驱动程序完成外设的控制等一系列工作的介绍,为读者展示了使用 SoC FPGA 开发需要掌握的各种方法和思路。但是,作为一个高性能的异构芯片,如何将芯片上的 FPGA 和 HPS 两者有机地结合起来,实现高性能的数据通信才是该芯片的应用重点。因此,本章将针对该部分内容进行细致的讲解。

11.1 FPGA 与 HPS 通信介绍

在含有 HPS 的 SoC 系统中,由于 HPS 中的 ARM Cortex-A9 使用的是 AXI 总线协议,其提供的与 FPGA 通信的总线也是 AXI 总线。但是 AXI 总线和 Avalon Memory Mapped 总线在信号类型和时序上都有一定的差别,无法直接连接。HPS 针对 FPGA 的互联通信,共提供了 3 种形式的 AXI 总线协议,分别为用于 FPGA 主动向 HPS 发起高效数据传输操作的 F2H_AXI_Slave 总线,用于 HPS 主动向 FPGA 发起高效数据传输操作的 H2F_AXI_Master 总线,以及用于 HPS 主动向 FPGA 发起一些控制或小容量数据传输操作的 H2F_LW_AXI_Master 总线。

这三个桥都使用先进的微控制器总线架构(Advanced Microcontroller Bus Architecture,AMBA)。高性能可扩展接口(Advanced eXtensible Interface,AXI)协议就是基于 AMBA 网络互连架构的。

这些 HPS-FPGA 桥使 FPGA 内核逻辑可以同 HPS 侧的从设备逻辑进行通信,同时也可以使 HPS 侧的逻辑能够与 FPGA 侧的从设备进行通信。例如,设计者可以在 FPGA 内核逻辑中添加额外的存储器或者外设,然后 HPS 中的主机逻辑可以来获取这些设备,当然,用户也可以在 FPGA 侧添加 NIOS Ⅱ 处理器,然后使用 NIOS Ⅱ 的主机接口来获取 HPS 侧的存储器或者外设。

表 11.1.1 所列为 HPS-FPGA 桥的特性。

每个桥都包含一对主从接口对,其中一个接口导出到 FPGA 内核逻辑,而另一个接口导出到 HPS 逻辑。FPGA-to-HPS 桥引出了一个 AXI Slave 接口,用户可以将其连接到 FPGA 侧带 AXI Master 或 Avalon-MM Master 接口的主机上,HPS-to-FPGA 桥和 Lightweight HPS-to-FPGA 桥引出了 AXI Master 接口,用户用其连接 FPGA 内核逻辑中带 AXI Slave 或 Avalon-MM Slave 的设备。

表 11.1.1　HPS-FPGA 桥的特性

特　点	FPGA-to-HPS Bridge	HPS-to-FPGA Bridge	Lightweight HPS-to-FPGA Bridge
支持 AMBA AXI3 接口协议	支持	支持	支持
实现时钟域交互,管理 FPGA 内核逻辑时钟域和 HPS 逻辑时钟域的数据交互	支持	支持	支持
实现 HPS 逻辑和 FPGA 内核逻辑的数据位宽转换	支持	支持	支持
允许在例化总线接口时配置接口的数据位宽	支持	支持	不支持

　　图 11.1.1 展示了 HPS-FPGA 桥与 FPGA 内核逻辑以及 HPS 的 L3 互联架构的关系,图中每个主、从端口都标明了数据位宽,并通过括号备注的方式标明了每个端口的时钟域。

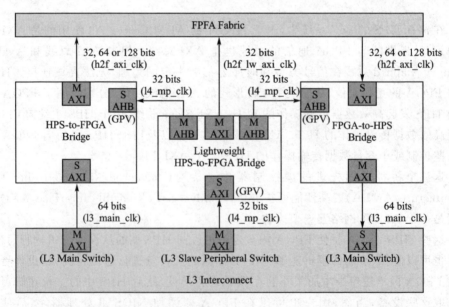

图 11.1.1　HPS-FPGA 桥与 FPGA 内核以及 HPS 的 L3 架构的连接关系

　　HPS-to-FPGA 桥由 HPS 的 L3 主交互架构作为主机管理,Lightweight HPS-to-FPGA 桥由连接在 L3 上的外设交换架构管理,FPGA-to-HPS 桥作为 L3 主交互架构的一个主机,从而使 FPGA 内核中实现的任何主机都能够获取 HPS 中的大多数从设备。例如,FPGA-to-HPS 可以获取 Cortex-A9 MPU 的加速器一致性接口(ACP),从而实现对 SDRAM 控制器的缓存一致性获取。

对于 HPS-to-FPGA 和 FPGA-to-HPS 两个高速桥,每个桥最高支持 128 bit 的位宽。在 HPS 侧逻辑中,每个桥最高可运行在 200 MHz 的时钟频率下,数据位宽为固定的 64 bit,因此在不考虑轻量级桥的情况下,FPGA 和 HPS 的总通信带宽为 64 bit×2×200 MHz=25 600 Mbps。

另外,Intel Cyclone V SoC FPGA 还提供了一个 FPGA 到 SDRAM 的桥,该桥最高可提供 4 个独立的读/写端口和 6 个控制端口,支持可配置的 32 位、64 位、128 位和 256 位的数据位宽,适合于 FPGA 共享使用 HPS 侧的高性能存储器的应用场合。

11.1.1 H2F_LW_AXI_Master 桥

在前面以 AC501_SoC_GHRD 工程为基础的实验中,我们重点讲解了 H2F_LW_AXI_Master 桥上连接的外设的操作方式,包括使用虚拟地址映射的方式和 Linux 系统内核驱动的方式。H2F_LW_AXI_Master 由 HPS 控制,作用于 FPGA 内核逻辑,该接口具有一个 32 位的固定数据宽度,作为 FPGA 内核逻辑的辅助的低性能主接口。通过一个固定的宽度和较小的地址空间,轻型桥接主要用于低带宽流量的应用,例如对 FPGA 外设采用存储器映射方式组织的寄存器的访问。该方法可以分担转移高性能 HPS-to-FPGA 桥接的流量,并且可以改善 CSR 访问延迟,提高整体系统性能。

11.1.2 H2F_AXI_Master 桥

H2F_AXI_Master 桥为 FPGA 内核逻辑提供了一个可配置宽度的高性能主接口。该桥提供 HPS 中的各种主器件对 FPGA 中实现的逻辑、外设和存储器的访问,有效地址空间大小为 960 MB。使用时可以配置 FPGA 内核逻辑的桥接主接口以支持 32 位、64 位或 128 位数据。

H2F_AXI_Master 桥位于 HPS 逻辑中的从端口,数据位宽为 64 位。该桥能够提供数据位宽适配和时钟域交互逻辑,使 FPGA 中的逻辑能够工作在任意异步于 HPS 的时钟域。其中,HPS 逻辑中的从端口时钟为 ARM L3 的主时钟,即 l3_main_clk,该时钟频率默认为 MPU 时钟频率的 1/4,当 MPU 时钟频率为 800 MHz 时,该时钟频率为 200 MHz。因此该桥的理论总带宽为 64 bit×200 MHz,即 12 800 Mbps。H2F_AXI_Master 桥常用于由 HPS 发起的 HPS 与 FPGA 侧的存储器进行大量的数据搬运工作,例如 HPS 从内存中高速搬运大量数据到 FPGA 侧的 SDRAM 存储器,或者 HPS 从 FPGA 侧的 SDRAM 存储器中读取大量数据到内存中。

11.1.3　F2H_AXI_Slave 桥

F2H_AXI_Slave 桥提供了一个 FPGA 内核逻辑对 HPS 可配置宽度的高性能主接口,而对于 HPS 来说,则提供了一个各个外设都能够被 FPGA 内核逻辑中的主机访问的接口。使用时可以配置 FPGA 内核逻辑的桥接主接口以支持 32 位、64 位或128 位数据。

F2H_AXI_Slave 桥位于 HPS 逻辑中的从端口,数据位宽为固定的 64 位。该桥能够提供数据位宽适配和时钟域交互逻辑,使 FPGA 中的逻辑能够工作在任意异步于 HPS 的时钟域。其中,HPS 逻辑中连接 HPS 的 L3 主端口时钟与 ARM L3 的主时钟相同,即 l3_main_clk,该时钟频率默认为 MPU 时钟频率的 1/4,当 MPU 时钟频率为 800 MHz 时,该时钟频率为 200 MHz。因此,该桥的理论总带宽为 64 bit×200 MHz,即 12 800 Mbps。F2H_AXI_Slave 桥常用于由 FPGA 侧逻辑发起的 HPS与 FPGA 进行大量数据搬运的工作,例如,FPGA 从 HPS 内存中高速搬运大量数据到 FPGA 中(典型应用实例为 FramerBuffer),或者由 FPGA 写入大量数据到 HPS中(典型应用为高速数据采集)。

11.2　AXI 与 Avalon-MM 总线的互联

为了支持 Platform Designer 中提供的所有使用 Avalon Memory Mapped 总线的 IP 能够方便地连接到 HPS 上,Platform Designer 具有 Avalon 和 AXI 总线间的自动转换功能,在设计时,只需要将 Avalon Memory Mapped 总线信号连接到 AXI信号总线上即可。至于如何完成两者间的信号功能和时序的转换,用户无需关心,Platform Designer 会自动生成相应的转换逻辑。这对于一些已经使用 NIOS ⅡCPU 开发了相应的系统和自定义 IP 的用户来说,是一件非常方便的事情,用户可以直接在 HPS 中按照原本 NIOS Ⅱ中的系统架构添加 IP 并连接好总线,就能实现相同的功能。同时,对于用户自己开发的自定义 IP,无需做任何修改就能直接用于SoC 系统中,大大降低了系统移植的工作量。

得益于 Platform Designer 中提供的强大的 Avalon-MM 到 AXI 总线协议自动适配功能,用户在编写 FPGA 侧逻辑时,可以直接使用易用的 Avalon-MM 总线进行设计,从而避开复杂的 AXI 总线协议。因此,作为一本讲解 SoC FPGA 基本开发方法的书,本书也并未安排针对 AXI 总线协议的 FPGA 侧逻辑设计的讲解,所有FPGA 侧逻辑,无论是主接口还是从接口,都统一使用 Avalon-MM 总线协议实现。

11.3　Avalon-MM 总线

Avalon 总线总共包含两类接口:一类是基于存储器映射的 Avalon Memory

Mapped 总线接口,该总线采用地址映射的方式对每一个存储单元进行编址,通过指定地址,并配合读/写请求信号来获取特定的存储单元的数据;另一类是用于数据流传输的 Avalon Streaming 接口,一般简称 Avalon ST 接口。Avalon ST 接口传输的数据不受地址控制,所有数据都是按照顺序流入或流出的,正因为如此,当 Avalon ST 接口传输大量的数据时,比 Avalon Memory Mapped 接口拥有更高的效率。不仅 Platform Designer 中提供的众多 IP 使用了 Avalon ST 接口,就连 Quartus 软件的 IP Catalog 中,也有很多 IP 使用了 Avalon ST 接口,例如典型的 FFT、FIR 等数字信号处理 IP。

对于 Avalon-MM 接口,包括 Avalon-MM 主端口(Master)和 Avalon-MM 从端口(Slave)。在一些简单低速的外设 IP 设计中,一般只用到了 Avalon-MM 从端口,例如 AC501_SoC_GHRD 工程中添加的 FPGA 侧的 PIO、UART、SPI 等控制器,都使用了基本的 Avalon-MM 从端口。而对于 Frame Reader 控制器,该控制器既包含了 Avalon-MM 从端口,用来与 HPS 通信,接收 HPS 写入的控制信息,同时又能够为 HPS 提供 Frame Reader 的各种状态信息,还包含了用于高速从 HPS 中读取图像数据的 Avalon-MM 主端口和一个用于将 Avalon-MM 主端口读取到的数据输出给 VGA 控制器的 Avalon-ST 端口,图 11.3.1 所示为 FrameReader 控制器的端口图。

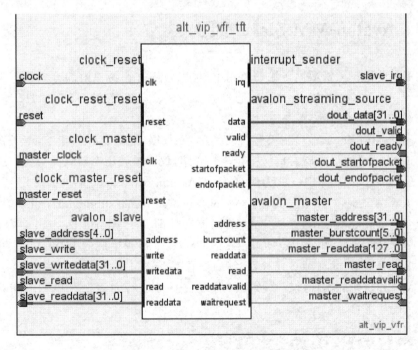

图 11.3.1　FrameReader 控制器端口

对于 FrameReader 驱动程序来说,会先通过 FrameReader 的 Avalon-MM 从端口读取 FrameReader 的基本状态信息,然后再向控制寄存器中写入相应的控制信息,最后启动 Avalon-MM 主端口的读操作,从 HPS 中高速地读取图像数据。

在 Linux 系统中,与 FrameReader 控制器对应的是 FrameBuffer 设备,其 FrameBuffer 驱动会在 Linux 内存中开辟一块内存空间,用作需要显示的图像的缓存,然后交由 FrameReader 控制器读取并送给 VGA 控制器,最终显示在显示屏上,那么这个图像数据究竟是如何实现从 HPS 的 DDR3 内存中搬运到 FPGA 侧驱动显示屏的呢? 整个数据流的传输经过了怎样的过程? 下面就针对该问题进行完整的介绍。

上面已经介绍了 FrameReader 控制器读取数据使用的是 Avalon-MM 主端口,根据主从对应的基本关系,该主端口要想从 HPS 中读取到数据,需要连接到 HPS 的从端口,即 F2H_AXI_Slave 端口上。事实上,该主端口并非直接连接到了 HPS 的 L3 互联架构的从端口上,而是连接到了 FPGA-to-HPS 桥的从端口上,该桥还有一个 64 位固定位宽的主端口,该主端口才真正连接到了 HPS 的 L3 互联架构的从端口上。

需要显示的数据存储在 HPS 所管理的内存中的一块区域,FPGA-to-HPS 中的主端口会从该区域中读取部分数据,然后存储在桥内部的交互 fifo 中,再由 FPGA 侧的主端口从 FPGA-to-HPS 桥的从端口读出。

11.4 Avalon-MM Slave 接口

在不需要进行大量数据传输的应用中,可以采用寄存器映射的方式组织 IP 核,然后设计 Avalon-MM Slave 端口,通过将 Salve 端口连接到 HPS 的 H2F_AXI_Master 端口上,完成 FPGA 与 HPS 的数据交互。

Avalon-MM Slave 端口主要包含 4 类信号:数据、地址、控制、状态,本书暂不对 Avalon-MM 总线协议的所有信号进行一一介绍,仅介绍使用率最高的信号。这里以 Platform Designer 中的 PIO 核为例,介绍其 Avalon-MM Slave 端口信号。

在 AC501_SoC_GHRD 工程的 soc_system\synthesis\submodules 目录下,有一个名为 soc_system_button_pio. v 的文件,该文件即为 Platform Designer 中添加的 button_pio 组件经过 Platform Designer 的 Generate 过程生成的 HDL 文件,通过该文件可以查看该 IP 的详细实现过程,例如查看寄存器与地址的对应关系,查看端口信号以及各种功能的实现过程。该文件的第 110~125 行为实现 PIO 边沿捕获功能的逻辑代码如下:

```
always @(posedge clk or negedge reset_n)
    begin
      if (reset_n == 0)
        begin
          d1_data_in <= 0;
```

```
              d2_data_in <= 0;
          end
      else if (clk_en)
          begin
            d1_data_in <= data_in;
            d2_data_in <= d1_data_in;
          end
      end

assign edge_detect = ~d1_data_in & d2_data_in;
```

可以看到,该 IP 核实现边沿捕获功能的方式就是最常用的边沿检测方式,即使用 2 个 D 触发器分别存储前后两个时钟时输入 I/O 上的电平值,然后比较 2 个 D 触发器中的值来判断是否捕获到了边沿。

该文件的端口定义如下所示,为了方便分析,这里将信号按照顺序重新进行了排序。

```
//时钟输入信号类
  input           clk;                //总线时钟,所有端口信号都同步于该时钟信号
//复位输入信号类
  input           reset_n;            //异步复位输入信号

//Avalon Memory Mapped Slave 信号类
  input           chipselect;         //片选信号
  input    [ 1:0] address;            //地址信号
  output   [31:0] readdata;           //读数据输出信号
  input           write_n;            //写请求信号,低电平有效
  input    [31:0] writedata;          //写数据输入信号

//中断输出信号类
  output          irq;                //中断输出信号

//导出端口类
  input    [ 1:0] in_port;            //PIO 导出端口
```

这些端口的详细功能说明如表 11.4.1 所列。

表 11.4.1 Avalon-MM Slave 端口信号说明

信号名	I/O	位 宽	功 能
clk	I	1	总线时钟,所有端口信号都同步于该时钟信号
reset_n	I	1	异步复位输入信号

信号名	I/O	位 宽	功 能
chipselect	I	1	片选信号,当该信号有效时,IP核的所有寄存器才能被访问
address	I	2	地址,该地址信号指定了 IP 核被访问的寄存器编号,通过给该信号赋予不同的值,就能选择访问不同的寄存器
readdata	O	32	读数据端口,当 chipselect 有效时,该端口上的值为 address 指定的寄存器中的值
write_n	I	1	写请求信号,低电平有效,当该信号有效(低电平)时,writedata 端口上的数据会被写入 address 指定的寄存器中
writedata	I	32	写数据信号,当 write_n 信号有效时,该端口上的数据会被写入 address 指定的寄存器中
irq	O	1	中断输出信号,当 IP 核中相关信号满足中断产生条件时,该端口变为高电平,用于向中断控制器发出中断请求
in_port	I	2	PIO 导出信号,可以直接连接到外部按键所在的 FPGA 引脚上

上述信号即为一个最简单的 Avalon-MM Slave 接口所需包含的信号,对于一些要求不高的应用,使用这些信号能够简化系统设计。

除了上述信号,Avalon-MM Slave 端口还包含一些常见的信号,用于对其他功能的支持,例如不确定数据潜伏期、突发传输、流水式传输等。为了降低入门难度,本书暂不对其他功能进行介绍。实际上,使用基本的端口信号,就能满足大部分 HPS 和 FPGA 数据传输的功能需求了。

11.5　基本 Avalon-MM Slave IP 设计框架

设计一个简单的 Avalon-MM Slave 接口的 IP,主要包括 4 部分工作,分别为端口定义、内部寄存器和线网定义、Avalon 总线对寄存器的读/写、用户逻辑使用寄存器。

11.5.1　端口定义

1. 全局信号

全局信号包含时钟(Clk)、复位(reset/reset_n)等,作为全局信号,驱动整个模块正常工作。

2. Avalon-MM Slave 端口

Avalon-MM Slave 端口受 Avalon-MM Master 控制,完成模块内部寄存器的读/写操作,包括了下面一些信号:

➢ 地址(as_address);

➤ 片选(as_chipselect/as_chipselect_n);

➤ 写请求(as_write/as_write_n);

➤ 写数据(as_writedata(按照字节对齐,8/16/32 位位宽);

➤ 读请求(as_read/as_read_n);

➤ 读数据(as_readdata)(按照字节对齐,8/16/32 位位宽);

➤ 等待信号(as_waitrequest/as_waitrequest_n);

➤ 读数据有效信号(as_data_valid)。

3. 中断请求

中断请求信号为 irq / irq_n,用于当 IP 中指定信号状态满足中断条件时,向中断控制器发出中断请求。

4. 导出信号

导出到 Qsys 系统顶层,作为整个 Qsys 系统模块的端口,当 Qsys 系统例化到 Quartus 工程中时,这些信号被作为顶层端口最终分配到 FPGA 的 I/O 引脚上,或者连接到 Qsys 系统以外的其他逻辑模块的信号端口上。

11.5.2　寄存器和线网定义

寄存器和线网主要作为用户自定义逻辑和 Avalon-MM 主机的一个沟通桥梁,Avalon-MM 主机通过读取寄存器获知用户自定义逻辑当前的执行状态和一些所需数据,Avalon-MM 主机通过写寄存器指定用户自定义逻辑执行何种操作。而对于用户自定义逻辑,通过使用寄存器的值来完成特定的功能,通过写寄存器来报告当前的执行状态或执行结果。用户在设计寄存器时,可以参考一些典型的 IP 的寄存器设置方式进行设定。一个基本的 IP 核控制器可以包含下面若干个寄存器:

➤ 数据寄存器(读/写);

➤ 状态寄存器(IP 运行状态、数据状态……);

➤ 控制寄存器;

➤ 中断屏蔽寄存器;

➤ 用户自定义寄存器。

11.5.3　Avalon 总线对寄存器的读/写

使用 chipselect 选中该 IP 中所有的寄存器,使用 address 指定要操作的具体寄存器编号,使用 write 信号完成将 writedata 端口上的数据写入该寄存器数据的工作,或者将该寄存器的值更新到 readdata 端口上。ADC128S052 控制 IP 中读/写各寄存器的 HDL 代码如下:

```
//写入通道选择值
always@(posedge clk or negedge reset_n)
```

```
if(!reset_n)
    channel <= 3'd0;
else if(as_chipselect && as_write && (as_address == 1))
    channel <= as_writedata[2:0];


//写控制寄存器。写指定地址实现相应功能,不考虑写入值
always@(posedge clk or negedge reset_n)
if(!reset_n)
    control <= 1'd0;
else if(as_chipselect && as_write && (as_address == 3))
    control <= 1'd1;
else
    control <= 1'd0;


    //读寄存器逻辑
always@(posedge clk or negedge reset_n)
if(!reset_n)
    as_readdata <= 16'd0;
else if(as_chipselect && as_read)begin
    case(as_address)
        0:as_readdata <= {4'd0, data};
        1:as_readdata <= {13'd0, channel};
        2:as_readdata <= {8'd0, freq_sclk};
        4:as_readdata <= {15'd0, irqmask};
        5:as_readdata <= {14'd0, status};
        default:as_readdata <= 16'd0;
    endcase
end
```

可以看到,在写 channel 寄存器时,写入 channel 寄存器的值是由 writedata 端口提供的,这种方式常用于写数据和设置寄存器。而当写 control 寄存器时,并未关心writedata 端口上的值,只要满足写该寄存器的条件,control 寄存器的值就变为 1;一旦不满足写该寄存器的条件,control 寄存器的值就马上自动清零,这种方式常用于产生宽度为单时钟周期的脉冲,作为某些功能开始运行的触发信号。

11.5.4 用户逻辑使用寄存器

当用户逻辑使用寄存器时,可以通过例化子模块的方式,直接将寄存器连接到用户逻辑子模块的输入或输出端口上,或者使用用户逻辑子模块的信号进行合理的变换,得到有意义的值写入 IP 核的寄存器。ADC128S052 型 ADC 控制器 IP 更新状态寄存器的 HDL 代码如下:

```
always@(posedge clk or negedge reset_n)
if(!reset_n)
    status[0] <= 1'd0;
else if(Conv_Done)
    status[0] <= 1'b1;
else if(as_chipselect && as_read && (as_address == 0))
    status[0] <= 1'b0;

always@(posedge clk or negedge reset_n)
if(!reset_n)
    status[1] <= 1'd0;
else if(ADC_State)
    status[1] <= 1'b1;
else
    status[1] <= 1'b0;
```

11.6　PWM 控制器设计

前面通过介绍 PIO 核的端口信号,讲解了一个基本的 Avalon-MM Slave 端口所需的各种信号,并给出基本的 IP 核编写框架。本节将按照该 IP 核编写框架,设计一个 PWM 波 IP 核,产生频率和占空比可变的 PWM 波。

在笔者的《FPGA 自学笔记——设计与验证》一书中,设计了一个基于 Verilog 的 PWM 波生成模块。PWM 发生器模块接口如图 11.6.1 所示,PWM 生成模块接口功能描述如表 11.6.1 所列。

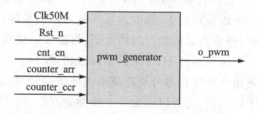

图 11.6.1　PWM 发生器模块接口

表 11.6.1　PWM 生成模块接口功能描述

接口名称	I/O	功能描述
Clk	I	模块工作时钟信号
Rst_n	I	异步复位输入信号
cnt_en	I	PWM 输出使能信号
counter_arr	I	32 位预重装值输入端口,确定频率
counter_ccr	I	32 位输出比较值输入端口,确定占空比
o_pwm	O	PWM 输出信号

最终输出 PWM 波的频率计算公式为

$$f_{pwm} = \frac{f_{clk}}{counter\_arr + 1}$$

因此,当输出频率确定时,可计算得到预重装值,计算公式为

$$counter\_arr = \frac{f_{clk}}{f_{pwm}} - 1$$

例如,当希望设置输出信号频率为 5 kHz 时,预重装值为

$$counter\_arr = \frac{f_{clk}}{f_{pwm}} - 1 = \frac{50\,000\,000}{5\,000} - 1 = 9\,999$$

因此,只需要设置 counter_arr 值为 9 999 即可使得最终输出的信号频率为 5 kHz。

当输出的 PWM 频率确定后,其输出占空比计算法则为输出比较值与预重装值之比。计算公式为

$$PW = \frac{counter\_ccr}{counter\_arr}$$

因此,当输出占空比确定时,可计算得到输出比较值,计算公式为

$$counter\_ccr = PW \times counter\_acr$$

例如,当输出频率为 5 kHz,输出占空比为 70% 时,输出的比较值为

$$counter\_ccr = PW \times counter\_arr = 9\,999 \times 0.7 = 6\,999$$

在运行过程中,修改预重装值可以设置输出 PWM 信号的频率,同时影响输出占空比;在预重装值确定的情况下,修改输出比较值,可以设置输出占空比。

当希望通过 HPS 来控制该模块,实现程序指定输出 PWM 的频率和脉宽时,可以使用 2 个寄存器分别存储输出比较端口的值和预重装值。另外,为了控制是否输出 PWM 波,还可以添加一个控制寄存器,用来连接到 cnt_en 端口上,控制 PWM 是否输出。表 11.6.2 所列为针对该控制器设计的寄存器映射表。

表 11.6.2 PWM 寄存器功能描述

寄存器名	偏 移	位 宽	R/W	功能说明
counter_arr	0	32	R/W	32 位预重装值寄存器,确定频率
counter_ccr	1	32	R/W	32 位输出比较值寄存器,确定占空比
control	2	1	R/W	PWM 输出使能寄存器,接 cnt_en 端口

11.6.1 PWM IP 核端口设计

PWM IP 核功能非常简单,最终仅需输出一个信号用于驱动外部设备,无需向 CPU 产生中断。因此导出信号仅有一个 o_pwm,不需要 irq 信号,PWM IP 核的 Avalon-MM Slave 模块的端口信息设计如下:

```
module av_pwm(
    clk,
    reset_n,

    as_chipselect,
    as_address,
    as_write,
    as_readdata,
    as_writedata,

    o_pwm
);

    input clk;
    input reset_n;

    input as_chipselect;
    input [1:0]as_address;
    input as_write;
    output reg [31:0]as_readdata;
    input [31:0]as_writedata;

    output o_pwm;
```

11.6.2　PWM IP 核寄存器定义

根据前面分析的内容,需要 3 个寄存器,定义寄存器的代码如下：

```
reg control;
reg [31:0]counter_arr;
reg [31:0]counter_ccr;
```

11.6.3　读/写 PWM 寄存器

Avalon-MM 主机（HPS、NIOS Ⅱ CPU）控制 PWM 输出频率和占空比是通过读/写上述三个寄存器实现的。实现时,先将设计好的 pwm_generator 模块例化到 IP 的顶层文件中,然后将 control 寄存器连接到 pwm_generator 模块的 cnt_en 输入端口,将 counter_arr 寄存器连接到 pwm_generator 模块的 counter_arr 输入端口,将 counter_ccrccr 寄存器连接到 pwm_generator 模块的 counter_ccr 输入端口。当满足"as_chipselect && as_write && as_address==0"的条件时,将 as_writedata 端口上的值存入 counter_arr 寄存器;当满足"as_chipselect && as_write && as_address==1"

的条件时,将 as_writedata 端口上的值存入 counter_ccr 寄存器;当满足"as_chipse-lect && as_write && as_address==2"的条件时,将 as_writedata 端口上 bit0 的值存入 counter_ccr 寄存器。同时,当 as_chipselect 信号有效时,根据 as_address 的值,将对应寄存器的值赋给 readdata 端口。该部分代码如下:

```
pwm_generator pwm_generator(
    .Clk(clk),
    .Rst_n(reset_n),
    .cnt_en(control),
    .counter_arr(counter_arr),
    .counter_ccr(counter_ccr),
    .o_pwm(o_pwm)
);

//写预设寄存器
always@(posedge clk or negedge reset_n)
if(!reset_n)
    counter_arr <= 32'd0;
else if(as_chipselect && as_write && (as_address == 0))
    counter_arr <= as_writedata;
else
    counter_arr <= counter_arr;

//写比较通道寄存器
always@(posedge clk or negedge reset_n)
if(!reset_n)
    counter_ccr <= 32'd0;
else if(as_chipselect && as_write && (as_address == 1))
    counter_ccr <= as_writedata;
else
    counter_ccr <= counter_ccr;

//写控制寄存器
always@(posedge clk or negedge reset_n)
if(!reset_n)
    control <= 1'd0;
else if(as_chipselect && as_write && (as_address == 2))
    control <= as_writedata[0];
else
control <= control;
```

```
//读寄存器逻辑
always@(posedge clk or negedge reset_n)
if(!reset_n)
    as_readdata <= 32'd0;
else if(as_chipselect)begin
    case(as_address)
        0:as_readdata <= counter_arr;
        1:as_readdata <= counter_ccr;
        2:as_readdata <= control;
        default:as_readdata <= 32'd0;
    endcase
end
```

11.6.4 Platform Designer 中封装 PWM IP

编写好 IP 核的 Verilog 代码之后,要想能够添加到 Platform Designer 的 IP 库中,并正确地适配库中的其他 IP 接口,还要使用 Platform Designer 工具中提供的组件创建工具完成 IP 的封装。

Quartus 和 Platform Designer 中的 IP 都是使用脚本加 HDL 代码的方式进行描述的。这些 IP 都统一存放在 Altera 软件安装的固定目录下,例如 Platform Designer 中的 IP,大部分都分布在 D:\intelFPGA\17.1\ip\altera\sopc_builder_ip 路径下。每个 IP 下都至少包含一个以 xxx_hw.tcl 方式命名的脚本文件,该文件即为 IP 的各项信息描述文件。例如打开 sopc_builder_ip\altera_avalon_pio 目录,里面存在着一个名为 altera_avalon_pio_hw.tcl 的文件,该文件使用脚本格式,详细描述了 PIO 核的各项参数,包括端口信号属性、位宽等。在 Platform Designer 中添加该 IP 时,Platform Designer 会读取该文件中的各项信息,通过 GUI 的形式展示为配置界面,然后由设计者根据需求选择位宽、方向、中断、边沿捕获等各项参数。配置好之后,这些脚本信息最终会统一加入 Qsys 文件中,在 Qsys 系统执行 Generate 操作时,生成相应属性的 Verilog 代码。

对于简单的 IP 核,当进行封装时,可以使用 Platform Designer 工具提供的组件创建工具来实现。下面介绍上述设计好的 PWM IP 的 HDL 代码的封装过程。

在 AC501_SoC_GHRD 工程的 ip 目录下创建一个名为 pwm 的文件夹,将 pwm_generator.v 和 av_pwm.v 两个文件复制到 pwm 文件夹下。然后打开 AC501_SoC_GHRD 工程并启动 Platform Designer。Platform Designer 打开之后,无需选择 soc_system.qsys 文件打开,因为创建新的组件无需打开已有的 Qsys 设计文件。

在 Platform Designer 中,选择 File→New Component 菜单项打开新组件编译器,如图 11.6.2 所示。

窗口打开后,有 5 个选项卡,分别为组件类型(Component Type)、模块符号

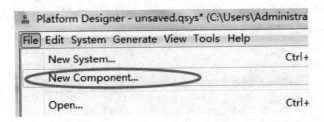

图 11.6.2　打开新组件编译器

（Block Symbol）、IP 包含的设计文件（Files）、IP 参数（Parameters）和 IP 的信号接口（Signals ＆ Interfaces），如图 11.6.3 所示。下面以 PWM IP 核的封装为例，讲解这 5 个选项卡内容的设置方式。

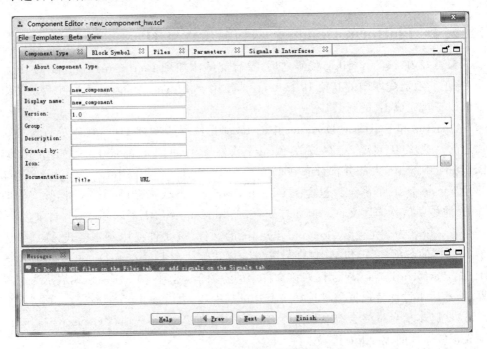

图 11.6.3　新组件编辑器界面

1. Component Type

➢ Name：为创建的 IP 核在系统中使用时系统识别的唯一名称，对于本 PWM 核，可以命名为 pwm。

➢ Display name：用来显示在 IP Catalog 中，方便用户识别，例如在 Paltform Designer 的 IP Catalog 中搜索 UART，会出现 5 个 IP 核，这 5 个核的显示名称不一样。用户在添加时，为了表示该 IP 核的一些特性，用 Display name 来展示，方便使用时快速识别。本 IP 就是一个基本的 PWM 核，可以设置 Display name 为 simple_pwm。

➤ Version：版本号，用来识别 IP 的版本，如果在使用过程中发现 IP 功能需要修改，则修改之后可以通过设置不同的版本号来与其他版本进行区分。对于本 PWM IP，由于是首次创建，直接设置为 1.0 版本即可。

➤ Group：IP 核所在组，Group 代表了一些拥有共同属性的 IP 合集，例如 IP Catalog 中 Interface Protocols 就是一个大的 Group，在该 Group 中又包含了 Audio & Video、Ethernet、Serial 等二级 Group，在 Serial 这个二级 Group 下，又包含了 JTAG UART、SPI、UART 等 6 个串行通信接口控制器。用户在自己创建 IP 时，如果有多个 IP，则也可以按照这样的模式进行分组，方便管理。由于笔者自己创建的 IP 目前不是很多，总数在 20 个以内，因此没有创建二级 Group，所有的自创建 IP 都使用 CoreCourse 这个 Group 名。

➤ Description：对该 IP 核功能用途的简单描述，对于本 PWM IP 核，可以直接简单介绍为 PWM 的全称 Pulse Width Modulation。

➤ Created by：创建者信息，这里输入作者自己的名称即可，例如对于笔者，以 xiaomeige 作为作者名称。

➤ Icon：图标，这个仅用作观赏用途，如果是为了展示需要，则可以使用一些有代表性的图片作为图标，如果没有该需求，则可以直接忽略不填。

➤ Documentation：IP 核所对应的文档，为一个链接，用户可以通过输入连接的方式指定 IP 对应的说明文档。对于该 PWM IP，暂未设置相应的说明文档，因此可以不填写。

输入完成后的 Component Type 选项卡如图 11.6.4 所示。

2. Block Symbol

Block Symbol 选项卡展示了模块的符号，列出了 IP 核的所有端口信息，完成 IP 核的编译之后，在 Block Symbol 选项卡中就能查看到该 IP 的所有端口了，由于当前还并未设置 PWM IP 的符号，因此还看不到任何端口信息。如果用户选中 IP Catalog 中 CoreCourse 组下的 OC_IIC 核，右击，在弹出的快捷菜单中选择 Edit，则在 Block Symbol 选项卡中就能看到该 IP 核的所有端口信息了。

3. Files

在 Files 选项卡中添加 IP 核所使用的文件，包括三种类型的文件：第一个为可综合文件（Synthesis Files），IP 所有的实际设计文件都需要通过该选项添加；第二个和第三个分别为 Verilog 和 VHDL 语言的仿真文件（Verilog/VHDL Simulation Files），如果 IP 核有对应的仿真文件，则可以通过这两个选项添加。对于本实验的 PWM IP 核，已经在之前经过笔者验证，所以不用添加仿真文件，只需将 pwm_generator.v 和 av_pwm.v 两个文件添加到可综合文件中即可。

单击可综合文件选项下面的 Add File 按钮，找到 pwm_generator.v 和 av_

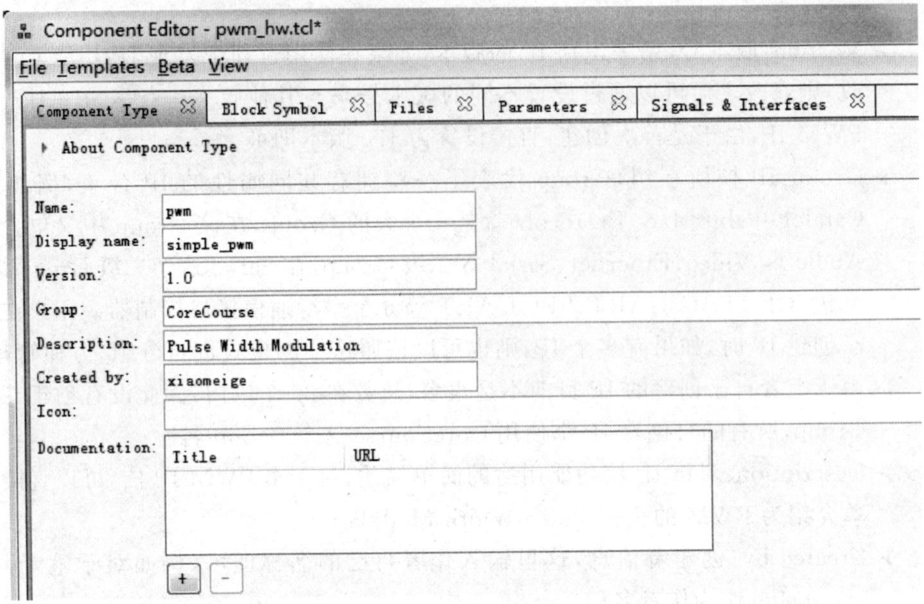

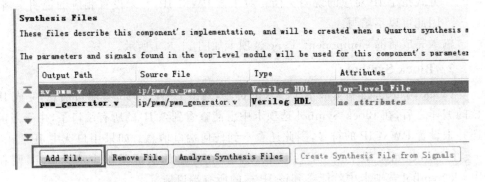

图 11.6.4　PWM IP 的 Component Type 选项卡

pwm.v 两个文件并打开。编辑器会自动选择一个文件作为 IP 的顶层文件,并在 Attributes 一列中展示,如图 11.6.5 所示。

图 11.6.5　添加可综合文件

如果编辑器自动识别的顶层文件有误,设计者可以在希望设置为顶层的文件的 Attributes 选项中单击,在弹出的对话框中选中 Top-level File 复选框并单击"OK" 按钮,如图 11.6.6 所示。

文件添加完成后,就可以单击 Analyze Synthesis Files 按钮来对添加的文件进行分析和综合了。如果分析和综合发现文件中有错误,则会在 Messages 窗口展示错误信息,并提示具体错误内容,设计者需要重新修改设计文件排除错误;如果分析和综合没有错误,则 Messages 窗口也会展示一系列的错误信息,不过这些信息都是与

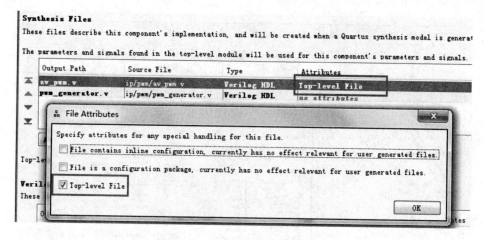

图 11.6.6 手动设置 IP 顶层文件

端口的属性设置错误相关的，如图 11.6.7 所示。

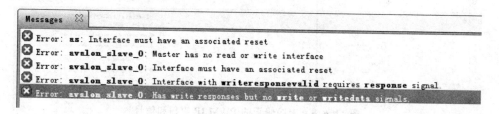

图 11.6.7 信息窗口

接下来只要对各个信号的属性进行合理的设置，这些错误就会一一被消除。

4. Parameters

在一些 IP 中，往往会有一些可以更改的参数，例如对于 PIO 核，在添加时就可以设置其位宽，而这些位宽就是属于参数类型。用户在自己设计 IP 时，顶层文件中使用 Parameter 定义的参数，也都会展示在该选项卡中，如果没有参数，则可以忽略。在本 PWM IP 核中，并未涉及参数，因此该项可以不用关心。

5. Signals & Interfaces

该选项卡是创建用户 IP 时最重要的一个选项卡，用户 IP 的每一个端口信号的属性，包括端口类型、信号类型都需要在该选项卡中进行正确的设置，以保证该 IP 用于 Qsys 互联时能够和其他组件对应的信号正确连接上。图 11.6.8 所示为组件编辑器对添加的 PWM IP 核的 Verilog 文件分析和综合后自动得到的端口和信号。

组件编辑器自动分析出了 4 组端口，分别为 Avalon Momery Mapped Slave 类型的 as_1 端口、Avalon Momery Mapped Slave 类型的 avalon_slave_0 端口、Clock Input 类型的 clock 端口以及 Reset Input 类型的 reset 端口。由于在设计 HDL 代码时使用了与标准的 Avalon-MM 总线信号相同的命名，所以这些信号就被自动地设

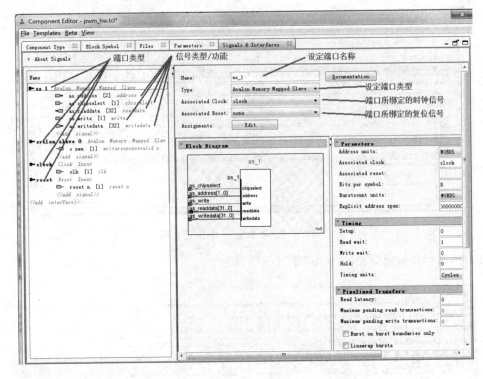

图 11.6.8　未经修正的 PWM IP 端口和信号

置好了信号类型。例如 as_address 的属性就自动地被设置为 Avalon-MM 总线类型中的 address 信号，as_write 就自动地被设置为 Avalon-MM 总线类型中的 write 信号。但是，编辑器并不能保证对每一个信号的设置都是准确的。例如 o_pwm 信号，本应该是一个导出信号，导出到 Qsys 系统的顶层，其端口类型应该为 conduit，但是编辑器将其识别为 Avalon Momery Mapped Slave 类型的 writeresponsevalid_n 信号，所以需要设计者手动修改。

(1) 添加端口类型

由于组件编辑器并未分析得到相应的 donduit 属性的端口信号，因此在默认的端口类型里面没有 conduit 这一项，需要用户手动添加该端口类型。添加的方式很简单，在编辑器的 Name 一栏中单击<< add interface >>选项，然后在弹出的列表中选择 Conduit 即可，如图 11.6.9 所示。

另外，在图 11.6.9 中还可以看到，使用时不仅可以添加 Conduit 端口，还可以添加各种其他的端口，例如 AXI4 Master、AXI4 Slave、Avalon Momery Mapped Master、Interrupt Sender 等。

(2) 修改信号类型

当添加了 Conduit 端口之后，需要将属于导出信号一类的信号移动到该端口中，

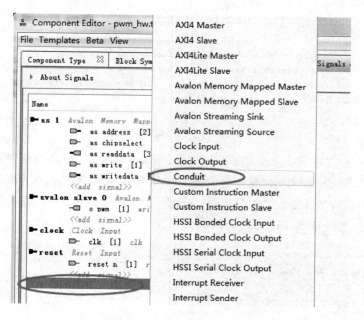

图 11.6.9　添加 Conduit 端口

移动的方式也很简单,左击选中需要移动的信号,直接拖拽到目标端口中就可以了,如图 11.6.10 所示。

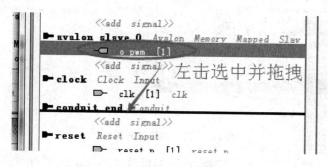

图 11.6.10　移动信号到另一个端口

(3) 删除多余的端口

当 o_pwm 信号移动到 Conduit 分组之后,avalon_slave_0 端口已经不包含任何信号了,此时需要将该端口删除,否则编辑器会因为该端口中不包含一些必要的信号而报错,如图 11.6.11 所示。

可以看到,窗口中的报错信息是说 avalon_slave_0 端口不包含读或写信号,以及 avalon_slave_0 端口没有匹配复位端口。因此,我们直接选中 avalon_slave_0 端口,然后按 Delete 键删除即可。删除之后,信息窗口中相关的错误信息就消失了。

(4) 修改端口信息

将 o_pwm 信号移动到 Conduit 端口之后,其信号属性还是为 writerespon-

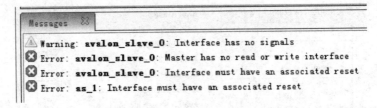

图 11.6.11　空端口报错信息

sevalid_n,因此需要手动修改其属性。选中 o_pwm 信号,在窗口右侧会展示该信号的相关信息,在 Signal Type 文本框中输入"wire",即可将该信号类型修改为普通的wire 型。而该信号其他的属性如位宽(Width)、方向(Direction)等,编辑器一般都能够正确识别,无需修改,如图 11.6.12 所示。

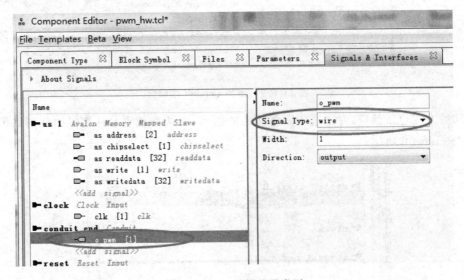

图 11.6.12　编辑信号类型

　　而对于 as_1 端口下的各个信号,虽然编辑器成功地识别了所有的信号类型,但是假如某个信号没有识别成功,也可以通过手动修改的方式来指定。修改的方法与前面讲到的 o_pwm 信号的修改方式相同,例如,要修改 as_chipselect 信号的属性,只需单击 as_chipselect,然后在右侧弹出的属性对话框中根据实际情况在 Signal Type 下拉列表框中选择正确的类型,如图 11.6.13 所示。

　　可以看到,在 Signal Type 下拉列表框中有很多的信号,用户需要根据该信号的实际作用来合理设置信号属性,如果信号属性设置错误,则 Qsys 系统在进行系统的生成时就会发生连接错误,从而导致生成的系统代码存在连线错误,无法正常工作。

(5) 修改端口名称

　　端口代表归属于这一类信号的所有信号的集合,合理的端口名称有助于用户在Platform Designer 中进行端口连接。在组件编辑器中,也可以对每个端口的端口名

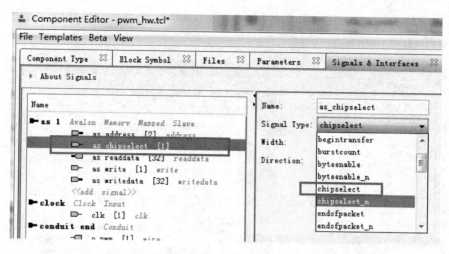

图 11.6.13　修改 Avalon Memory Mapped Slave 端口中的信号属性

进行修改,例如对于 as_1 端口,可以修改为 as,而对于新添加的 conduit_end 端口,也可以直接修改为 conduit。修改的方式很简单,选中该端口,在右侧弹出的端口属性的 Name 文本框中,直接输入新的端口名称即可,如图 11.6.14 所示。

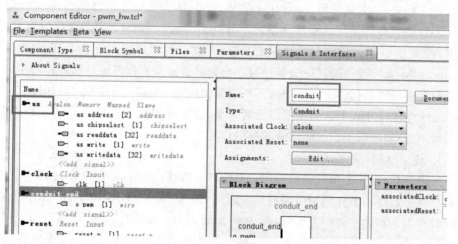

图 11.6.14　修改端口名称

(6) 指定端口时钟和复位

每个端口都需要有合理的时钟和复位信号,如果不指定合理的时钟和复位信号,信息窗口就会通过错误提示的方式来告知设计者。选中需要设置的端口,例如 as 端口,在该端口的属性设置中,有两个名为 Associated Clock 和 Associated Reset 的参数,在 Associated Clock 下拉列表框中选择 clock 作为该端口的时钟。在 Associated Reset 下拉列表框中选择 reset 作为该端口的复位。需要说明的是,对于一些较为复杂的 IP,可能不止一个 clock 端口或 reset 端口,此时就需要用户根据实际设计内容指定正确的 clock 和 reset。同样的,对于 conduit 端口,也需按照同样的方式进行指定,如图 11.6.15 所示。

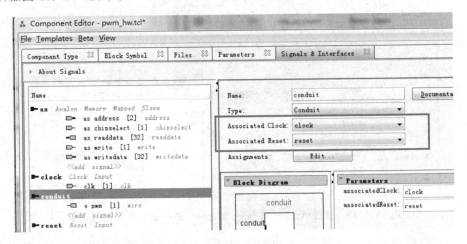

图 11.6.15　指定端口所依赖的时钟和复位

(7) 指定 Avalon-MM 总线时序参数

在一些应用,尤其是使用 Avalon-MM Slave 端口直接连接外部器件如 SRAM、Flash 时,由于外部器件的接口速率并不能达到 Avalon-MM Slave 端口的工作时钟速率,因此需要通过设定 Avalon-MM Slave 端口的时序参数来与外部设备匹配。Avalon-MM 总线支持通过设定各种时序参数的方式来直接匹配外部器件时序,需要设置的时序参数包括建立时间(Setup)、读等待时间(Read wait)、写等待时间(Write wait)、保持时间(Hold)。为了便于读者理解,以下通过设置这些不同的参数以及对应的读/写信号波形图来说明这些参数的作用。

1) 建立时间(Setup)

所谓建立时间,是指从 Avalon-MM 端口的地址(address)信号设置到该地址能够被总线上连接的器件识别所需的最短时间,图 11.6.16 和图 11.6.17 所示分别为建立时间为 0 和建立时间为 1 时,Avalon-MM 端口的读/写波形。可以看到,当建立时间为 0 时,对于读操作,读取到的数据会在地址建立后的 Read wait 个时钟周期,即 2 个时钟周期之后出现在 readdata 信号上。对于写操作,写有效信号(write)和地址信号同时有效。而当建立时间为 1 时,对于读操作,读取到的数据会在地址建立后的 Read wait 个时钟周期上加上 1 个时钟周期,即 2 个时钟周期之后出现在 readdata 信号上。对于写操作,地址和写数据同时建立,写有效信号会在建立时间(Setup)个时钟周期之后有效。在实际应用中,很多的异步器件都是需要一定的建立时间的。

2) 读等待时间

读等待时间用来指定从地址信号建立,到被外部器件实际使用,需要多少个时钟周期。图 11.6.18 和图 11.6.19 所示分别为读等待时间为 1 和读等待时间为 2 时,

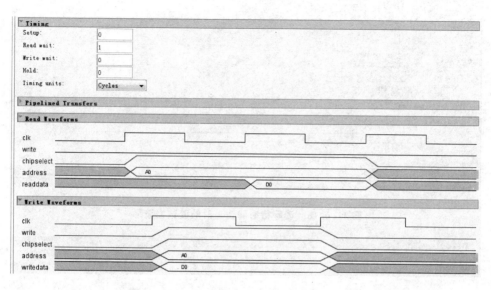

图 11.6.16　建立时间为 0 时的总线读/写波形

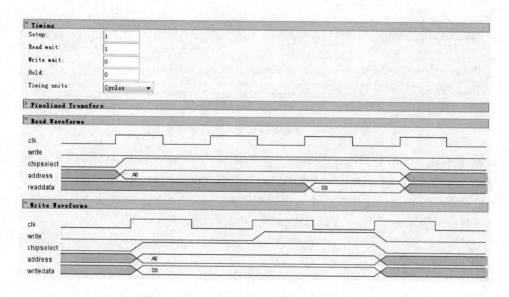

图 11.6.17　建立时间为 1 时的总线读/写波形

Avalon-MM 端口的读波形。可以看到,当读等待时间为 1 时,读取到的数据会在地址建立后的 1 个时钟周期后出现在 readdata 信号上(以 Setup 参数为 0 作为参考)。当读等待时间为 2 时,读取到的数据会在地址建立后的 2 个时钟周期后出现在 readdata 信号上。

　　3) 写等待时间

　　和读等待时间类似,写等待时间用来指定从写请求信号建立,到被外部器件实际

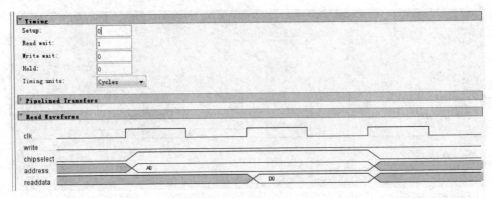

图 11.6.18　读等待时间为 1 时的读数据波形

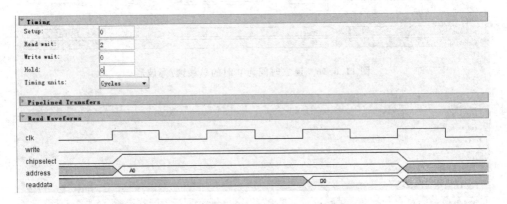

图 11.6.19　读等待时间为 2 时的读数据波形

使用,需要多少个时钟周期。图 11.6.20 和图 11.6.21 所示分别为写等待时间为 0 和写等待时间为 1 时,Avalon-MM 端口的写波形。可以看到,当写等待时间为 0 时, 写请求信号(write)仅需保持一个时钟周期的高电平(以 Setup 参数为 1 作为参考)。 当写等待时间为 1 时,写请求信号需保持 2 个时钟周期的高电平。

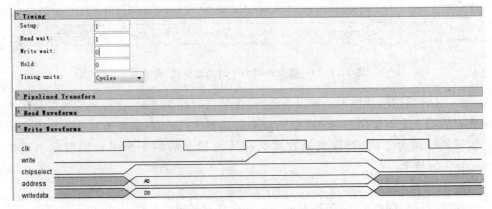

图 11.6.20　写等待时间为 0 时的写数据波形

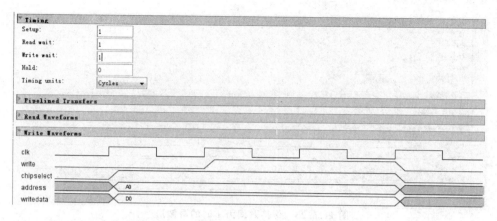

图 11.6.21　写等待时间为 1 时的写数据波形

4）保持时间

保持时间也是针对写操作的,描述了当写请求信号失效后,数据和地址信号还应该保持多少个时钟周期才允许变化。图 11.6.22 和图 11.6.23 所示分别为保持时间为 0 和保持时间为 1 时,Avalon-MM 端口的写波形。可以看到,当保持时间为 0 时,数据、地址在写请求信号失效的同时,即可发生变化。当保持时间为 1 时,数据、地址需要在写请求信号失效一个时钟周期之后,才允许发生变化。

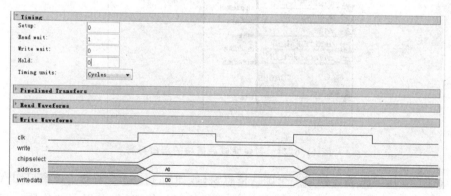

图 11.6.22　保持时间为 0 时的写波形

以上参数主要用于使用 Avalon Memory Mapped 总线直接连接 FPGA 片外器件时,匹配外部器件的一些时序参数,而对于在 FPGA 内部使用逻辑单元实现的寄存器和总线接口,直接使用默认的时序参数就能正常地实现寄存器的读/写。因此,对于用于自己编写的一些简单的 Avalon Memory Mapped Slave 从机,这些参数使用默认即可。

至此,整个 PWM IP 的封装工作就完成了,回到 Block Symbol 选项卡,可以看到完整的端口信息,如图 11.6.24 所示。同时,编辑器的信息窗口所有报错信息也已经全部消失。此时就可以单击 Finish 按钮完成封装了。

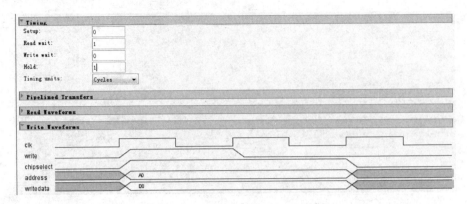

图 11.6.23　保持时间为 1 时的写波形

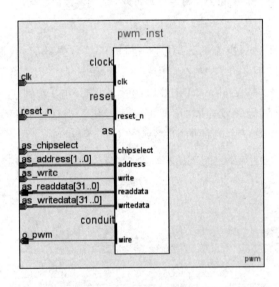

图 11.6.24　封装完成后模块的端口符号

在保存时,编辑器会弹出一个确认信息窗口,如图 11.6.25 所示。该窗口中有一个信息比较重要,那就是 IP 的描述脚本文件所保存的位置,提示保存的位置为工程的根目录。由于我们 IP 的 HDL 文件是保存在工程根目录下 ip 目录中所对应的 IP 核文件夹下的,而脚本文件默认保存在工程根目录下,这样就会造成该 IP 移植到其他工程时遇到困难,因此,我们可以通过手动修改脚本文件内容的方式,来让该 IP 核变得更加易用。

在图 11.6.25 中,单击"Yes,Save"按钮,即可完成保存。保存后,在 AC501_SoC_GHRD 工程根目录下就能看到 pwm_hw.tcl 文件了。

6. IP 脚本文件优化

为了便于文件管理,我们需要将该文件手动移动到 AC501_SoC_GHRD\ip\

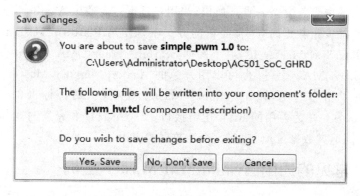

图 11.6.25 保存 IP 脚本文件

pwm 路径下,然后使用文本编辑器打开,找到 add_fileset_file 项,对于本例中 PWM IP 核的 tcl 文件,该项在 43、44 行。可以看到,该脚本文件中添加的 HDL 代码还是以工程根目录为默认路径,也就是默认的 pwm_hw. tcl 所在路径,加上所需添加的文件相对于根目录的路径信息来实现的,文件中该部分内容如下:

```
add_fileset_file av_pwm.v VERILOG PATH ip/pwm/av_pwm.v TOP_LEVEL_FILE
add_fileset_file pwm_generator.v VERILOG PATH ip/pwm/pwm_generator.v
```

由于此处我们已经移动了 pwm_hw. tcl 文件到 pwm 文件夹下,因此将路径信息去掉即可。修改后的该部分内容如下:

```
add_fileset_file av_pwm.v VERILOG PATH av_pwm.v TOP_LEVEL_FILE
add_fileset_file pwm_generator.v VERILOG PATH pwm_generator.v
```

至此,对于 PWM IP 核的封装就已经完成了。使用时,只需将整个的 PWM 文件夹复制到目标工程的 ip 目录下,然后打开 Platform Designer,就能自动识别了。使用时,只需像使用 Platform Designer 的 IP Catalog 中提供的 IP 核一样添加、连线就可以了。在添加到 Qsys 系统中之后,用户就可以直接在 Linux 应用程序中使用虚拟地址映射的方式完成该 IP 核的寄存器读/写,从而控制其输出不同频率和占空比的波形。当然,用户也可以为该 IP 核编写 Linux 驱动程序,通过驱动程序的方式来完成该 IP 核的使用,该部分内容将在下一章进行介绍。

11.7 Avalon-MM Master 接口

前面讲解了如何设计封装一个 Avalon-MM Salve 接口的 IP,由于 IP 核设计本身相对简单,没有什么复杂的逻辑代码,因此可以直接自己编写逻辑代码和总线接口。而当 FPGA 侧需要向 HPS 发起大流量数据传输时,则需要编写 Avalon-MM Master 接口,简易的 Avalon-MM Master 接口编写也很容易,但是当涉及突发传输时,需要编写的内容就复杂一点。所以,当用户逻辑需要使用 Avalon-MM Master 接口与 HPS 传输大量数据时,一种简单的方式就是使用 Platform Designer 中提供的通用的 Avalon-MM Master IP,典型的如 Scatter-Gather DMA Controller、Modular Scatter-Gather DMA。另外,也可以用开源的 Avalon Memory Master 模板。Intel 网站上提供了相应的 Avalon Memory Master 模板,一端为标准的 Avalon-MM Master 接口,另一端为易用的 RTL 逻辑接口,支持突发读和突发写操作,非常适合 FPGA 需要高速大数据量地与 HPS 交互数据的应用。

11.7.1　常见的通用 Avalon-MM Master 主机

在 Platform Designer 的 IP Catalog 中输入"dma"字符,能够搜索到的 DMA 控制器主要有 3 个,分别为 DMA Control、Modular Scatter-Gather DMA、Scatter-Gather DMA Controller,这三个控制器的性能不一样,所应用的场合也不一样。

11.7.2　DMA Controller

DMA Controller 作为最基本的 DAM 控制器,只能实现存储器到存储器的访问,数据只能从一块存储器搬运到另一块存储器。如果数据源或者目标不是存储器类型,则使用该控制器会比较麻烦,需要编写相应的存储器到用户接口的转换逻辑。该控制器属于 block dma,所谓 block dma,即在 dma 传输数据的过程中,要求源物理地址和目标物理地址必须是连续的,但在有的计算机体系中,连续的存储器地址在物理上不一定是连续的,dma 传输要分成多次完成,即控制器每传输完一块物理地址连续的数据后向 CPU 发起一次中断,由 CPU 响应中断启动下一块物理地址连续的数据的传输。

11.7.3　Scatter-Gather DMA Controller

scatter/gather 方式是与 block dma 方式相对应的一种 dma 方式。该传输方式用一个链表描述物理不连续的存储器,然后把链表首地址告诉 dma master。dma master 传输完一块物理连续的数据后,就不用再发中断了,而是根据链表传输下一块物理连续的数据,最后发起一次中断。很显然 scatter/gather 方式比 block dma 方式效率高。简单来说,scatter/gather 方式具有存储指令的专用存储器,CPU 可以事先将多个需要传输的数据块的地址和传输长度信息写入该存储器中形成一个链表,DMA 在传输过程中,会自动读取该链表里的内容并按照链表所指定的目标地址、源地址、目标长度发起传输,而不用向 CPU 发起中断,让 CPU 在每次传输完成后再单独启动一次新的传输。

Platform Designer 中提供的 Scatter-Gather DMA Controller 核实现了两个组件之间的高速数据传输,使用 SG-DMA 控制器,可以实现下述接口类型的组件间的数据传输:

➤ 存储器到存储器；

➤ 数据流到存储器；

➤ 存储器到数据流。

SG-DMA 控制器将非地址连续的存储器中的内容融合传输到一个连续的地址空间，或者将连续地址空间的内容拆分，传输到一系列地址不连续的存储器中。该控制器读取一系列指定数据传输细节的描述符，根据描述符的内容完成数据的传输。对于一些需要多个 DMA 通道的应用，多次例化使用该 IP 核能够提高数据吞吐量。每个 SG-DMA 都有自己专属的一系列的描述符来指定数据的传输。

图 11.7.1 展示了一个典型的 SG-DMA 应用系统，FPGA 侧的逻辑将数据流通过 SG-DMA 的 Sink 端口输入 SG-DMA，由 DMA 在传输描述符的控制下将数据通过 Avalon-MM Master 端口写入到指定的存储器，如 DDR2 SDRAM 中。合理利用该系统框架，编写相应的 FPGA 侧逻辑代码将数据流正确地传到 SG-DMA 的 Sink 端口上，即可完成数据采集系统的设计。

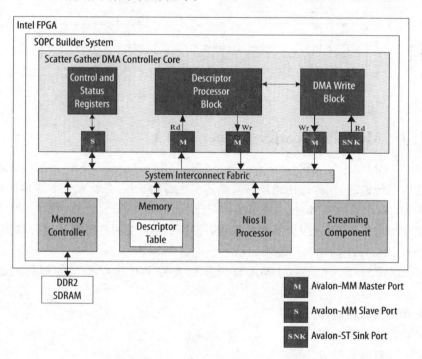

图 11.7.1　典型的 SG-DMA 应用系统

在使用该 SG-DMA 控制器时，需要用户手动添加描述符存储器和 SG-DMA 控制器，并进行正确的总线连接，因此使用较为烦琐。图 11.7.2 所示为 AC620 开发板提供的基于 SG-DMA 控制器设计的一个图像缓存读取系统（Frame Reader）的 Qsys 系统框图。可以看到，在该系统中，添加了一个名为 onchip_memory 的存储器，该存储器连接到了 SG-DMA 控制器的 descript_read 和 descript_write 端口上，根据 Intel

IP 手册中的说明,Intel 已经不建议在新的设计中使用 SG-DMA 控制器,推荐用户使用 Modular Scatter-Gather DMA。

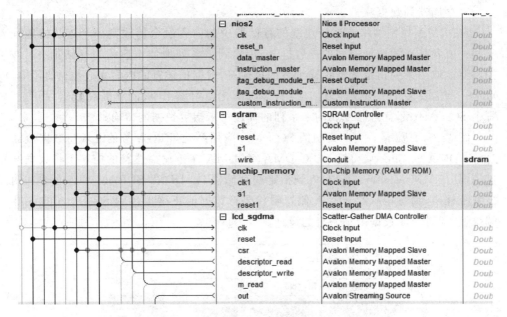

图 11.7.2　基于 SG-DMA 的图像缓存读取系统

11.7.4　Modular Scatter-Gather DMA

同 SG-DMA 一样,Modular Scatter-Gather DMA (mSGDMA)也是用来进行大量高速数据传输的,同样适用描述符来描述多次传输长度、目标地址和源地址都不相同的传输。不同的是,Modular Scatter-Gather DMA 是模块化的,内含一个支持可选的读或写主机,同时还内含了调度模块,使用时无需使用外部描述符存储器,简化了模块在 FPGA 中的添加和使用。

Modular Scatter-Gather DMA 核同样也支持下述接口类型的组件间的数据传输:

> 存储器到存储器;

> 数据流到存储器;

> 存储器到数据流。

图 11.7.3 所示为 mSGDMA 被配置为 Memory-Mapped 读/写回环的结构,对于主机(NIOS Ⅱ、HPS)来说,可以通过 Descriptors 从端口将传输描述符写入调度模块内部的描述符存储器中,也可以通过专用的命令和状态端口 CSR 来读取调度模块中的各种状态信息,并可以通过该端口发出各种传输命令。从数据流路径来说,在调度模块的控制下,Read Master 使用 Avalon Memory Mapped Master 从存储器中读取数据,经由 Avalon-ST 总线的 Source 端口输出,数据流输入到 Write Master 模

块的 Avalon-ST 总线的 Sink 端口。在调度模块的控制下，Write Master 使用 Avalon Memory Mapped Master 端口将 Sink 端口流入的数据写入到存储器中。

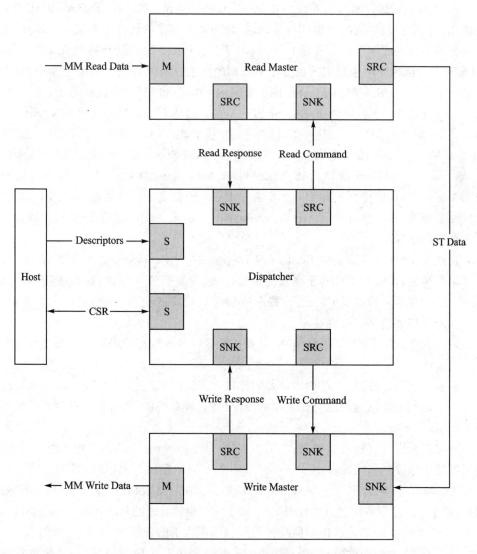

图 11.7.3 基于 mSGDMA 的存储器读/写回环结构

当然，如果需要从存储器中读取数据并转换为数据流输出，则可以仅使用 Read Master 功能，选择存储器到数据流模式，将读取到的数据送给 FPGA 的用户逻辑使用；或者，如果需要将 FPGA 侧逻辑产生的数据流写入到存储器中，则可以仅使用 Write Master 功能，选择数据流到存储器模式，将用户逻辑侧的数据流写入到存储器中。但是，无论使用哪种传输方式，调度模块总是必不可少的。

11.7.5 Avalon-MM Master 模板

由于 Linux 驱动源码中并没有提供 SG-DMA 和 mSG-DMA 的驱动,因此如果要使用这两个控制器进行数据的传输,需要使用者有较强的软件编程能力。而且,这两个控制器提供的多个内存片段自动传输,无需 CPU 干预的优异特性在 FPGA 和 HPS 互传数据的应用中使用的也并不是特别的频繁。所以在大多数的应用中,笔者更倾向于基于 Avalon-MM Master 模板来完成 FPGA 和 HPS 的数据交互。

Avalon-MM Master 模板是 Intel FPGA 官方网站上提供的一个使用 Verilog 编写好的带 Avalon-MM Master 接口的 IP,能够实现 FPGA 侧通过 Verilog 控制 Avalon-MM Master 接口将数据写入到 Avalon-MM Slave 接口的从设备中,或者使用 Avalon-MM Master 接口将数据从 Avalon-MM Slave 接口中读出,传输到用户 FPGA 逻辑中,其工作模式和 DMA 非常的相似。该控制器既可以在 Intel FPGA 官方网站上搜索下载,也可登录 http://www.corecourse.cn 下载得到该模板。该控制器主要有以下特性:

- ➤ 模块化,可直接添加到 Platform Designer 的 IP Catalog 中作为标准 IP 使用。
- ➤ 高性能,该模块支持基于突发的传输模式,突发长度可配置,这在应用于对高性能存储器外设(DDR)进行数据传输时有较高的应用价值,通过突发传输,能够显著提高数据吞吐率。
- ➤ 参数化,读/写模式、数据位宽、突发长度等各种参数都是可以通过图形界面配置的。
- ➤ 无需软件编程,用户在使用该控制器进行传输时,甚至无需使用 NIOS Ⅱ处理器进行软件编程就能完成数据的传输控制,所有的读/写参数都可以直接使用 Verilog 指定。

该控制器支持读和写两种模式,每次例化,只能选择读/写模式中的一种。因此,如果要使用该控制器实现多个读/写端口,则需要例化多次。使用时,控制器共包含 3 个主要端口,分别为用于从 Avalon-MM Slave 中读/写数据的 Avalon-MM Master 端口,用于用户指定传输参数的控制端口,用于用户传输数据的 buffer 端口。图 11.7.4 和图 11.7.5 所示分别为该控制器配置为写和读模式下的模块图。

可以看到,无论是读模式还是写模式,控制器都由三个模块组成,每个模块相应地引出了各自的端口。读或写主机逻辑引出的 Avalon-MM Master 端口在 Paltform Designer 中使用时会连接到 Avalon-MM Slave 端口上,对于用户逻辑来说是不可见的。而 FIFO 逻辑引出了典型的 FIFO 端口,方便用户直接使用标准的 FIFO 接口来完成数据的写入和读取。控制逻辑引出了一些易用的控制端口,方便用户通过编写简单的逻辑来实现传输的控制,这些控制参数包括传输基地址、传输长度、传输地址是否固定等。表 11.7.1 所列为该模板配置为写模式时的端口功能描述。

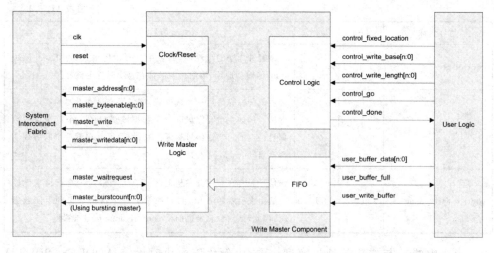

图 11.7.4　写主机模板

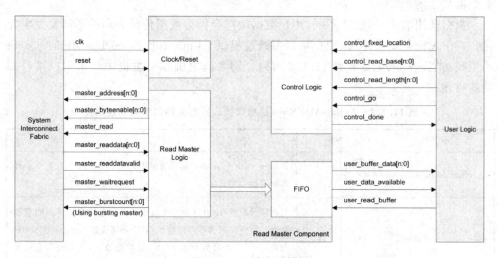

图 11.7.5　读主机模板

表 11.7.1　Avalon-MM Slave 模板控制端口信号功能描述

信号名称	I/O	位宽	信号功能
control_fixed_location	I	1	当该信号为高电平时,读/写主机接口的地址会固定为一个地址,常见于读/写 FIFO 一类的存储器应用
control_write_base control_read_base	I	n	主机传输数据的起始地址,以字节为单位
control_write_length control_read_length	I	n	传输的数据字节长度。以字节为单位,例如,如果数据端口为 32 位,需要传输 n 个数据,则实际的长度为 $4 \times n$

续表 11.7.1

信号名称	I/O	位 宽	信号功能
control_go	I	1	一个时钟周期的高脉冲,触发主机开始传输数据。fixed_location、传输基地址、传输长度值都在这个时钟上被寄存
control_done	O	1	当主机传输完最后一个数据后,该信号会自动设置为高电平并保持。例如主机写完最后一个数据或最后的一个读请求的数据已经返回。当该信号被置位时,用户可以在下一个时钟周期再次启动 Master 传输
control_early_done	O	1	该信号只有在使用读主机时才存在。当最后一个读请求已经发送出去后就被置位,而非在最后一个读请求得到返回数据时,因此,该信号总是提前于 control_done 信号被置位

上表中的 n 与主机的地址宽度一致,由例化该模块时设定 ADDRESSWIDTH 参数值来指定。

根据使用的读/写模式不同,用户数据接口会因为数据传输方向的不同发生变化。对于无论是读还是写,用户接口都通过提供 empty/full 和 read/write 信号实现了流控功能,表 11.7.2 和表 11.7.3 所列分别为读主机和写主机中每个用户接口的功能描述。

表 11.7.2　Avalon-MM Slave 模板读模式的数据端口信号功能描述

信号名称	I/O	位 宽	信号功能
user_buffer_data	O	n	当 user_data_available 信号有效时,该端口上包含了下一个有效的数据
user_data_available	O	1	当该信号有效时,用户 buffer 包含了已经由读主机读到的有效数据。用户在该信号为低电平,器件不能设置 user_read_buffer 为高电平,否则会到导致 buffer 的数据溢出,从而使读主机无法正常地完成整个传输过程
user_read_buffer	I	1	作为读应答信号。当该信号置位时,主机认为当前用户逻辑已经寄存了 buffer_data 端口上的数据,下一个时钟时 user_buffer_data 端口上就会呈现下一个读取的数据

表 11.7.3　Avalon-MM Slave 模板写模式的数据端口信号功能描述

信号名称	I/O	位 宽	信号功能
user_buffer_data	I	n	用户逻辑写入到 buffer 中的数据。当 user_buffer_full 信号无效时,使用 user_write_buffer 信号来标识该数据是否是一个有效数据

信号名称	I/O	位 宽	信号功能
user_buffer_full	O	1	当该信号置位时,表明用户 buffer 中数据已经满了,用户不能再写数据,如果此时设置 user_write_buffer 信号有效,则会导致数据丢失并使 Master 无法完成整个传输
user_write_buffer	I	1	作为一个写请求信号,置位该信号将有效的数据写入到 buffer 中。当 user_buffer_full 信号置位时,不得置位该信号,否则会导致数据溢出

11.8 高速数据采集系统

在基于 SoC FPGA 的应用系统中,有一类非常常用的设计类型,就是高速数据采集系统。例如图像采集系统,基于高速 ADC 的模拟数据采集系统等。FPGA 本身非常适合高速大容量的数据采集应用,基本上所有需要进行高速数据采集的场合都离不开 FPGA。但是在数据采集后,需要进行复杂的分析处理时,FPGA 用起来又缺少了一定的灵活性,所以很多的系统都是使用分立的 FPGA+DSP 或者 FPGA+ARM 的架构来完成相应的应用设计。

当使用 SoC FPGA 完成高速数据采集系统时,可以充分发挥 SoC FPGA 芯片上两者的集成优势,使用 FPGA 完成基本的数据采集、运算、滤波等功能,然后将数据通过片上的高速通信桥写入 HPS 的内存中。接下来复杂的数据分析和处理过程,就依靠 HPS 实现了。本节将基于 AC501_SoC_GHRD 工程,使用 Avalon-MM Master 模板设计一个基本的 ADC 高速数据采集系统。

在本系统中,将 Avalon-MM Master Template 配置成写模式,并使用一个简单的写控制模块 master_ctrl 来控制传输的基地址和长度,FPGA 侧使用计数器产生连续的数据,以此数据模拟高速 ADC 采样的模拟信号的数值,使用 Master 的写模式将数据写入到 HPS 侧的内存中,再由 HPS 侧软件处理。

11.8.1 安装 Avalon-MM Master 模板

由于 Avalon-MM Master 模板并未直接集成在 Platform Designer 的 IP Catalog 中,使用前需要用户先安装。安装的方法很简单,仅需在希望使用该模板的工程根目录下新建一个名为"ip"的文件夹(如果已经存在该文件夹,则不需要另外再建),将提供的该模板文件夹复制到 ip 文件夹下即可。实际上,所有的第三方 IP 核,只要该 IP 核提供了符合 Platform Designer 规定格式的_hw.tcl 文件,都可以使用这种方式添加到 Platform Designer 的 IP Catalog 中。包括在 AC501_SoC_GHRD 工程介绍时提到的 OC_IIC IP 核,就是使用这种方式添加到 IP Catalog 中的。

另外,为了方便通过 HPS 指定传输基地址和传输长度,并控制整个传输过程,笔

者这里设计了一个简单的控制模块 IP,名为 master_ctrl。该 IP 有一个 Avalon MM
Slave 端口和一个用户端口,如图 11.8.1 所示。

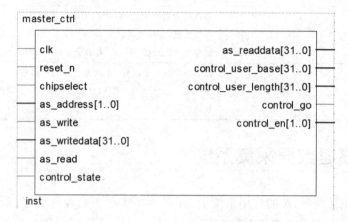

图 11.8.1　master_ctrl 控制模块

Avalon MM 主机通过 Avalon MM Slave 端口读/写该模块的内部寄存器,然后
这些寄存器的值通过用户端口导出,方便连接到 Master Write 或者 Master Read 模
块的控制端口上。该 IP 中共有 4 个寄存器,具体的寄存器名称和功能如表 11.8.1
所列。

表 11.8.1　Master_ctrl IP 寄存器功能描述

offset	名　称	位　宽	功　能
0	control	3	控制使能传输。 bit0:单次传输触发位,该位仅在主机写该寄存器且写入数据的 bit0 位为 1 时为高电平,否则保持低电平,对应于 control _go 信号。 bit[2:1]:预留的使能控制信号,对于一些需要连续混合读/写 的应用,例如 Framebuffer,通过使用该信号来控制传输,则不 需要主机每次发起一个写使能信号来启动传输
1	control_user_base	32	读/写主机的传输基地址
2	control_user_length	32	读/写主机的传输数据长度
3	control_state	1	读/写主机的传输状态

将 AC501-SoC 开发板配套资料包中提供的 AC501_SoC_GHRD 工程压缩包解
压到一个指定目录,如 D:\fpga\soc_system\examples\AC501_SoC_GHRD,将
master_ctrl、Master_template 以及上一节设计的 PWM 控制器都复制到 AC501_
SoC_GHRD 工程的 ip 文件夹下。然后使用 Quartus Prime 17.1 版本软件打开该工
程,并启动 Platform Designer 工具,打开 soc_systemm.qsys 设计文件。可以看到,当

soc_systetm. qsys 系统打开完成后,在 Platform Designer 的 IP Catalog 中就已经有了 master_ctrl、simple_pwm、master_template 三个 IP 了,如图 11.8.2 所示。

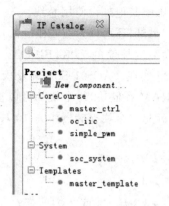

图 11.8.2　添加的用户 IP

11.8.2　完善 Qsys 系统

要完成高速数据采集系统的设计,首先需要在 Platform Designer 中添加相应的 IP 来搭建基本的采集系统,主要包括 master_template、master_ctrl、Reset_Bridge。当然,为了验证上一节编写的 PWM IP,这里将该 PWM IP 也添加到了系统中。

1. 添加 master_template

双击 master_template 打开参数配置界面,其中 Master Direction 可选择为 Read 和 Write,选择不同的方向,可以实现不同的对应功能,因为要实现 ADC 数据采集,因此选择 Write 模式。Data Width 包括了 8、16、32、64、256、512、1 024 共 7 个选项,方便用户根据自己的需求选择相应的数据位宽。虽然 FPGA-to-HPS 桥的位宽为 128,理论来说,Data Width 的值也应该设置为 128 位,但是 Platform Designer 有自动匹配位宽的功能,能够自动生成位宽匹配逻辑,因此这里设置为 32 位,方便 FPGA 侧用户数据的写入。当然,我们也可以选择数据位宽为 128 位,而在 FPGA 用户逻辑中完成 4 个 32 位数据转为 1 个 128 位数据再一次性写入的功能。Address Width 包含了 4～32 共 29 个选项,方便用户根据实际情况灵活选择,尤其是在目的地址范围确定的情况下,合理设定 Address Width 的值,能够有效提高系统运行的整体频率,即地址宽度越宽,其对系统能够运行的最高时钟频率的限制越大。在基于 HPS 的应用系统中,由于需要读/写的地址范围一般都比较大,因此只能选择使用 32 位位宽,如图 11.8.3 所示。

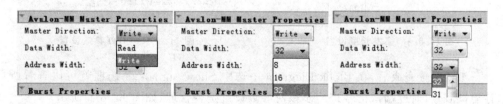

图 11.8.3　Avalon-MM Master 属性

该主机模块支持突发传输,支持 1、2、4、8、16、32、64、128 共 8 种突发长度,如图 11.8.4 所示。通过设置突发模式,可以提高总线的数据吞吐率。理论上来说,突发长度越长,对总线的利用率就越高,但是更长的突发长度会增加对总线的占用时间,影响其他外设使用总线。

另外,还可以设置 FIFO 的深度和实现方式,最基本的要求是 FIFO 深度必须为最大突发长度的 2 倍,FIFO 实现时可以用片上专用的嵌入式 RAM 存储器或者 ALM 实现。AC501-SoC 开发板上使用的 5CESBA2 芯片中共有 140 个 M10K 嵌入式 RAM 存储块,每个块都可以被配置为多种深度与位宽的组合。所谓 M10K 存储器,就是一个块存储器中有 10 Kbit 个存储位,每个 M10K 存储器可以被配置为以下模式:

➤ 8 192×1;

➤ 4 096×2;

➤ 2 048×4 或 2 048×5;

➤ 1 024×8 或 1 024×10;

➤ 512×16 或 512×20;

➤ 256×32 或 256×40。

由于本设计中,数据是 32 位的,因此,如果要想仅使用一个 M10K 存储器就实现本 FIFO,存储深度可在 1～256 之间任选。假如我们选择存储深度为 128,那么就只占用 1/2 个 M10K 的存储容量,剩下的 1/2 的存储容量也无法单独使用,在该设计中会被永远地浪费掉,因此,不如将存储深度直接设置为 256,还能保证缓存足够大,避免意外丢失数据,如图 11.8.5 所示。

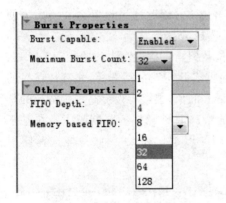

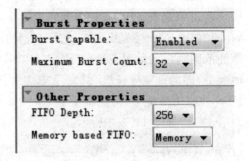

图 11.8.4　突发长度设置　　　　　图 11.8.5　FIFO 参数设置

参数设置完成后,在 Block Diagram 中选中 Show signals 复选框就可以查看所有端口信号,通过端口信号进一步核对参数设置是否合理,如图 11.8.6 所示。

2. 连接 Master Write 端口信号

添加完成后,修改 master_template_0 模块的名称为 master_write,以助于识别。然后按照下述步骤完成 master_write 模块的端口信号连接。

① 连接 clock_reset 端口到 clk_0 模块的 clk 端口上,与 f2h_axi_clock 所连接时

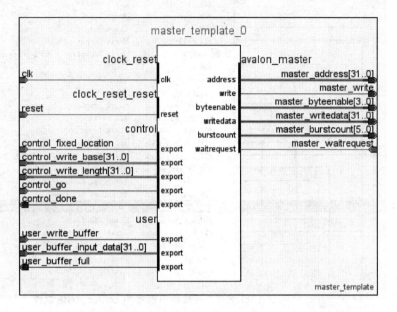

图 11.8.6 完成参数配置的写主机端口图

钟信号相同。

② 连接 clock_reset_reset 端口到 clk_0 模块的 clk_reset 端口上。

③ 连接 avalon_master 端口到 hps_0 的 f2h_axi_slave 端口上。由于该模块是要完成从 FPGA 侧向 HPS 侧主动写入数据的,因此需要使该写主机的主端口连接到 HPS 的从端口上。

④ 在 Export 一列,双击 control 和 user 所在行,将这两个端口导出,并修改导出名称为 write_control 和 write_user 以简化信号名称。

完成端口连接的 master_write 组件如图 11.8.7 所示。

3. 添加 master_ctrl

master_ctrl 模块是为了方便通过 HPS 指定传输基地址和传输长度,并控制整个传输过程而设计的,因为 Verilog 代码十分简单,因此本书不对其设计细节做介绍。使用时添加也非常简单,仅需参照添加 UART IP 核时的步骤添加并连接端口信号即可。

4. 添加 Reset_Bridge

Master Write 模块中包含了一个数据缓存 FIFO,该 FIFO 能够缓存一定的数据,待满足一次突发写传输的长度后,再根据当前是否处于传输状态而将数据通过 Avalon-MM Master 写入到 Avalon-MM Salve 设备中。但是在实际工作时,可能会

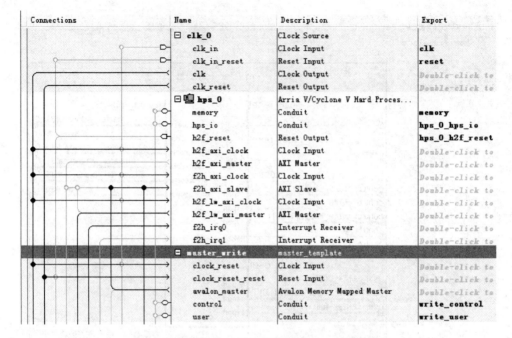

图 11.8.7　完成端口连接的 master_write 组件

由于某些意外情况的产生,导致 FIFO 中的数据还没有传输完,而一次传输就结束了,这样如果 FIFO 中残留的数据不加处理,就会在下一次启动传输时作为首批数据传入,就会导致控制逻辑期望写入的数据不能正确地写入到指定的地址。为了解决这个问题,可以采用复位的方式,即每次启动传输前,都对 Master Write 模块执行一次复位,以清零 FIFO 指针。这样当新的一次传输启动时,FPGA 用户逻辑写入的第一个数据就能正确地写入到指定的基地址了。

　　在 IP Catalog 中输入"reset"关键词即可搜索到名为"Reset Bridge"的组件,使用默认参数完成添加即可。将 Reset Bridge 的 clk 端口连接到 clk_0 模块的 clk 上,将 Reset Bridge 的 out_reset 连接到 master_write 模块的 clock_reset_reset 端口上,在 Export 一列中双击 Reset Bridge 的 in_reset 端口导出并修改名称为 master_write_reset_1,如图 11.8.8 所示。

5. 添加 simple_pwm

　　simple_pwm 是上一节讲解 Avalon-MM slave 外设设计时得到的一个 IP,该 IP 也非常的简单,在这里一并将其添加到系统中,方便下一章讲解基本驱动编写时,无需再次添加该 IP。其总线端口连接也十分简单,参照 UART IP 的总线连接方式进行连接即可。

6. 分配基地址

　　连接完所有模块的端口信号之后,将 AC501_SoC_GHRD 工程中原本已经有的

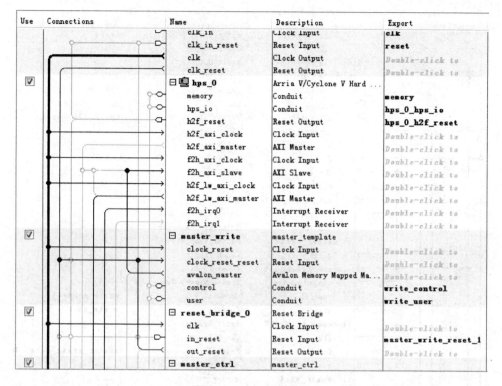

图 11.8.8　添加复位桥

IP 的基地址全部锁定,然后选择 System→Assign Base Addresses 菜单项来完成设备基地址的分配,分配完成后整个系统如图 11.8.9 所示。

11.8.3　修改 Quartus 中的 Qsys 例化

按照"第 4 章　手把手修改 GHRD 系统"中讲解的方法,生成 Qsys 系统的 HDL 文件,并添加新增的三个组件的导出端口到 Quartus 工程的 Qsys 系统例化列表中完成例化。具体操作过程如下:

① 选择 Generate→Generate HDL 菜单项,生成系统的 HDL 代码。

② 选择 Generate→Show Instantiation Temlate 菜单项,打开例化模板,复制新添加的三个组件的端口,如图 11.8.10 所示。

③ 在 Quartus 中打开 AC501_SoC_GHRD. v 文件,将复制的端口附加到 soc_system 模块例化部分的末尾,并修改名称,如图 11.8.11 所示。

可以看到,因为固定地址写操作在本例中用不到,因此写主机的控制端口的 write_control_fixed_location 信号被直接连接到了逻辑 0 上,而写主机控制端口的 write_control_write_base 信号连接到了写控制模块(master_ctrl)的 master_ctrl_us-er_base 信号上,这样当需要指定 Avalon-MM Master 的传输基地址时,仅需通过

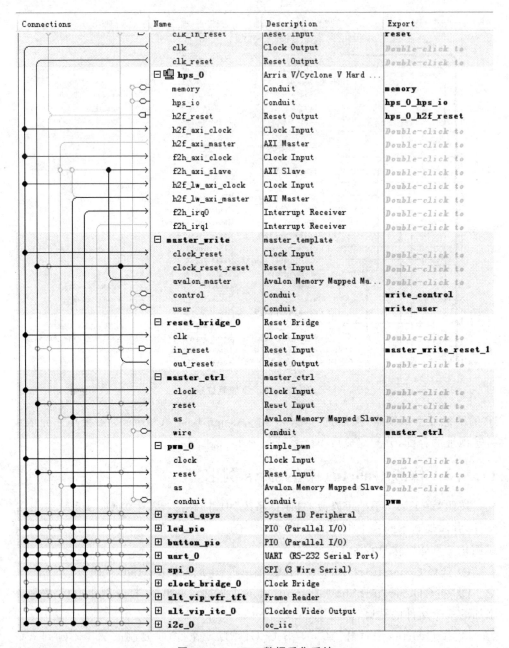

图 11.8.9　ADC 数据采集系统

HPS 将传输基地址写入该模块的 control_user_base 寄存器即可。同样的,写主机控制端口的 write_control_write_length 信号连接到了写控制模块(master_ctrl)的 master_ctrl_user_length 信号上,这样当需要指定 Avalon-MM Master 的传输长度时,仅需通过 HPS 将传输基地址写入该模块的 control_user_length 寄存器即可。

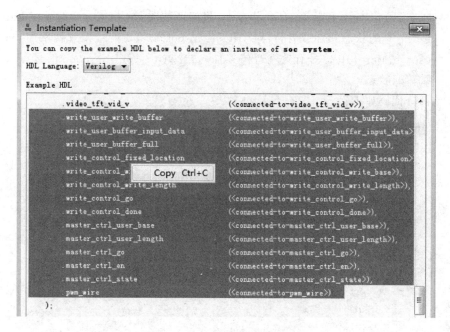

图 11.8.10　复制新增组件端口

```
.i2c_0_scl_pad_io                (fpga_i2c_0_scl),
.i2c_0_sda_pad_io                (fpga_i2c_0_sda),

.write_user_write_buffer         (write_user_write_buffer),
.write_user_buffer_input_data    (write_user_buffer_input_data),
.write_user_buffer_full          (write_user_buffer_full),
.write_control_fixed_location     (0),
.write_control_write_base        (master_ctrl_user_base),
.write_control_write_length      (master_ctrl_user_length),
.write_control_go                (master_ctrl_go),
.write_control_done              (write_control_done),
.master_ctrl_user_base           (master_ctrl_user_base),
.master_ctrl_user_length         (master_ctrl_user_length),
.master_ctrl_go                  (master_ctrl_go),
.master_ctrl_en                  (master_ctrl_en),
.master_ctrl_state               (write_control_done),
.master_write_reset_1_reset      (master_write_reset),
.pwm_wire                        (fpga_pwm)
);
```

图 11.8.11　添加信号到 Verilog 设计的模块例化部分

11.8.4　测试逻辑设计

　　为了测试该 DMA 控制器是否能够成功地将 FPGA 侧的数据写入到 HPS 侧的 DDR 中，可以在 Quartus 工程的顶层设计文件中编写简单的逻辑电路生成测试数据。测试逻辑的基本思路为设计一个状态机，包含 3 个状态如下：

> 状态 0 为空闲态，等待 master_ctrl_go 信号的到来。

> 状态 1 为延时过渡态，主要是为了匹配 master_ctrl_go 信号有效到 write_control_done 信号失效的 2 个时钟周期的延迟。

➢ 状态 2 为传输过程状态, 在此状态下, 累加计数器 cnt 根据 write_user_buffer_full 信号的状态累加或者暂停 (write_user_buffer_full 信号无效就累加, write_user_buffer_full 信号有效就暂停累加), 当 write_control_done 信号有效时, 跳转回状态 0。

该部分代码如下：

```
//根据 master_ctrl_go 启动传输信号和 write_control_done 传输完成信号设定传输状态
//从 go 信号有效到 write_control_done 信号失效, 中间有 2 拍延迟, 所以设置 3 个状态,
//状态 1 为延迟过段态
reg[1:0]trans_state;
always@(posedge fpga_clk50m or negedge hps_0_h2f_reset_n)
if(!hps_0_h2f_reset_n)begin
    trans_state <= 0;
end
else if(trans_state == 0)begin
    if(master_ctrl_go)
        trans_state <= 1;
    else
        trans_state <= 0;
end
else if(trans_state == 1)begin
    trans_state <= 2;
end
else if(trans_state == 2)begin
    if(write_control_done)
        trans_state <= 0;
    else
        trans_state <= 2;
end
```

为了实现 master_write 模块的受控复位, 使用 master_ctrl 模块的 master_ctrl_en[0] 信号连接到 master_write 模块的 reset 输入端口, 这样, 当需要复位 master_write 模块时, 仅需写 master_ctrl 的 control 寄存器的 bit1 为 1 即可。该部分代码如下：

```
//使用 master_ctrl_en 信号的 bit0 位作为 master_write 模块的复位信号
assign master_write_reset = master_ctrl_en[0];
```

为了对比两次写入中是否都正确地写入了数据, 使用 master_ctrl 模块的 master_ctrl_en[1] 信号来控制累加计数器 cnt 的计数初始值, master_ctrl_en[1] 信号为 0 则 cnt 初始值也为 0, master_ctrl_en[1] 信号为 1 则 cnt 初始值为 100。这样, 在两次传输中, 分别设置不同的 master_ctrl_en[1] 值, 并查看写入 HPS 内存中的数据的初始

值,就可以确定当前传输是否将数据正确地写入了内存中。该部分代码如下:

```
reg [15:0]cnt;//累加寄存器
//当处于传输状态时,根据 write_user_buffer_full 信号状态,使 cnt 自加 1 或暂停
always@(posedge fpga_clk50m or negedge hps_0_h2f_reset_n)
if(!hps_0_h2f_reset_n)
    cnt <= 0;
else if(trans_state == 2)begin
    if(write_user_buffer_full == 0)
        cnt <= cnt + 1'b1;
    else
        cnt <= cnt;
end
else begin
    if(master_ctrl_en[1])//使用 master_ctrl_en[1]确定每次写入数据的起始值方便对比
        cnt <= 100;
    else
        cnt <= 0;
end
```

整个写入逻辑完整的代码如下:

```
wire [31:0] master_ctrl_user_base;
wire [31:0] master_ctrl_user_length;
wire master_ctrl_go;

wire write_user_write_buffer;
wire write_user_buffer_full;
wire [31:0]write_user_buffer_input_data;
wire write_control_done;
wire master_write_reset;
wire [1:0]master_ctrl_en;

//使用 master_ctrl_en 信号的 bit0 位作为 master_write 模块的复位信号
assign master_write_reset = master_ctrl_en[0];

//根据 master_ctrl_go 启动传输信号和 write_control_done 传输完成信号设定传输状态
//从 go 信号有效到 write_control_done 信号失效,中间有 2 拍延迟,所以设置 3 个状态,
//状态 1 为延迟过段态
reg [1:0]trans_state;
always@(posedge fpga_clk50m or negedge hps_0_h2f_reset_n)
if(!hps_0_h2f_reset_n)begin
```

```verilog
            trans_state <= 0;
    end
    else if(trans_state == 0)begin
        if(master_ctrl_go)
            trans_state <= 1;
        else
            trans_state <= 0;
    end
    else if(trans_state == 1)begin
        trans_state <= 2;
    end
    else if(trans_state == 2)begin
        if(write_control_done)
            trans_state <= 0;
        else
            trans_state <= 2;
    end


//写 buffer 有效信号
assign write_user_write_buffer = (trans_state == 2) && (!write_user_buffer_full);

reg [15:0]cnt;//累加寄存器

//当处于传输状态时,根据 write_user_buffer_full 信号状态,使 cnt 自加 1 或暂停
always@(posedge fpga_clk50m or negedge hps_0_h2f_reset_n)
if(!hps_0_h2f_reset_n)
    cnt <= 0;
else if(trans_state == 2)begin
    if(write_user_buffer_full == 0)
        cnt <= cnt + 1'b1;
    else
        cnt <= cnt;
end
else begin
    if(master_ctrl_en[1])//使用 master_ctrl_en[1]确定每次写入数据的起始值方便对比
        cnt <= 100;
    else
        cnt <= 0;
end


//将 cnt 值同时写入 buffer 的高 16 位和低 16 位
assign write_user_buffer_input_data = {cnt,cnt};
```

　　测试逻辑编写完成后,就可以编译工程得到 sof 文件并转化得到 U-Boot 配置 FPGA 的 rbf 文件,生成 Linux 软件和驱动编程所需的 hps_0. h 头文件,生成设备树 dts 文件并转化得到 Linux 系统启动所需的 dtb 文件。更新到开发板的 SD 卡中。接下来就可以编写 Linux 驱动程序和 Linux 应用程序完成该系统的测试了。这部分内容将在下一章进行讲解。

11.9　本章小结

　　本章针对 SoC FPGA 独特的架构优势,讲解了 FPGA 和 HPS 进行互联通信的相关内容,包括总线接口、逻辑编写等。重点介绍了如何实现 FPGA 与 HPS 的通信,通过两个具体的例子介绍了 Avalon-MM Slave 和 Avalon-MM Master 接口的 IP 核的设计方法。基于这两个例子,读者可以经过简单地修改,设计自己的 IP 或者应用系统。

第 **12** 章

Linux 驱动编写与编译

在 32 位系统上，Linux 内核默认将 4 GB 空间分为 0～3 GB 的用户空间和 3～4 GB 的内核空间。用户程序运行在用户空间，可通过中断或者系统调用进入内核空间；Linux 内核以及内核模块只能在内核空间运行。例如本书前面介绍的基于虚拟地址映射的硬件编程所设计的程序，都是运行在用户空间的。

Linux 内核具有很强的可裁剪性，很多功能或者外设驱动都可以编译成模块，可在系统运行中动态插入或者卸载，在此过程中无需重启系统。模块化设计使 Linux 系统在使用中更加灵活，可以将一些很少使用或者暂时不用的功能编译为模块，在需要的时候再动态加载进内核，可以减小内核的体积，加快启动速度，这对嵌入式应用极为重要。

SoC FPGA 作为一种新型的异构嵌入式芯片，既包含了可以运行 Linux 操作系统的 HPS 部分，又包含了通用的可编程逻辑。针对 HPS 部分，Intel 提供了成熟的板级支持包（BSP）。但是对于 FPGA 部分添加的各种外设，由于定制化程度高，所以很多时候要提供一个非常通用的驱动也并不容易。尤其是当用户自己设计了一个自定义的 IP 并希望通过内核驱动的方式在 Linux 系统中来使用该 IP 核时，用户就不得不自行编写驱动程序了。关于 Linux 驱动开发的详细介绍，读者可以参阅专门讲解 Linux 驱动开发的书籍，本章仅以 SoC FPGA 应用系统中最常用的两个驱动程序为例进行讲解，通过讲解其程序框架和硬件相关操作的具体实现，引导读者掌握 SoC FPGA 中驱动程序开发的一般方法。

12.1 基本字符型设备驱动

在"第 10 章 基于 Linux 标准文件 I/O 的设备读/写"中，讲解了使用标准文件 I/O 操作设备的方法。如使用标准文件 I/O 操作一个 I^2C 设备，使用简单的 open（）、write（）、read（）、ioctl（）函数实现设备中数据的读/写。那么，在应用程序中使用的这些函数，又是怎样最终作用于硬件上的呢？这些标准函数和硬件寄存器之间，又是通过怎样的桥梁进行连接的呢？

Linux 设备驱动是具有入口和出口的一组方法的集合，各方法之间相互独立。驱动内部逻辑结构如图 12.1.1 所示。

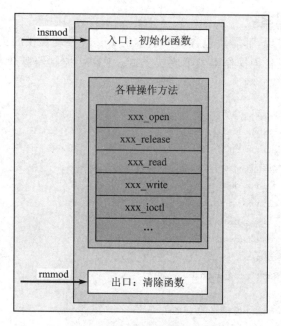

图 12.1.1 驱动内部逻辑结构

Linux 设备在内核中是用设备号进行区分的,而决定这些设备号的正是设备驱动程序。另外,在用户空间如何管理这些设备,也是与驱动程序息息相关的。一个完整的设备驱动必须具备以下基本要素:

① 驱动的入口和出口。驱动入口和出口部分的代码,并不与应用程序直接交互,只与内核模块管理子系统有交互。在加载内核的时候执行入口代码,卸载的时候执行出口代码。这部分代码与内核版本关系较大,严重依赖于驱动子系统的架构和实现。

② 操作设备的各种方法。驱动程序实现了各种用于系统服务的各种方法,但是这些方法并不能主动执行,发挥相应的功能,只能被动地等待应用程序的系统调用,只有经过相应的系统调用,各方法才能发挥相应的功能,如应用程序执行 read() 系统调用,内核才能执行驱动 xxx_read() 方法的代码。这部分代码主要与硬件和所需要实现的操作相关。

③ 提供设备管理方法支持。其包括设备号的分配和设备的注册等。这部分代码与内核版本以及最终所采用的设备管理方法相关,如采用 udev,则驱动必须提供相应的支持代码。

12.1.1 字符型设备驱动框架

下面以 PWM IP 核驱动为例,介绍一个基本的 Linux 字符 IP 的基本架构。

1. 头文件包含

驱动程序的实现,都需要包含一些基本的 Linux 系统提供的头文件,这些头文件为驱动程序中实现各种操作提供了底层支持。PWM 控制器驱动系统头文件的代码如下:

```
001 # include <linux/init.h>
002 # include <linux/module.h>
003 # include <linux/fs.h>
004 # include <linux/cdev.h>
005 # include <linux/device.h>
006 # include <linux/version.h>
007 # include <linux/slab.h>
008 # include <asm/uaccess.h>
009 # include <asm/io.h>
010 # include <asm/mach/arch.h>
011
012 /* 包含 FPGA 侧外设信息的头文件 */
013 # include "hps_0.h"
014
015 # include "pwm_drv.h" /* 包含 PWM 驱动自身的头文件 */
```

代码第 1~10 行为基本的 Linux 字符型驱动程序所需的头文件。不同内核模块根据功能的差异,所需要的头文件也不相同,但是<linux/init.h>和<linux/module.h>是必不可少的。

代码第 13 行包含了 FPGA 侧外设信息的头文件,PWM IP 核在 H2F_LW_AXI_Bridge 桥上的基地址(PWM_0_BASE)和地址空间大小(PWM_0_SPAN)等信息都是从这个头文件中获取的。针对不同的 Qsys 系统,hps_0.h 中的各种信息参数都可能发生变化,一旦更改了 Qsys 系统的内容,就需要重新生成 hps_0.h 文件并替换到驱动程序中并重新编译驱动程序。

代码第 15 行为 PWM 驱动自己的头文件。在该文件中定义了 PWM 设备的结构体和 ioctl 操作的一些相关参数命令。该文件内容如下:

```
# ifndef _PWM_DRV_H
# define _PWM_DRV_H

# include <asm/io.h>

# define PWM_IOC_MAGIC 'x'/* 定义 PWM 驱动 ioctl 幻数 */
# define PWM_SET_ARR _IOW(PWM_IOC_MAGIC, 0, int) /* 构造设置 ARR 寄存器命令 */
# define PWM_SET_CCR _IOW(PWM_IOC_MAGIC, 1, int) /* 构造设置 CCR 寄存器命令 */
```

```
#define PWM_SET_CTL _IOW(PWM_IOC_MAGIC, 2, int) /* 构造设置 CTL 寄存器命令 */

#define PWM_IOCTL_MAXNR 3/* 定义 PWM ioctl 方法的命令最大值,以防止非法命令传入 */

/* pwm 设备结构体 */
struct pwm_device {
    unsigned int counter_arr;    /* 32 位预重装值寄存器 */
    unsigned int counter_ccr;    /* 输出比较值寄存器 */
    unsigned int control;        /* PWM 输出使能寄存器 */
};

#endif/* _PWM_DRV_H */
```

2. 变量和宏定义

在驱动程序中,需要用到一些变量和宏定义,该部分代码如下:

```
017 static int major;
018 static int minor;
019 struct cdev * pwm; /* cdev 数据结构 */
020 static dev_t devno; /* 设备编号 */
021 static struct class * pwm_class;
022
023 unsigned long * LWH2F_bridge_addr = 0;
024 unsigned long * h2p_pwm_addr = 0;
025
026 #define MAP_BASE_ADDR        (0xFF200000) //lwAxiMaster 桥基地址
027 #define MAP_PWM_ADDR         (MAP_BASE_ADDR + PWM_0_BASE) //PWM Pwripheral 基地址
028 #define MAP_SIZE             (PWM_0_SPAN)
029
030 #define DEVICE_NAME "pwm"    /* 定义设备名称 */
```

代码第 17~21 行定义了设备驱动中需要用到的一些基本变量。

代码第 23~30 行定义了一些与硬件相关的变量或宏定义。例如 LWH2F_bridge_addr 和 h2p_pwm_addr 是用来保存设备虚拟地址的,而 3 个宏定义则分别定义了硬件的一些具体信息,如地址和地址空间大小等。DEVICE_NAME 定义了驱动程序最终要创建的设备名称。当驱动程序成功加载之后,就能在系统的 dev 下看到以 DEVICE_NAME 对应的字符串命令的设备了,如图 12.1.2 所示。

3. open 方法

如果某些外设在开始工作前需要设置某些寄存器来进行初始化,则可以在此操作中进行。PWM IP 核寄存器设置非常简单,无需初始化操作,因此 open 操作中没有操作寄存器的部分,仅显示一个字符串信息以指示该程序被调用。PWM 控制器

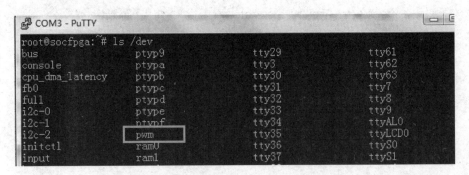

图 12.1.2 通过安装驱动创建的设备节点

驱动的该部分代码如下：

```
032 static int pwm_open(struct inode * inode, struct file * file)
033 {
034     try_module_get(THIS_MODULE);
035     printk("pwm_open\n");
036     return 0;
037 }
```

4. release 方法

如果某些外设在停止工作前需要设置某些寄存器才能关闭功能，则可以在此操作中进行。PWM 控制器驱动的该部分代码如下：

```
039 static int pwm_release(struct inode * inode, struct file * file)
040 {
041     module_put(THIS_MODULE);
042     printk("pwm_close\n");
043     return 0;
044 }
```

5. read 方法

read 操作主要实现从内核空间中复制若干个数据到用户空间中。PWM 控制器驱动的该部分代码如下：

```
046 ssize_t pwm_read(struct file * filp, char * buf, size_t count, loff_t * f_pos)
047 {
048     struct pwm_device * pwm; /* 定义 PWM 寄存器结构体指针 */
049     printk("pwm_read\n");
050     /* 为结构体指针分配一块内存 */
051     pwm = (struct pwm_device * )kmalloc(sizeof(struct pwm_device),GFP_KERNEL);
052     pwm-> counter_arr = ioread32(h2p_pwm_addr + 0);/* 读 PWM 寄存器 0,即 ARR 寄存器 */
```

```
053    pwm -> counter_ccr = ioread32(h2p_pwm_addr + 1);/* 读 PWM 寄存器 1,即 CCR 寄存器 */
054    pwm -> control = ioread32(h2p_pwm_addr + 2);/* 读 PWM 寄存器 2,即控制寄存器 */
055    printk("arr: % d; crr: % d; control: % d\n",pwm -> counter_arr, pwm -> counter_
       ccr, pwm -> control);
056    /* 将读取到的数据复制到用户空间 */
057    if(copy_to_user(buf, pwm, count))return - EFAULT;
058    printk("read done\n");
059    return count;
060 }
```

在第 57 行使用 copy_to_user()函数从内核空间中将 PWM 结构体的数据复制到用户空间中。而内核空间中的这些数据,又是通过 ioread32()函数从 PWM IP 核的寄存器中读取出来的。

6. write 方法

write 操作主要实现从用户空间中复制若干个数据到内核空间中,然后再对这些数据进行处理,如写入到外设寄存器中。PWM 控制器驱动的该部分代码如下:

```
062 ssize_t pwm_write(struct file * filp, const char * buf, size_t count, loff_t * f_pos)
063 {
064    printk("write");
065    int data[3];/* data[0]:ARR; data[1]:CCR; data[2]:CTL */
066    printk("pwm_write\n");
067    /* 从用户空间将数据复制到 data 数组中 */
068    if(copy_from_user(data, (int *)buf, count))return - EFAULT;
069    iowrite32(data[0], h2p_pwm_addr + 0);/* 写 PWM 寄存器 0,即 ARR 寄存器 */
070    iowrite32(data[1], h2p_pwm_addr + 1);/* 写 PWM 寄存器 1,即 CCR 寄存器 */
071    iowrite32(data[2], h2p_pwm_addr + 2);/* 写 PWM 寄存器 2,即控制寄存器 */
072    printk("set arr: % d; crr: % d; control: % d\n",data[0], data[1], data[2]);
073    printk("write done\n");
074
075    return count;
076 }
```

代码第 62~76 行为驱动程序写操作方法的具体实现。该函数中,首先定义了一个 3 个元素的数组,然后使用 copy_from_user()函数从用户空间中复制数据到该数组中,最后再把数组中 3 个元素的数据使用 iowrite32 函数分别写入 PWM IP 的 3 个寄存器中,以实现应用程序通过 write 函数写外设寄存器中的操作。

7. ioctl 方法

ioctl 操作主要实现一些无法方便地使用 read 或 write 方法实现的操作。例如对单个寄存器的操作。PWM 控制器驱动的该部分代码如下:

```
078 static int pwm_ioctl(struct file * filp, unsigned int cmd, unsigned long arg)
079 {
080     printk("pwm_ioctl\n");
081     unsigned int Updata;
082     /* 检查命令所带幻数是否匹配 */
083     if (_IOC_TYPE(cmd)! = PWM_IOC_MAGIC)
084     {
085         return - ENOTTY;
086     }
087     /* 检查命令号是否超过了驱动所允许的最大值 */
088     if (_IOC_NR(cmd) > PWM_IOCTL_MAXNR)
089     {
090         return - ENOTTY;
091     }
092     /* 解析命令 */
093     switch(cmd)
094     {
095     case PWM_SET_ARR:/* 设置预重装寄存器值 */
096         printk("PWM_SET_ARR\n");
097         get_user(Updata, (unsigned int * )arg);
098         iowrite32(Updata, h2p_pwm_addr + 0);
099         break;
100
101     case PWM_SET_CCR:/* 设置输出比较寄存器值 */
102         printk("PWM_SET_CCR\n");
103         get_user(Updata, (unsigned int * )arg);
104         iowrite32(Updata, h2p_pwm_addr + 1);
105         break;
106
107     case PWM_SET_CTL:/* 设置控制寄存器值 */
108         printk("PWM_SET_Control\n");
109         get_user(Updata, (unsigned int * )arg);
110         iowrite32(Updata, h2p_pwm_addr + 2);
111         break;
112     default:
113         break;
114     }
115     return 0;
116 }
```

代码第 62～76 行为驱动程序 ioctl 操作方法的具体实现。在该函数中，首先检查用户空间传进来的命令（cmd）中幻数部分与驱动程序所使用的幻数是否一致，如果不一致则退出。接着检查命令中的命令编号是否超过了驱动所允许的最大值,如果超过了最大值则为不支持的命令,同样退出函数。然后开始根据 cmd 的不同值,执行不同的操作。例如 PWM_SET_CTL 命令就是写控制寄存器,在该操作中,程序会首先使用 get_user()函数从用户空间复制一个值到内核空间,然后再将这个值使用 iowrite32()函数写入到控制寄存器中。与 write 方法一次性操作所有寄存器不同,ioctl()一次性可以仅操作一个寄存器。这样,用户空间的程序通过不同的命令就能够分别操作不同的寄存器了。

8. fops 定义

代码第 118～127 行为驱动程序操作方法映射部分,在前面曾提到过,Linux 文件操作提供了多个标准的接口函数来对文件进行操作,如 write()、read()等。在驱动程序中,为了能够支持这些操作,都会编写相应的实现函数,而 Linux 系统是如何将这些标准操作与驱动程序中某个函数对应起来的呢?这里就需要一个映射表,实现驱动程序操作方法映射,PWM 控制器驱动的该部分代码如下:

```
118 /* 定义驱动程序操作函数 */
119 struct file_operations pwm_fops =
120 {
121     .owner = THIS_MODULE,
122     .open = pwm_open,
123     .write = pwm_write,
124     .read = pwm_read,
125     .release = pwm_release,
126     .unlocked_ioctl = pwm_ioctl,
127 };
```

在第 118～127 行代码中,为各种标准操作函数分别指定了一个特定的函数。例如 open 操作就指向了驱动程序中的 pwm_open()函数,read 操作指向了驱动程序中的 pwm_read()函数。这样当用户空间的程序要对通过该驱动程序读 PWM IP 的寄存器时,就可以通过调用 read()函数并指定该设备的文件描述符,系统就会自动根据指定的文件描述符找到驱动程序中实现 read 操作的 pwm_read()函数并调用,从而将数据从 PWM IP 寄存器读取到内核空间,并进一步将数据复制到用户空间。

9. 模块初始化代码

驱动程序入口函数,也称为模块初始化函数。当使用 insmod 命令加载该驱动程序时,驱动程序入口函数会被调用。PWM 控制器驱动的该部分代码如下:

```
129 /* 驱动程序入口 */
130 static int __init pwm_init(void)
131 {
132     int ret;
```

```
133     /* 映射得到 LW AXI Master 桥上 PWM IP 核的虚拟地址 */
134     LWH2F_bridge_addr = (unsigned long * )ioremap_nocache(MAP_PWM_ADDR, MAP_
        SIZE);
135     if(LWH2F_bridge_addr == 0)
136     {
137         printk("Faipwm to allocate virtual space for LWH2F bridge space. \n");
138         return -1;
139     }
140     printk("LWH2F_bridge_addr is % x\n",LWH2F_bridge_addr);
141     h2p_pwm_addr = LWH2F_bridge_addr;
142     /* 从系统获取主设备号 */
143     ret = alloc_chrdev_region(&devno, minor, 1, "pwm");
144     major = MAJOR(devno);
145     if (ret < 0)
146     {
147         printk(KERN_ERR "cannot get major % d \n", major);
148         return -1;
149     }
150
151     pwm = cdev_alloc(); /* 分配 pwm 结构 */
152     if (pwm! = NULL)
153     {
154         cdev_init(pwm, &pwm_fops); /* 初始化 pwm 结构 */
155         pwm -> owner = THIS_MODULE;
156         if (cdev_add(pwm, devno, 1)! = 0)/* 增加 pwm 到系统中 */
157         {
158             printk(KERN_ERR "add cdev error!\n");
159             goto error;
160         }
161     }
162     else
163     {
164         printk(KERN_ERR "cdev_alloc error!\n");
165         return -1;
166     }
167     /* 增加 pwm 类 */
168     pwm_class = class_create(THIS_MODULE, "pwm_class");
169     if (IS_ERR(pwm_class))
170     {
171         printk(KERN_INFO "create class error\n");
172         return -1;
```

```
173        }
174        /* 创建 PWM 设备 */
175        device_create(pwm_class, NULL, devno, NULL, "pwm");
176        return 0;
177
178 error:
179        unregister_chrdev_region(devno, 1); /* 释放已经获得的设备号 */
180        return ret;
181 }
```

① 在驱动程序入口函数中的第 134 行,同样是进行了虚拟地址映射,得到了 PWM IP 的虚拟地址并存放在 LWH2F_bridge_addr 变量中。需要注意的是,在之前的基于虚拟地址映射的 Linux 硬件编程章节中,也讲到了虚拟地址映射的方法,不过那种映射是在用户空间直接映射的,使用的是 mmap() 函数,mmap() 函数只能在用户空间中使用。在内核驱动程序中,要实现对外设实现基于地址的操作,同样需要先进行虚拟地址映射,不过在内核空间,映射使用的是 ioremap() 函数和 ioremap_nocache() 函数,ioremap() 函数使用的是处理器系统 Cache 中的存储资源,而 ioremap_nocache() 是旁路 Cache 直接映射物理地址,在对硬件进行操作的应用中,应当直接操作实际的物理地址,避开 Cache。因此在驱动程序中进行虚拟地址映射时一般使用 ioremap_nocache() 函数。

② 第 143～144 行,调用 alloc_chrdev_region() 函数为 PWM 设备获取了主次设备号。

③ 第 151 行向系统申请了一个字符设备结构。第 152～166 行,初始化申请的 PWM 设备结构体,其中,就使用了第 118～127 行的驱动程序操作方法映射部分。在初始化结构体的时候,将 pwm_fops 作为指针传入了字符设备结构体初始化函数。

④ 第 168～173 行,增加了 PWM 的设备类。

⑤ 第 175 行,在所有的准备工作都完成后,调用设备创建函数,正式创建 PWM 设备。

10. 模块退出代码

驱动出口函数,也称为模块退出函数。在系统中使用 rmmod 命令卸载驱动程序时调用此函数,此函数是驱动入口函数的逆过程,在此函数中,对驱动入口函数中申请的一系列资源进行了释放。PWM 控制器驱动的该部分代码如下:

```
183 /* 驱动程序出口 */
184 static void __exit pwm_exit(void)
185 {
186        iounmap((void *)LWH2F_bridge_addr);/* 取消虚拟地址映射 */
187        cdev_del(pwm); /* 移除字符设备 */
```

```
188    unregister_chrdev_region(devno, 1); /* 释放设备号 */
189    device_destroy(pwm_class, devno); /* 销毁设备 */
190    class_destroy(pwm_class); /* 销毁设备类 */
191 }
```

11. 模块声明

PWM 控制器驱动的模块信息声明部分代码如下：

```
193 module_init(pwm_init); /* 指定驱动入口函数 */
194 module_exit(pwm_exit); /* 指定驱动出口函数 */
195
196 MODULE_LICENSE("GPL");
197 MODULE_AUTHOR("xiaomeige, www.corecourse.cn");
```

代码第 193 行声明了驱动函数入口，代码第 194 行声明了驱动出口函数，代码第 196 行声明了源码所遵循的开源协议为"GPL"，代码第 197 行声明了源码的作者信息。

12.1.2　PWM 控制器驱动的完整源码

PWM IP 的 Linux 驱动完整源码如下：

```
001 # include <linux/init.h>
002 # include <linux/module.h>
003 # include <linux/fs.h>
004 # include <linux/cdev.h>
005 # include <linux/device.h>
006 # include <linux/version.h>
007 # include <linux/slab.h>
008 # include <asm/uaccess.h>
009 # include <asm/io.h>
010 # include <asm/mach/arch.h>
011
012 /* 包含 FPGA 侧外设信息的头文件 */
013 # include "hps_0.h"
014
015 # include "pwm_drv.h" /* 包含 PWM 驱动自身的头文件 */
016
017 static int major;
018 static int minor;
019 struct cdev * pwm; /* cdev 数据结构 */
020 static dev_t devno; /* 设备编号 */
021 static struct class * pwm_class;
022
```

```
023 unsigned long * LWH2F_bridge_addr = 0;
024 unsigned long * h2p_pwm_addr = 0;
025
026 #define MAP_BASE_ADDR      (0xFF200000) //lwAxiMaster 桥基地址
027 #define MAP_PWM_ADDR      (MAP_BASE_ADDR + PWM_0_BASE) //PWM Pwripheral 基地址
028 #define MAP_SIZE            (PWM_0_SPAN)
029
030 #define DEVICE_NAME "pwm"    /*定义设备名称*/
031
032 static int pwm_open(struct inode * inode, struct file * file )
033 {
034     try_module_get(THIS_MODULE);
035     printk("pwm_open\n");
036     return 0;
037 }
038
039 static int pwm_release(struct inode * inode, struct file * file )
040 {
041     module_put(THIS_MODULE);
042     printk("pwm_close\n");
043     return 0;
044 }
045
046 ssize_t pwm_read(struct file * filp, char * buf, size_t count, loff_t * f_pos)
047 {
048     struct pwm_device * pwm; /*定义 pwm 寄存器结构体指针*/
049     printk("pwm_read\n");
050     /*为结构体指针分配一块内存*/
051     pwm = (struct pwm_device * )kmalloc(sizeof(struct pwm_device),GFP_KERNEL);
052     pwm -> counter_arr = ioread32(h2p_pwm_addr + 0);/*读 PWM 寄存器 0,即 ARR 寄存器*/
053     pwm -> counter_ccr = ioread32(h2p_pwm_addr + 1);/*读 PWM 寄存器 1,即 CCR 寄存器*/
054     pwm -> control = ioread32(h2p_pwm_addr + 2);/*读 PWM 寄存器 2,即控制寄存器*/
055     printk("arr: %d; crr: %d; control: %d\n",pwm -> counter_arr, pwm -> counter_
         ccr, pwm -> control);
056     /*将读取到的数据复制到用户空间*/
057     if(copy_to_user(buf, pwm, count))return - EFAULT;
058     printk("read done\n");
059     return count;
060 }
061
062 ssize_t pwm_write(struct file * filp, const char * buf, size_t count, loff_t * f_pos)
```

```
063 {
064
065     int data[3];/ * data[0]:ARR; data[1]:CCR; data[2]:CTL * /
066     printk("pwm_write\n");
067     / * 从用户空间将数据复制到 data 数组中 * /
068     if(copy_from_user(data, (int * )buf, count))return - EFAULT;
069     iowrite32(data[0], h2p_pwm_addr + 0);/ * 写 PWM 寄存器 0,即 ARR 寄存器 * /
070     iowrite32(data[1], h2p_pwm_addr + 1);/ * 写 PWM 寄存器 1,即 CCR 寄存器 * /
071     iowrite32(data[2], h2p_pwm_addr + 2);/ * 写 PWM 寄存器 2,即控制寄存器 * /
072     printk("set arr: % d; crr: % d; control: % d\n",data[0], data[1], data[2]);
073     printk("write done\n");
074
075     return count;
076 }
077
078 static int pwm_ioctl(struct file * filp, unsigned int cmd, unsigned long arg)
079 {
080     printk("pwm_ioctl\n");
081     unsigned int Updata;
082     / * 检查命令所带幻数是否匹配 * /
083     if ( _IOC_TYPE(cmd)! = PWM_IOC_MAGIC)
084     {
085         return - ENOTTY;
086     }
087     / * 检查命令号是否超过了驱动所允许的最大值 * /
088     if (_IOC_NR(cmd) > PWM_IOCTL_MAXNR)
089     {
090         return - ENOTTY;
091     }
092     / * 解析命令 * /
093     switch(cmd)
094     {
095     case PWM_SET_ARR:/ * 设置预重装寄存器值 * /
096         printk("PWM_SET_ARR\n");
097         get_user(Updata, (unsigned int * )arg);
098         iowrite32(Updata, h2p_pwm_addr + 0);
099         break;
100
101     case PWM_SET_CCR:/ * 设置输出比较寄存器值 * /
102         printk("PWM_SET_CCR\n");
103         get_user(Updata, (unsigned int * )arg);
104         iowrite32(Updata, h2p_pwm_addr + 1);
```

```
105         break;
106
107     case PWM_SET_CTL:/* 设置控制寄存器值 */
108         printk("PWM_SET_Control\n");
109         get_user(Updata, (unsigned int *)arg);
110         iowrite32(Updata, h2p_pwm_addr + 2);
111         break;
112     default:
113         break;
114     }
115     return 0;
116 }
117
118 /* 定义驱动程序操作函数 */
119 struct file_operations pwm_fops =
120 {
121     .owner = THIS_MODULE,
122     .open = pwm_open,
123     .write = pwm_write,
124     .read = pwm_read,
125     .release = pwm_release,
126     .unlocked_ioctl = pwm_ioctl,
127 };
128
129 /* 驱动程序入口 */
130 static int __init pwm_init(void)
131 {
132     int ret;
133     /* 映射得到 LW AXI Master 桥上 PWM IP 核的虚拟地址 */
134     LWH2F_bridge_addr = (unsigned long *)ioremap_nocache(MAP_PWM_ADDR, MAP_
        SIZE);
135     if(LWH2F_bridge_addr == 0)
136     {
137         printk("Faipwm to allocate virtual space for LWH2F bridge space.\n");
138         return -1;
139     }
140     printk("LWH2F_bridge_addr is %x\n",LWH2F_bridge_addr);
141     h2p_pwm_addr = LWH2F_bridge_addr;
142     /* 从系统获取主设备号 */
143     ret = alloc_chrdev_region(&devno, minor, 1, "pwm");
144     major = MAJOR(devno);
145     if (ret < 0)
```

```
146    {
147         printk(KERN_ERR "cannot get major % d \n", major);
148         return - 1;
149    }
150
151    pwm = cdev_alloc(); / * 分配 pwm 结构 * /
152    if (pwm! = NULL)
153    {
154         cdev_init(pwm, &pwm_fops); / * 初始化 pwm 结构 * /
155         pwm -> owner = THIS_MODULE;
156         if (cdev_add(pwm, devno, 1)! = 0)/ * 增加 pwm 到系统中 * /
157         {
158              printk(KERN_ERR "add cdev error!\n");
159              goto error;
160         }
161    }
162    else
163    {
164         printk(KERN_ERR "cdev_alloc error!\n");
165         return - 1;
166    }
167    / * 增加 pwm 类 * /
168    pwm_class = class_create(THIS_MODULE, "pwm_class");
169    if (IS_ERR(pwm_class))
170    {
171         printk(KERN_INFO "create class error\n");
172         return - 1;
173    }
174    / * 创建 PWM 设备 * /
175    device_create(pwm_class, NULL, devno, NULL, "pwm");
176    return 0;
177
178 error:
179    unregister_chrdev_region(devno, 1); / * 释放已经获得的设备号 * /
180    return ret;
181 }
182
183 / * 驱动程序出口 * /
184 static void __exit pwm_exit(void)
185 {
186    iounmap((void * )LWH2F_bridge_addr);/ * 取消虚拟地址映射 * /
187    cdev_del(pwm); / * 移除字符设备 * /
```

```
188     unregister_chrdev_region(devno, 1); /* 释放设备号 */
189     device_destroy(pwm_class, devno); /* 销毁设备 */
190     class_destroy(pwm_class); /* 销毁设备类 */
191 }
192
193 module_init(pwm_init); /* 指定驱动入口函数 */
194 module_exit(pwm_exit); /* 指定驱动出口函数 */
195
196 MODULE_LICENSE("GPL");
197 MODULE_AUTHOR("xiaomeige, www.corecourse.cn");
198
```

12.1.3 驱动编译 Makefile

在软件开发中,make 通常被视为一种软件构建工具。该工具主要由读取名为"makefile"或"Makefile"的文件来实现软件的自动化建构。它会通过一种被称为"target"的概念来检查相关文件之间的依赖关系,这种依赖关系的检查系统非常简单,主要通过对比文件的修改时间来实现。在大多数情况下,我们主要用它来编译源代码,生成结果代码,然后把结果代码连接起来生成可执行文件或者库文件。

完整的 Makefile 编写语法内容较多,不作为本书讨论的范畴。本书仅介绍一个基本的用于在 Ubuntu 系统中编译 Linux 驱动程序的 Makefile 模板。当读者理解了该 Makefile 中各段的含义之后,需要自己编译其他驱动程序时,可基于该 Makefile 进行修改得到新的 Makefile 文件。PWM 控制器 Linux 驱动程序编译所使用的 Makefile 文件的内容如下:

```
01  KDIR := /home/xiaomeige/linux-socfpga
02  PWD := $(shell pwd)
03
04  default:
05      make -C $(KDIR) M=$(PWD) modules
06
07  clean:
08      make -C $(KDIR) M=$(PWD) clean
09
10  obj-m += pwm_drv.o
```

编译 Linux 驱动程序时,需要用到 Linux 系统中的很多函数,所以需要有 Linux 系统源码的支持。第 1 行"KDIR := /home/xiaomeige/linux-socfpga"指定了内核源码的路径为 Ubuntu 系统下的"/home/xiaomeige/linux-socfpga"目录,将该目录信息存放在 KDIR 变量中。

编译驱动程序需要知道源码路径和编译结果的输出路径,这里第 2 行,使用了一个 shell 脚本命令 pwd 来获取当前工作目录并将该值赋给 PWD 变量。

第 4 行作为一个标号,标号名称为"default:",即指定执行 make 命令时的默认操作。

第 5 行为默认操作的内容,即使用 Linux 内核源码,在当前路径下编译出模块。

第 7 行为清除指令的标号,在终端中输入"make clean",就会执行该操作。执行 make clean 命令时,会执第 8 行的指令,清除内核源码和当前目录下编译生成的各种中间文件和最终的二进制程序文件。

第 10 行表示将该文件作为模块编译,因此编译最后得到的就是 pwm_drv. ko 文件,即我们所希望的内核驱动文件。

当用户在编译自己的 Linux 驱动程序时,需要根据实际内容对该 Makefile 进行修改,主要修改的内容包括两个部分,第一个就是第 1 行的内核源码路径,不同的用户,其内核源码在 Ubuntu 系统中的位置不一样,例如用户名为"zhangsan"的用户,其 Linux 内核源码可能存放在"/home/zhangsan/linux-socfpga",当然,也可能在其他的路径下,所以需要用户根据自己的实际情况修改指定该路径。另一个需要修改的内容是第 10 行,需要根据自己的驱动程序源码的名称进行修改。如果驱动程序源码为"driver. c",那么就修改"obj-m＋＝pwm_drv. o"内容为"obj-m＋＝driver. o"即可。

对于一些基本的驱动程序,使用该 Makefile 就能够完成编译了。更加高级复杂的内容,需要读者阅读这方面的资料以进行更加深入的学习了解。

12.1.4　Ubuntu 下编译设备驱动

PWM IP 驱动源码包括 4 个文件,分别为驱动程序源文件 pwm_drv. c、驱动程序头文件 pwm_drv. h、FPGA 侧外设硬件信息头文件 hps_0. h 以及编译驱动程序使用的 Makefile 文件。要想通过这 4 个文件得到最终所需的. ko 格式的内核驱动二进制文件,就需要在 Linux 宿主机上进行编译。编译 Linux 驱动的流程和编译内核的流程完全一致,接下来就以 PWM IP 的驱动编译为例,介绍 Ubuntu 环境下编译驱动程序的方法。

要编译内核驱动,就需要确保读者已经按照"第 8 章　编译嵌入式 Linux 系统内核"一章所讲解的内容完成 Ubuntu 系统的安装、Linux 系统源码下载以及交叉编译环境的设置。在 Ubuntu 虚拟机就绪之后,首先使用 WinCP 工具将提供的驱动源码复制到 Ubuntu 系统下,例如存放到/home/xiaomeige/code 目录下。源码准备好之后,就可以按照下述流程编译内核驱动程序了。

① 输入 su 命令,切换到 root 用户。

② 输入 root 用户的密码,如 root 账户还未设置密码,则需要使用 passwd 命令先设置 root 账户密码。

③ 使用 cd /home/xiaomeige/code/pwm_drv 命令切换到 pwm_drv 目录下。

④ 执行下列命令以设置处理器架构和交叉编译工具,注意编译环境的路径每个用户可能不一样,需要根据自己的计算机路径修改。

```
export ARCH = arm
export CROSS_COMPILE = /home/xiaomeige/mysoftware/gcc - linaro - arm - linux - gnueabihf
- 4.8 - 2014.04_linux/bin/arm - linux - gnueabihf -
```

另外,由于在之前设置交叉编译环境时已经通过修改. profile 文件设置好了环境变量,因此这里为了避免输入太长的命令,也可以先使用 source /home/xiao-meige/. profile 命令将 xiaomeige 用户的环境变量更新到 root 用户环境变量中,然后就可以直接使用下面的命令来指定处理器架构和交叉编译工具了。

```
export ARCH = arm
export CROSS_COMPILE = arm - linux - gnueabihf -
```

⑤ 使用 ls 命令查看当前目录下的所有文件。确认 pwm_drv. c、pwm_drv. h、hps_0. h 以及 Makefile 文件都存在。

⑥ 输入 make 命令开始编译驱动,编译过程很快结束。如果编译成功,则会弹出如图 12.1.3 所示的信息,表明编译成功。

图 12.1.3　驱动编译成功信息

⑦ 编译完成之后,使用 ls 命令再次查看当前目录下的文件,会看到生成的驱动程序的 pwm_drv. ko 文件,以及一系列编译过程生成的中间文件,如图 12.1.4 所示。

图 12.1.4　查看编译结果

12.1.5　字符型设备驱动验证

在"第 11 章　FPGA 与 HPS 高速数据交互应用"一章中,我们创建好了含PWM IP 和 Avalon-MM Master IP 的 Qsys 系统,编译、转换得到了工程的 rbf 文件、hps_0. h 文件和 dtb 文件,并且更新到了开发板的启动 SD 卡中,只需要使用 SD 卡启动开发板,然后就可以安装编译好的驱动程序了。

1. 安装驱动文件

使用 WinCP 将编译得到的 pwm_drv.ko 文件从 Ubuntu 中复制到 Windows 系统中,再复制到开发板的 root 目录下。然后使用 insmod pwm_drv.ko 命令,就可以完成驱动程序的安装了。安装成功,会在终端窗口中显示 LWH2F_bridge_addr is xxx 的信息,即经过映射得到的 PWM IP 的虚拟地址。使用 ls /dev 命令,可以看到在 dev 目录下已经创建了一个名为 pwm 的设备,如图 12.1.5 所示。

```
COM3 - PuTTY                                                           □ X
root@socfpga:~# ls
ADC_FFT         button_drive.ko  pwm_drv.ko       pwm_test
root@socfpga:~# insmod pwm_drv.ko
[  500.362620] LWH2F_bridge_addr is e0a7e010]
root@socfpga:~# ls /dev
bus              ptyp9            tty29            tty61
console          ptypa            tty3             tty62
cpu_dma_latency  ptypb            tty30            tty63
fb0              ptypc            tty31            tty7
full             ptypd            tty32            tty8
i2c-0            ptype            tty33            tty9
i2c-1            ptypf            tty34            ttyAL0
i2c-2            pwm              tty35            ttyLCD0
initctl          ram0             tty36            ttyS0
input            ram1             tty37            ttyS1
kmem             random           tty38            ttyp0
kmsg             spidev32764.0    tty39            ttyp1
```

图 12.1.5 安装 PWM 驱动

2. 设计测试程序

以上只是完成了 PWM 控制器 Linux 驱动的安装。通过安装,已经在 Linux 系统中创建了名为"pwm"的设备,安装好驱动之后,如果没有应用程序的调用,驱动程序中的各个操作方法是不会主动地去执行的。PWM IP 由于本身结构很简单,只有 3 个寄存器,因此其驱动程序测试也并不复杂。以下为该驱动程序的测试程序清单:

```c
# include <stdio.h>
# include <stdlib.h>
# include <unistd.h>
# include <sys/ioctl.h>
# include <errno.h>
# include <fcntl.h>

# include "pwm_drv.h" /* 包含 pwm_drv.h 头文件 */

#define DEV_NAME "/dev/pwm" /* 定义需要使用的设备名称 */

int main(int argc, char * argv[])
{
    int fd = 0;    //设备文件描述符变量
```

```
        int data[3] = {0, 0, 0};
        int ret = 0;

        struct pwm_device * pwm;
        pwm = (struct pwm_device * )malloc(sizeof(struct pwm_device));
        if(!pwm)
        {
            printf("malloc error  \n");
            return -1;
        }


        pwm -> counter_arr = 9999;   /* 预重装值为 9 999 */
        pwm -> counter_ccr = 4999;   /* 输出比较值为 4 999 */
        pwm -> control = 1;          /* 控制值为 1 */

        fd = open (DEV_NAME, O_RDWR);   /* 以可/读写方式打开 pwm 设备 */
        if (fd < 0)
        {
            perror("Open "DEV_NAME" Failed!\n");
            exit(1);
        }
        {
            ioctl(fd, PWM_SET_ARR, &pwm -> counter_arr);
            ioctl(fd, PWM_SET_CCR, &pwm -> counter_ccr);
            ioctl(fd, PWM_SET_CTL, &pwm -> control);
            ret = read(fd,data,12);
                            /* 调用 read 方法读取寄存器数据到用户空间的 data 数组中 */
            if(ret < 0)
            {
                printf("read error  \n");
                exit(1);
            }
            /* 打印读取到的数据 */
            printf("Read ARR: % d; CCR: % d; Control: % d;\n",data[0],data[1],data[2]);
        }
        usleep(3000000);/* 延时 3 s */

        pwm -> control = 0;        /* 控制值为 0 */
        ioctl(fd, PWM_SET_CTL, &pwm -> control);/* 写 CTL 寄存器为 0,关闭 PWM 输出 */

        pwm -> counter_arr = 19999;   /* 预重装值为 19 999 */
```

```
    pwm -> counter_ccr = 7499;   /* 输出比较值为 7 499 */
    pwm -> control = 1;          /* 控制值为 1 */
    ret = write(fd, pwm, 12);
    if(ret < 0)
    {
        printf("write error  \n");
        exit(1);
    }

    ret = read(fd,data,12);/* 调用 read 方法读取寄存器数据到用户空间的 data 数组中 */
    if(ret < 0)
    {
        printf("read error  \n");
        exit(1);
    }
    printf("Read ARR:%d; CCR:%d; Control:%d;\n",pwm -> counter_arr, pwm -> count-
    er_ccr, pwm -> control);

    pwm -> control = 0;          /* 控制值为 0 */
    ioctl(fd, PWM_SET_CTL, &pwm -> control);/* 写 CTL 寄存器为 0,关闭 PWM 输出 */

    close(fd);

    printf("Test done!\n");
    return 0;
}
```

(1) open

测试中,首先使用 open()函数打开"/dev/pwm"设备,此时,会调用驱动程序中的 pwm_open()函数,在该函数中,会打印一句"pwm_open"的信息。

(2) ioctl

打开设备后,使用 ioctl()函数,通过 PWM_SET_ARR、PWM_SET_CCR、PWM_SET_CTL 三个命令向 ounter_arr、counter_ccr、control 三个寄存器中分别写入 9 999、4 999、1。此时,会调用三次驱动程序中的 pwm_ioctl()函数,每次进入该函数,都会打印一句"pwm_ioctl"的信息并打印命令名称。

(3) read

当数据已经通过 ioctl()函数写入到 PWM IP 的寄存器时,再使用 read()函数读取所有寄存器数据到用户空间。此时会调用驱动程序中的 pwm_read()函数,在该函数中,会打印一句"pwm_read"的信息,并打印读取到的 arr、crr、control 的值,读取完成后会打印"read done"信息。

（4）write

当读取操作完成后，程序会保持该状态 3 s，以方便用户使用示波器、逻辑分析仪等工具查看 PWM 引脚的波形，然后再使用 write() 函数向 PWM IP 中所有寄存器一次性写入新的值。此时会调用驱动程序中的 pwm_write() 函数，在该函数中，会打印一句"pwm_write"，然后再打印写入 3 个寄存器中的值。为了以示区别，写入的值与第一次使用 ioctl 方式写入的值不相同。写入完成后，打印"write done"信息。

当 write 操作完成后，再次使用 read() 函数读取寄存器中的值并打印。设计者只需要比对新写入的数据与新读出的数据是否相同，以及 PWM 实际输出的信号频率及占空比是否与理论值一致，即可验证驱动程序是否能够正确地完成 PWM IP 与用户程序的数据交互工作。整个测试过程串口终端中打印的信息如图 12.1.6 所示。

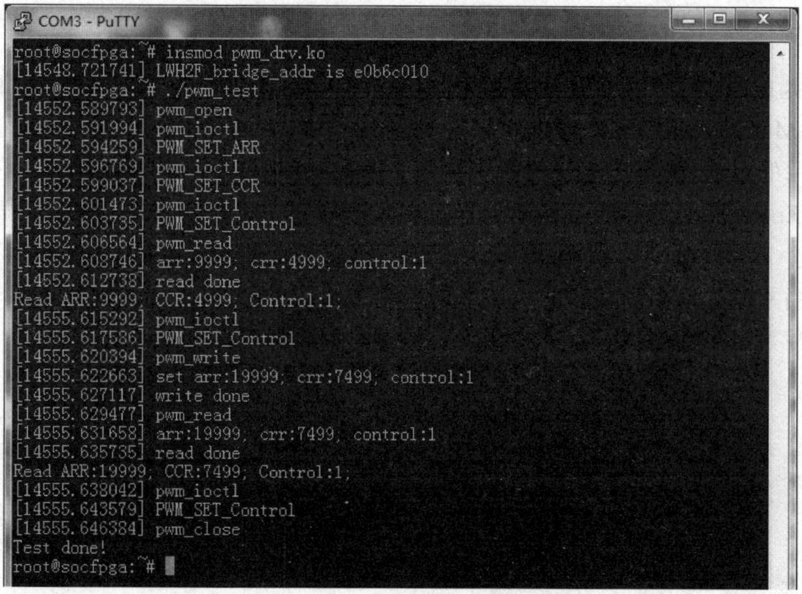

图 12.1.6　PWM 驱动测试结果

需要注意的是，以"[14552.589793]"这样的方括号加时间信息开头的信息是由内核驱动打印的，不带该标识的信息是由用户测试程序打印的。内核打印的信息仅能在串口终端中显示，如果使用网络远程 ssh 执行测试程序，则在远程终端窗口中仅显示测试程序的打印信息，内核驱动的打印信息还是会在串口终端中打印。

12.2　基于 DMA 的字符型设备驱动

在"12.1　基本字符型设备驱动"的讲解中，我们介绍了字符型设备驱动的基本框架，并以 PWM 控制器为例，讲解了其驱动程序设计。通过该程序，读者应该能够熟悉字符型设备开发的一般框架。当需要开发自己的驱动时，能够基于该框架进行简单的修改以得到自己的驱动程序。

但是这种简单的字符型设备，只能够实现一些基本的连接在 H2F_LW_AXI_Master 和 H2F_AXI_Master 总线上的基于寄存器映射的数据传输。对于连接在 F2H_AXI_Slave 总线上的设备，由于是由 FPGA 主动发起传输的，而发起传输的地址是不确定的，不像 AXI_Master 桥上的外设都有确定的总线地址，因此无法直接像 PWM IP 那样实现数据传输。但是，我们仍然可以基于该驱动框架，通过调用 DMA 引擎来完成从内核空间到用户空间的大量数据传输，而驱动形式则仍然是字符型设备，依旧可以使用 open()、read()、ioctl() 等方式进行操作。本节就针对"第 11 章 FPGA 与 HPS 高速数据交互应用"一章中添加的 Avalon-MM 写主机控制器的驱动程序为例，讲解基于 DMA 传输的字符型设备驱动的应用。

12.2.1　Avalon-MM Master Write 驱动

事实上，无论是 ADC 高速数据采集还是图像数据采集，在 FPGA 侧都可以使用 Avalon-MM 写主机将采集到的数据写入到 HPS 中，而在 Linux 系统中，则可以使用一个通用的驱动，将数据复制到用户空间。因此，针对多种数据采集应用，使用一个通用的 Linux 驱动程序即可。本小节将要介绍的 Linux 驱动程序，正是这样一个通用性的将 FPGA 侧写入到 HPS 中的数据从 Linux 内核空间复制到用户空间的驱动程序。当掌握了该驱动程序的设计思路和使用方法之后，用户即可使用该驱动程序，设计各种数据采集应用。以下为该驱动程序的代码清单：

```
001 # include <linux/init.h>
002 # include <linux/module.h>
003 # include <linux/miscdevice.h>
004 # include <linux/fs.h>
005 # include <asm/io.h>
006 # include <linux/ioport.h>
007 # include <linux/cdev.h>
008 # include <linux/slab.h>
009 # include <asm/uaccess.h>
010 # include <linux/dma - mapping.h>
011
012 / * 构造设备 ioclt 命令 * /
013 # define AMM_WR_MAGIC 'x'
014 # define AMM_WR_CMD_DMA_BASE    _IOR(AMM_WR_MAGIC,0x1a)
015
016 static int major;    / * 主设备号 * /
017 static int minor;    / * 次设备号 * /
018 struct cdev * amm_wr; / * cdev 数据结构 * /
```

```
019 static dev_t devno; /* 设备编号 */
020 static struct class * amm_wr_class;
021
022 /* DMA 内存空间的虚拟地址和物理地址。虚拟地址由内核空间使用,
023 物理地址主要提供给 FPGA 侧的写主机,作为其写数据的起始地址 */
024 void * my_kernel_buffer = NULL;        /* DMA 内存空间虚拟地址指针 */
025 unsigned long my_kernel_buffer_phy; /* DMA 内存空间物理地址 */
026
027 static int dma_size = (16384 * 4);/* 默认申请 DMA 空间大小 */
028
029 //模块参数,用于在加载时指定申请的 DMA 空间大小
030 module_param(dma_size, int, S_IRUGO);
031
032 /* 打开设备操作方法 */
033 int amm_wr_open( struct inode * node, struct file * filp )
034 {
035     return 0;
036 }
037
038 /* 关闭设备操作方法 */
039 int amm_wr_release( struct inode * node, struct file * filp )
040 {
041     return 0;
042 }
043
044 /* 从内核空间读取数据到用户空间的操作方法 */
045 ssize_t amm_wr_read(struct file * filp, char __user * buf, size_t count, loff_t
    * f_pos)
046 {
047     /* 从 my_kernel_buffer 中复制 count 个数据到用户空间 */
048     if (copy_to_user(buf, my_kernel_buffer, count))
049     {
050         count = - EFAULT;
051         goto out;
052     }
053 out:
054     return count;
055 }
056
057 /* ioctl 操作方法 */
058 static long amm_wr_ioctl( struct file * filp, unsigned int cmd, unsigned long arg)
059 {
```

```
060        int ret = 0;
061        unsigned int data;    /*定义临时变量*/
062        switch (cmd)
063        {
064        case AMM_WR_CMD_DMA_BASE:/*读取 DMA 空间物理基地址命令*/
065        {
066            data = my_kernel_buffer_phy;        /*将物理地址复制到临时变量中*/
067            if(put_user(data, (unsigned int *)arg))
                                /*将临时变量中的物理地址复制到用户空间*/
068            {
069                printk("put user err\n");
070                ret = - EINVAL;
071            }
072            break;
073        }
074        default:
075            printk(KERN_INFO "invalid value\n");
076            ret = - EINVAL;
077            break;
078        }
079        return ret;
080    }
081
082    /*fops 映射*/
083    static const struct file_operations amm_wr_fops =
084    {
085        .owner =                THIS_MODULE,
086        .open =                 amm_wr_open,
087        .release =              amm_wr_release,
088        .unlocked_ioctl =       amm_wr_ioctl,
089        .read =                 amm_wr_read,
090    };
091
092    /*模块入口*/
093    static int __init amm_wr_init(void)
094    {
095        int ret;
096
097        /*从系统获取主设备号*/
098        ret = alloc_chrdev_region(&devno, minor, 1, "amm_wr");
099        major = MAJOR(devno);
100        if (ret < 0)
```

```
101     {
102         printk(KERN_ERR "cannot get major %d \n", major);
103         return -1;
104     }
105
106     pr_info ("module loading...\n");
107     /* 申请内存一致性 DMA 内存 */
108     my_kernel_buffer = dma_alloc_coherent(NULL,dma_size,(void *)&(my_kernel_
        buffer_phy),GFP_KERNEL);
109     if(!my_kernel_buffer)
110     {
111         pr_info("alloc buffer1 memory failed \n");
112         goto fail_malloc;
113     }
114     pr_info("buffer1 virtual address 0x%x\n",(uint32_t)(my_kernel_buffer));
115     pr_info("buffer1 physical address  0x%x\n",my_kernel_buffer_phy);
116
117     amm_wr = cdev_alloc(); /* 分配 amm_wr 结构 */
118     if (amm_wr != NULL)
119     {
120         cdev_init(amm_wr, &amm_wr_fops); /* 初始化 amm_wr 结构 */
121         amm_wr -> owner = THIS_MODULE;
122         if (cdev_add(amm_wr, devno, 1) != 0) /* 增加 amm_wr 到系统中 */
123         {
124             printk(KERN_ERR "add cdev error!\n");
125             goto error;
126         }
127     }
128     else
129     {
130         printk(KERN_ERR "cdev_alloc error!\n");
131         return -1;
132     }
133     /* 增加 amm_wr 类 */
134     amm_wr_class = class_create(THIS_MODULE, "amm_wr_class");
135     if (IS_ERR(amm_wr_class))
136     {
137         printk(KERN_INFO "create class error\n");
138         return -1;
139     }
140     /* 创建 amm_wr 设备 */
141     device_create(amm_wr_class, NULL, devno, NULL, "amm_wr");
```

```
142        return 0;
143
144 error:   /* 如果设备创建失败,就释放 DMA 内存 */
145        dma_free_coherent(NULL,16384,my_kernel_buffer,my_kernel_buffer_phy);
146 fail_malloc:    /* 如果 DMA 申请失败,就释放申请的设备号 */
147        unregister_chrdev_region(devno, 1);
148
149        return ret;
150 }
151
152 static void __exit amm_wr_exit(void)
153 {
154        cdev_del(amm_wr); /* 移除字符设备 */
155        unregister_chrdev_region(devno, 1); /* 释放设备号 */
156        device_destroy(amm_wr_class, devno);/* 销毁设备 */
157        class_destroy(amm_wr_class);/* 销毁设备类 */
158        /* 释放 DMA 内存 */
159        dma_free_coherent(NULL,dma_size,my_kernel_buffer,my_kernel_buffer_phy);
160        printk(KERN_INFO "module exit\n");
161 }
162
163 MODULE_LICENSE("GPL");
164 MODULE_AUTHOR("xiaomeige, www.corecourse.cn");
165
166 module_init(amm_wr_init);
167 module_exit(amm_wr_exit);
```

该驱动程序会在 Linux 内核空间中申请一块内存一致性映射的内存空间,然后向 Linux 系统中注册一个名为 amm_wr 的设备,并提供了内核存储空间物理地址的 ioctl 读取接口,Linux 应用程序可以使用 ioctl 命令从驱动中读取得到该内存的物理地址,以指定 FPGA 侧写主机的写入基地址。同时,其还提供了 read() 操作的实现,使应用程序可以直接使用 read() 函数复制该内存中的数据到 Linux 用户空间,而且该复制是通过 DMA 实现的,不需要 CPU 直接参与数据的搬运,数据搬运效率非常高。

可以看到,该驱动程序从程序框架上来说,和上一节讲解的 PWM 控制器的驱动程序一模一样。也是实现了 open、release、read、ioctl、init 和 exit 的操作方法,只是因为无需向该控制器中写入数据,因此没有设计 write 方法的实现。甚至每个操作方法的内容格式都近乎一致,只是在 init、exit 和 ioctl 中有一些细微的差别,接下来将介绍这些差别。

第 13 和 14 行构造了驱动程序的 ioctl 操作方法所需幻数和命令。在 PWM 驱动程序中,这部分内容是单独在 pwm_drv.h 中定义的,而 amm_wr 设备由于该部分内容较为简单,因此直接写在了程序源文件中。

第 24 和 25 行定义了两个地址变量,名为 my_kernel_buffer 的指针变量将用于存储在内核空间中申请内存的虚拟地址,名为 my_kernel_buffer_phy 的变量则用来存储该内存的物理地址。该物理地址最终会传给用户空间,由用户空间控制 FPGA 侧的写主逻辑将数据写入该内存中。

第 27 行定义了一个名为 dma_size 的变量,该变量存储希望申请的 DMA 内存空间大小。第 30 行定义了一个模块参数,以支持使用模块参数的方式修改 dma_size 变量的值,以在驱动安装时根据实际需求指定所需申请的 DMA 内存空间大小。

作为驱动程序的入口,init 实现方法会申请各种资源并完成设备的创建。在 amm_wr_init() 函数中,大部分操作都与 PWM 控制器的驱动程序一致,与 PWM 驱动不同的是,在第 $106 \sim 115$ 行,使用了 "my_kernel_buffer = dma_alloc_coherent (NULL, dma_size, (void *) & (my_kernel_buffer_phy), GFP_KERNEL)" 函数在内核空间中申请一块内存一致性的存储空间,这块存储空间的物理地址是连续的,以便于 FPGA 将数据连续地写到存储空间中,其存储空间大小为 dma_size。除此之外,其他与 PWM IP 驱动的内容都一致。

关于 "A = dma_alloc_coherent(B, C, D, GFP_KERNEL);" 中各个参数的含义如下:

➤ A:内存的虚拟起始地址,在内核要用此地址来操作所分配的内存;

➤ B:struct device 指针,可以在平台初始化中指定,主要是 dma_mask 之类;

➤ C:实际分配大小,传入 dma_map_size 即可;

➤ D:返回的内存物理地址,DMA 就可以用。

所以,A 和 D 是一一对应的,只不过,A 是虚拟地址,而 D 是物理地址。对于任意一个操作都将改变缓冲区中的内容。对于基于 SoC FPGA 的应用,在 Linux 内核和应用空间中,需要使用 A 来操作这块地址,而对于 FPGA 侧的写主机,则必须使用物理地址 D 来操作这块地址。

驱动程序的出口用来释放驱动程序加载时申请的各类资源。由于在入口函数中使用 dma_alloc_coherent() 函数申请了一块内存,因此在驱动程序退出时需要释放这块内存,使用 dma_alloc_coherent() 函数申请的内存必须使用 dma_free_coherent() 函数才能进行释放。在程序的第 159 行,使用了 dma_free_coherent() 释放之前申请的 DMA 内存空间。

由于内核空间使用 DMA 申请的物理地址,默认情况下 FPGA 侧的写主机是不知道其物理地址的,所以需要将该地址告知 FPGA 侧逻辑。在该驱动程序中,使用了一个 ioctl 命令将内存空间的物理地址 my_kernel_buffer_phy 复制到用户空间,再由用户空间的程序将该值写入到 master_ctrl 模块的基地址寄存器中。如代码的第 $64 \sim 73$ 行所示。

通过两个驱动程序的对比可以看出,基于相同的驱动程序框架,无需修改或者仅需修改少量的内容,就能完全适配其他应用,这对于希望基于 SoC FPGA 开发项目,但是对 Linux 驱动程序编写知识掌握不多的设计者来说,门槛就降低了。

12.2.2 Avalon-MM Master Write 测试

1. 安装驱动文件

按照前面讲解 PWM IP 编译的方法对该驱动程序进行编译,编译所需的 Makefile 可以直接从 PWM 驱动的 Makefile 进行简单的修改得到。编译成功会得到 amm_wr_drv.ko 文件,将该文件复制到开发板中,执行 insmod amm_wr_drv.ko 命令就可以完成驱动程序的安装,安装完成后,在/dev 目录下能够看到名为 amm_wr 的设备,如图 12.2.1 所示。执行 rmmod amm_wr_drv.ko 命令可以卸载该驱动。

```
COM3 - PuTTY
root@socfpga: # insmod amm_wr_drv.ko
[21808.251668] module loading...
[21808.254911] buffer1 virtual address 0xe0c8c000
[21808.259375] buffer1 physical address  0x1e930000
root@socfpga: # ls /dev
amm_wr           ptyp8            tty29            tty61
bus              ptyp9            tty3             tty62
console          ptypa            tty30            tty63
cpu_dma_latency  ptypb            tty31            tty7
fb0              ptypc            tty32            tty8
full             ptypd            tty33            tty9
```

图 12.2.1　安装 **amm_wr_drv.ko** 驱动

2. 设计测试程序

接下来,可以设计一个简单的测试程序,测试该驱动是否能够完成将 FPGA 侧的逻辑通过 Avalon-MM Master 写入 HPS 的数据读取到 Linux 用户空间。

为了能够控制 Avalon-MM Master 将指定长度的数据写入到指定的地址,需要使用之前设计好的 master_ctrl 模块来指定传输地址和传输长度。这里为了降低读者的阅读难度,并没有为其编写 Linux 驱动程序,而是直接使用了虚拟地址映射的方式来获取 master_ctrl 寄存器。关于虚拟地址映射的相关操作,已经在"第 6 章　基于虚拟地址映射的 Linux 硬件编程"一章中详细讲解过了,这里不再重复讲解该部分内容。程序设计了一个采样初始化函数 sample_init(),在该函数中,首先使用 open() 函数打开了 amm_wr_drv.ko 安装时创建的"amm_wr"设备,并调用 ioctl() 函数使用 AMM_WR_CMD_DMA_BASE 命令获取到了 DMA 内存空间的物理地址,然后将该物理地址写入了主机控制模块的基地址寄存器,并设定主机控制模块的数据长度寄存器值为 16 384。该部分代码如下:

```
int sample_init(void) {
    int fd;
```

```
fd = open(DEVICE_NAME, O_RDWR);
if (fd == 1) {
    perror("open error\n");
    exit(-1);
}
/* 从内核空间读取 DMA 内存的物理地址 */
ioctl(fd, AMM_WR_CMD_DMA_BASE, &dma_base);
printf("dma_base is %x\n", dma_base);

/* 将 DMA 内存的物理地址写入主机控制模块的寄存器 1 */
master_ctrl_virtual_base[1] = dma_base;
master_ctrl_virtual_base[2] = 16384; /* 指定主机写入数据长度 */
return fd;
}
```

在 main() 函数中,测试时首先通过写 master_ctrl 模块的控制寄存器 bit1 为 1 来复位 FPGA 侧写主机模块。然后写控制寄存器的 bit0 来启动一次传输,FPGA 侧的逻辑会根据控制寄存器的 bit2 的值确定累加计数器的值是从 0 还是从 100 开始累加,通过设置相邻的两次传输分别从 0 和 100 开始计数,来保证写主机模块每次写入到 HPS 中的数据都不一样。Linux 用户程序会在启动传输后,循环读取 master_ctrl 模块的第 3 号寄存器,即状态寄存器的值,等待其不为 0,从而判断传输完成,再使用 read() 函数从 DMA 内存中读取 16 384 字节的数据到用户空间的 buffer 中。这样就完成了 FPGA 侧数据传输到 Linux 用户空间的操作。然后再分别打印读取到数据开头和结尾的各 128 个 32 位数据的值,设计者通过比对打印值与理论值是否一致,获知 FPGA 侧是否正确地将数据写入到了 HPS 中,以及驱动程序是否正确地读取到了数据。该部分代码如下:

```
int main(int argc, char * * argv) {

    int dma_fd;
    int fpga_fd;
    int virtual_base = 0;   //虚拟基地址

    int read_buffer[16384] = { 0 }; /* 用户空间数据 buffer */
    int retval;
    int i;
    unsigned char mode = 0; /* FPGA 侧数据累加计数器起始值模式设定 */

    //完成 FPGA 侧外设虚拟地址映射
    fpga_fd = fpga_init(&virtual_base);
```

```
/*初始化写主机控制参数*/
dma_fd = sample_init();

while (1) {
    master_ctrl_virtual_base[0] = CTRL_RESET_MASK; /*复位写主机*/
    master_ctrl_virtual_base[0] = 0; /*释放写主机复位状态*/
    if (!mode) /*模式 0,设置 FPGA 中累加计数器起始值为 0*/
    {
        master_ctrl_virtual_base[0] = CTRL_GO_MASK;
                                    /*启动传输并设置数据累加起始值为 0*/
        mode = 1; /*切换数据模式到模式 1*/
    } else {
        /*启动传输并设置数据累加起始值为 100*/
        master_ctrl_virtual_base[0] = CTRL_GO_MASK | CTRL_MODE_MASK;
        mode = 0; /*切换数据模式到模式 0*/
    }

    usleep(1);
    while (master_ctrl_virtual_base[3] == 0x0)
        ; /*循环读取状态寄存器,等待传输完成*/
    retval = read(dma_fd, read_buffer, 16384);
                                    /*从内核空间读取数据到用户空间的 buffer 中*/
    printf("retval is %d\n", retval);

    for (i = 0; i < 128; i++) /*打印前 128 字节的数据*/
    {
        printf("%d ", read_buffer[i] & 0x0000ffff);
    }
    printf("\n\n");
    for (i = 3968; i < 4096; i++) /*打印后 128 字节的数据*/
    {
        printf("%d ", read_buffer[i] & 0x0000ffff);
    }
    usleep(1000000);
    printf("\n\n");
}
//程序退出前,取消虚拟地址映射
if (munmap(virtual_base, HW_REGS_SPAN) != 0) {
    printf("ERROR: munmap() failed...\n");
    close(fpga_fd);
    return (1);
```

```
    }
    close(fpga_fd);
    close(dma_fd); //关闭 MMU
    return 0;
}
```

在 DS-5 中编译该程序并复制到开发板中运行,如果驱动安装正确,则测试结果如图 12.2.2 所示。

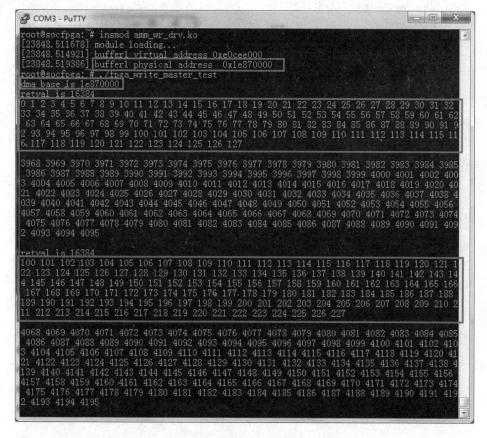

图 12.2.2　Avalon-MM Master 写主机测试结果

可以看到,在安装驱动程序模块时,驱动程序打印了一条信息,表明 buffer 的物理地址为 0x1e870000,然后执行 fpga_write_master_test 程序时,测试程序也打印了 dma_base 的地址为 0x1e870000,即用户程序成功地从驱动程序中读取到了 DMA 申请的内存空间的物理地址。

同时还可以看到,两次读取到的数据:第一次读取到的数据的前 128 个为 0～127,而第二次读取到的前 128 个数据为 100～227,即表明 Avalon-MM Master 每次都成功地将数据写入了 HPS 中。至此,整个驱动程序就验证完毕了。下面为测试程序的完整清单：

```
//gcc 标准头文件
# include <stdio.h>
# include <unistd.h>
# include <fcntl.h>
# include <sys/mman.h>
# include <stdlib.h>
# include <sys/ioctl.h>

//HPS 厂家提供的底层定义头文件
# define soc_cv_av    //定义使用 soc_cv_av 硬件平台

# include "hwlib.h"
# include "socal/socal.h"
# include "socal/hps.h"

//与用户具体 HPS 应用系统相关的硬件描述的头文件
# include "hps_0.h"

# define HW_REGS_BASE (ALT_STM_OFST)        //HPS 外设地址段基地址
# define HW_REGS_SPAN (0x04000000)          //HPS 外设地址段地址空间
# define HW_REGS_MASK (HW_REGS_SPAN – 1)    //HPS 外设地址段地址掩码

/* 构造设备 ioclt 命令 */
# define AMM_WR_MAGIC 'x'
# define AMM_WR_CMD_DMA_BASE   _IOR(AMM_WR_MAGIC,0x1a,int)

/* fpga write master control 寄存器位映射 */
# define CTRL_GO_MASK      (1 << 0)
# define CTRL_RESET_MASK   (1 << 1)
# define CTRL_MODE_MASK    (1 << 2)

# define DEVICE_NAME "/dev/amm_wr"   /* 定义设备名称 */

static volatile unsigned long * master_ctrl_virtual_base = NULL;
                                                //写主机控制模块虚拟地址

static volatile unsigned long dma_base; /* DMA 传输物理基地址 */

int fpga_init(long int * virtual_base) {
    int fd;
```

```
    void * periph_virtual_base;  //外设空间虚拟地址

    //打开 MMU
    if ((fd = open("/dev/mem", ( O_RDWR | O_SYNC))) == -1) {
        printf("ERROR: could not open \"/dev/mem\"...\n");
        return (1);
    }

    //将外设地址段映射到用户空间
    periph_virtual_base = mmap( NULL, HW_REGS_SPAN, ( PROT_READ | PROT_WRITE),
    MAP_SHARED, fd, HW_REGS_BASE);
    if (periph_virtual_base == MAP_FAILED) {
        printf("ERROR: mmap() failed...\n");
        close(fd);
        return (1);
    }

    //映射得到写主机控制模块虚拟地址
    master_ctrl_virtual_base = periph_virtual_base
        + ((unsigned long) ( ALT_LWFPGASLVS_OFST + MASTER_CTRL_BASE)
            & (unsigned long) ( HW_REGS_MASK));

    * virtual_base = periph_virtual_base; //将外设虚拟地址保存,用于释放时使用
    return fd;
}


int sample_init(void) {
    int fd;
    fd = open(DEVICE_NAME, O_RDWR);
    if (fd == 1) {
        perror("open error\n");
        exit(-1);
    }

    ioctl(fd, AMM_WR_CMD_DMA_BASE, &dma_base); /* 从内核空间读取 DMA 内存的物理地址 */
    printf("dma_base is % x\n", dma_base);

    master_ctrl_virtual_base[1] = dma_base;
    /* 将 DMA 内存的物理地址写入主机控制模块的寄存器 1 */
    master_ctrl_virtual_base[2] = 16384; /* 指定主机写入数据长度 */
    return fd;
}
```

```
int main(int argc, char * * argv) {

    int dma_fd;
    int fpga_fd;
    int virtual_base = 0;    //虚拟基地址

    int read_buffer[16384] = { 0 };  /* 用户空间数据 buffer */
    int retval;
    int i;
    unsigned char mode = 0;  /* FPGA 侧数据累加计数器起始值模式设定 */

    //完成 FPGA 侧外设虚拟地址映射
    fpga_fd = fpga_init(&virtual_base);

    /* 初始化写主机控制参数 */
    dma_fd = sample_init();

    while (1) {
        master_ctrl_virtual_base[0] = CTRL_RESET_MASK;  /* 复位写主机 */
        master_ctrl_virtual_base[0] = 0;  /* 释放写主机复位状态 */
        if (!mode)  /* 模式 0,设置 FPGA 中累加计数器起始值为 0 */
        {
            master_ctrl_virtual_base[0] = CTRL_GO_MASK;
            /* 启动传输并设置数据累加起始值为 0 */
            mode = 1;  /* 切换数据模式到模式 1 */
        } else {
            /* 启动传输并设置数据累加起始值为 100 */
            master_ctrl_virtual_base[0] = CTRL_GO_MASK | CTRL_MODE_MASK;
            mode = 0;  /* 切换数据模式到模式 0 */
        }

        usleep(1);
        while (master_ctrl_virtual_base[3] == 0x0)
            ;  /* 循环读取状态寄存器,等待传输完成 */
        retval = read(dma_fd, read_buffer, 16384);
                                /* 从内核空间读取数据到用户空间的 buffer 中 */
        printf("retval is % d\n", retval);

        for (i = 0; i < 128; i++)  /* 打印前 128 字节的数据 */
        {
            printf("% d ", read_buffer[i] & 0x0000ffff);
```

```
    }
    printf("\n\n");
    for ( i = 3968; i < 4096; i++ ) /* 打印后 128 字节的数据 */
    {
        printf(" % d ", read_buffer[i] & 0x0000ffff);
    }
    usleep(1000000);
    printf("\n\n");
}
//程序退出前,取消虚拟地址映射
if (munmap(virtual_base, HW_REGS_SPAN)! = 0) {
    printf("ERROR: munmap() failed...\n");
    close(fpga_fd);
    return (1);
}
close(fpga_fd);
close(dma_fd); //关闭 MMU
return 0;
}
```

12.3　本章小结

至此,在基于 SoC FPGA 的系统中,两种典型的应用所需的 Linux 驱动程序就介绍完了。其中,第一个针对 PWM 控制器的基本字符型驱动带领读者了解了基本的 Linux 字符型驱动程序的框架以及实现驱动程序与控制器寄存器、驱动程序与用户空间交互数据的方式。第二个针对 Avalon-MM Master 写主机的驱动程序介绍了在内核空间申请物理地址连续的内存并将内存物理地址以 ioctl 命令的方式告知 Linux 用户程序的方法。同时给出了针对两个驱动程序的测试和验证方法。希望读者能够仔细消化这两个驱动程序,理解其中的数据交互方法,并能够举一反三,将其应用到其他的 FPGA 侧添加的控制器中。例如,读者可以参照 PWM 控制器的驱动程序,为 master_ctrl 控制器也编写一个内核驱动。

附录 A

外设地址映射

外设地址映射如表 A.1 所列。

表 A.1　外设地址映射

外设从设备标识	说　明	基地址	地址空间
STM	Space Trace Macrocell	0xFC000000	48 MB
DAP	Debug Access Port	0xFF000000	2 MB
LWFPGASLAVES	FPGA slaves accessed with lightweight HPS-to-FPGA bridge	0xFF200000	2 MB
LWHPS2FPGAREGS	Lightweight HPS-to-FPGA bridge global programmer's view (GPV) registers	0xFF400000	1 MB
HPS2FPGAREGS	HPS-to-FPGA bridge GPV registers	0xFF500000	1 MB
FPGA2HPSREGS	FPGA-to-HPS bridge GPV registers	0xFF600000	1 MB
EMAC0	Ethernet MAC 0	0xFF700000	8 KB
EMAC1	Ethernet MAC 1	0xFF702000	8 KB
SDMMC	SD/MMC	0xFF704000	4 KB
QSPIREGS	Quad SPI flash controller registers	0xFF705000	4 KB
FPGAMGRREGS	FPGA manager registers	0xFF706000	4 KB
ACPIDMAP	ACP ID mapper registers	0xFF707000	4 KB
GPIO0	GPIO 0	0xFF708000	4 KB
GPIO1	GPIO 1	0xFF709000	4 KB
GPIO2	GPIO 2	0xFF70A000	4 KB
L3REGS	L3 interconnect GPV	0xFF800000	1 MB
NANDATA	NAND flash controller data	0xFFB900000	64 KB
QSPIDATA	Quad SPI flash data	0xFFA00000	1 MB
USB0	USB 2.0 OTG 0 controller registers	0xFFB00000	256 KB
USB1	USB 2.0 OTG 1 controller registers	0xFFB40000	256 KB

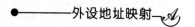

续表 A.1

外设从设备标识	说　明	基地址	地址空间
NANDREGS	NAND flash controller registers	0xFFB80000	64 KB
FPGAMGRDATA	FPGA manager configuration data	0xFFB90000	4 KB
UART0	UART 0	0xFFC02000	4 KB
UART1	UART 1	0xFFC03000	4 KB
I2C0	I2C controller 0	0xFFC04000	4 KB
I2C1	I2C controller 1	0xFFC05000	4 KB
I2C2	I2C controller 2	0xFFC06000	4 KB
I2C3	I2C controller 3	0xFFC07000	4 KB
SPTIMER0	SP Timer 0	0xFFC08000	4 KB
SPTIMER1	SP Timer 1	0xFFC09000	4 KB
SDRREGS	SDRAM controller subsystem registers	0xFFC20000	128 KB
OSC1TIMER0	OSC1 Timer 0	0xFFD00000	4 KB
OSC1TIMER1	OSC1 Timer 1	0xFFD01000	4 KB
L4WD0	Watchdog Timer 0	0xFFD02000	4 KB
L4WD1	Watchdog Timer 1	0xFFD03000	4 KB
CLKMGR	Clock manager	0xFFD04000	4 KB
RSTMGR	Reset manager	0xFFD05000	4 KB
SYSMGR	System manager	0xFFD08000	16 KB
DMANONSECURE	DMA nonsecure registers	0xFFE00000	4 KB
DMASECURE	DMA secure registers	0xFFE01000	4 KB
SPIS0	SPI slave 0	0xFFE02000	4 KB
SPIS1	SPI slave 1	0xFFE03000	4 KB
SPIM0	SPI master 0	0xFFF00000	4 KB
SPIM1	SPI master 1	0xFFF01000	4 KB
SCANMGR	Scan manager registers	0xFFF02000	4 KB
ROM	Boot ROM	0xFFFD0000	64 KB
MPU	MPU registers	0xFFFEC000	8 KB
MPUL2	MPU L2 cache controller registers	0xFFFEF000	4 KB
OCRAM	On-chip RAM	0xFFFF0000	64 KB

附录 B

HPS GPIO 映射

HPS GPIO 映射如表 B.1 所列。

表 B.1　HPS GPIO 映射

GPIO 编号	GPIO 分组编号	GPIO 编号	GPIO 分组编号	GPIO 编号	GPIO 分组编号
GPIO0	GPIO-0-0	GPIO23	GPIO-0-23	GPIO46	GPIO-1-17
GPIO1	GPIO-0-1	GPIO24	GPIO-0-24	GPIO47	GPIO-1-18
GPIO2	GPIO-0-2	GPIO25	GPIO-0-25	GPIO48	GPIO-1-19
GPIO3	GPIO-0-3	GPIO26	GPIO-0-26	GPIO49	GPIO-1-20
GPIO4	GPIO-0-4	GPIO27	GPIO-0-27	GPIO50	GPIO-1-21
GPIO5	GPIO-0-5	GPIO28	GPIO-0-28	GPIO51	GPIO-1-22
GPIO6	GPIO-0-6	GPIO29	GPIO-1-0	GPIO52	GPIO-1-23
GPIO7	GPIO-0-7	GPIO30	GPIO-1-1	GPIO53	GPIO-1-24
GPIO8	GPIO-0-8	GPIO31	GPIO-1-2	GPIO54	GPIO-1-25
GPIO9	GPIO-0-9	GPIO32	GPIO-1-3	GPIO55	GPIO-1-26
GPIO10	GPIO-0-10	GPIO33	GPIO-1-4	GPIO56	GPIO-1-27
GPIO11	GPIO-0-11	GPIO34	GPIO-1-5	GPIO57	GPIO-1-28
GPIO12	GPIO-0-12	GPIO35	GPIO-1-6	GPIO58	GPIO-2-0
GPIO13	GPIO-0-13	GPIO36	GPIO-1-7	GPIO59	GPIO-2-1
GPIO14	GPIO-0-14	GPIO37	GPIO-1-8	GPIO60	GPIO-2-2
GPIO15	GPIO-0-15	GPIO38	GPIO-1-9	GPIO61	GPIO-2-3
GPIO16	GPIO-0-16	GPIO39	GPIO-1-10	GPIO62	GPIO-2-4
GPIO17	GPIO-0-17	GPIO40	GPIO-1-11	GPIO63	GPIO-2-5
GPIO18	GPIO-0-18	GPIO41	GPIO-1-12	GPIO64	GPIO-2-6
GPIO19	GPIO-0-19	GPIO42	GPIO-1-13	GPIO65	GPIO-2-7
GPIO20	GPIO-0-20	GPIO43	GPIO-1-14	GPIO66	GPIO-2-8
GPIO21	GPIO-0-21	GPIO44	GPIO-1-15		
GPIO22	GPIO-0-22	GPIO45	GPIO-1-16		

参考文献

［1］周立功. 嵌入式 Linux 开发教程：上册［M］. 北京：北京航空航天大学出版社，2016.

［2］周立功. 嵌入式 Linux 开发教程：下册［M］. 北京：北京航空航天大学出版社，2016.

［3］袁玉卓. FPGA 自学笔记：设计与验证［M］. 北京：北京航空航天大学出版社，2017.

［4］夏宇闻. Verilog 数字系统设计教程［M］. 北京：北京航空航天大学出版社，2008.

［5］吴继华. Altera FPGA/CPLD 设计［M］. 北京：人民邮电出版社，2011.

［6］弓雷. ARM 嵌入式 Linux 系统开发详解：Linux 典藏大系［M］. 2 版. 北京：清华大学出版社. 2014.

［7］刘东华. Altera 系列 FPGA 芯片 IP 核详解［M］. 北京：电子工业出版社，2014.

［8］Intel Corporation. Cyclone Ⅳ Device Handbook. 2016.

［9］Intel Corporation. Cyclone Ⅴ Device Handbook. 2018. a.

［10］Intel Corporation. Embedded Peripherals IP User Guide. 2018.

［11］Intel Corporation. Intel QuartusPrime Standard Handbook. 2017.

［12］Intel Corporation. ModelSimAlteraSoftwareSimulationUserGuide. 2013.